【白金限量典藏版】

CHENG DA SHI BI BEI DE
9 ZHONG NENG LI 9 ZHONG SHOU DUAN
9 ZHONG XIN TAI

成大事必备的
9种能力 9种手段
9种心态

大全集

郑建斌◎编著

中国华侨出版社

图书在版编目(CIP)数据

成大事必备的9种能力 9种手段 9种心态大全集/郑建斌
编著. —北京：中国华侨出版社，2011.4
ISBN 978-7-5113-1263-1

Ⅰ.①成… Ⅱ.①郑 Ⅲ.①成功心理–通俗读物
Ⅳ.①B848.4–49

中国版本图书馆 CIP 数据核字(2011)第 029571 号

成大事必备的9种能力 9种手段 9种心态大全集

编 著 / 郑建斌

责任编辑 / 文 心

责任校对 / 李向荣

经 销 / 新华书店

开 本 / 787×1092 毫米 1/16 开 印张/20 字数/400 千字

印 刷 / 北京建泰印刷有限公司

版 次 / 2011 年 5 月第 1 版 2011 年 5 月第 1 次印刷

书 号 / ISBN 978-7-5113-1263-1

定 价 / 35.00 元

中国华侨出版社 北京市朝阳区静安里 26 号通成达大厦 3 层 邮编:100028

法律顾问:陈鹰律师事务所

编辑部:(010)64443056 64443979

发行部:(010)64443051 传真:(010)64439708

网址:www.oveaschin.com

E-mail:oveaschin@sina.com

前　言

做人是一门艺术，我们出生的时候都是一张白纸，人生的这张白纸要描绘出怎样的色彩，怎样美丽的图案，全靠我们自己。

纵观古今，凡是成大事者，必定要有三种东西，这就是能力、手段和心态。

能力是一个人可以随身携带的王牌，并且永远不会贬值。对于每个人，他做事的能力决定着他所能达到的高度。现代的社会没有能力的人很难生存下去，学习能力是一切能力的基础，不能自我更新注定会被社会淘汰。在与人交往的时候，我们还要会建立和谐的人际关系，把周围的不和谐变得和谐。与人沟通的时候，不要一味拐弯抹角，华而不实，这样会让人觉得你不真诚，直接一点反而会让人更容易接受你。遇到问题的时候，我们应该保持冷静，细心敏锐地找出相应的对策。不管是工作中，还是生活中，我们难免会遇到不合适的环境，可是我们所处的环境又不是那么容易改变的，所以，我们不妨试着改变一下我们自己，让自己来适应环境。

在现实社会中，要学会经得住磨难，耐得住寂寞，要知道成功者的背后堆积着的，也是不为人知的寂寞困苦。在你等待出头之日的时候，要先埋下头来，努力地充实自己，积累你的经验，提升你的价值。对于竞争，我们要选择好对手，不要害怕你的对手有多么强大，反而你要感谢你的对手，越是强大的对手，越是能提高你的自身价值，提高你的能力，让你成为不可被取代的人。

在我们做事情的时候，一定要干净利落，当断则断，拖拖拉拉只会让事情变得更糟。不管是在工作中，还是在生活中，没有人喜欢拖泥带水的人，办事不干脆果断，会给人一种做不了主的感觉，让人不愿意与你交往。尤其当你成为一个领导者的时候，一定要树立起自己的威信，这种威信不是让你硬来，而是要以德服人，以理服人，这样你的位置才能坐得久，你的根才会扎得深。

成大事者需要能力，但是仅仅拥有能力还不足以在社会中立足。

一个精明能干的人，不管他的底子多好，如果他不懂得做人做事的方法，那他的生活都将会是一团糟。我们每个人都想成为生活的主宰，可是有时候我们会发现是命运主宰了我们，而不是我们主宰了命运。要想主宰命运，还要看你有没有非常之手段来控制全局。

成功人士并不一定比我们聪明，但是他们一定比我们更懂得进退之道。在强者面前，我们要伪装成弱者，来赢取对方的同情。摸不清对方底细的时候，我们要学会隐藏自己，将自己的实力保存下来，待到对手没有防备的时候，打他个措手不及。聪明人，要把眼光放得长远一点，不会为了眼前的芝麻而丢掉西瓜。很多事情不是硬来就可以的，那样只会让你处处碰壁，这时不妨用迂回的方法，在困难面前绕个弯。人不能只靠一己之力，在适当的时候借助别人的力量，能使你事半功倍，节省很多时间精力，而在这方面，既要利用人，你首先要抓住对方的心，打好感情牌，让对方心甘情愿地为你服务。

有能力，同时又讲究做人与处世的策略，你的成功已经具备了坚实的基础，然而，谁的生活也不是一帆风顺的，现实之中，有考验、有诱惑、有寂寞、有困苦，非常时期，你需要一种良好的心态保驾护航。

我们要抱以怎样的心态去面对生活呢？生活就像一面镜子，你对它笑，它就对你笑；你对它哭，它就对你哭。正如托马斯·杰斐逊说的，"要么你去驾驭生命，要么是生命驾驭你。你的心态决定谁是坐骑，谁是骑师。"面对生活中的不如意我们一定要学会笑着去面对。有积极心态的人，哪怕是正处于社会的底层、人生的低谷，他也不会觉得生活艰苦，反倒会苦中作乐，寻求自己的出路。

一个成功的人必定会有坚定不移的信念，长远的目光，淡定的气质，宽广的胸怀，外加做事的激情和勇气。此外还应该怀有一颗感恩的心。人们常说，心态决定命运，拥有良好的心态，你才能在顺境中不迷惑，在逆境中不动摇，以平稳的脚步，到达事业的顶峰。

机会是把握在我们自己手里的，而不是靠天，或者是靠别人，我们的生活中，超凡的能力、巧妙的手段和良好的心态缺一不可。这些无疑是让我们通往成功之路最有力的武器。我们要努力把握住这些武器，成就自己的梦想。

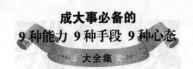
目 录

第一辑
成大事必备的 9 种能力

"谋事在人，成事在天"，有些人之所以能做出一番轰轰烈烈的事业，登上万人瞩目的位置，并不是有上天特别的眷顾，而是他们以自己的能力换来的实绩。当你的出身、地位、资产与人相比都没有耀眼之处时，能力是你手里唯一一张靠得住的大牌。如果你完全具备激烈的社会竞争所需要的九种能力，那你离心中的理想境界就已经不远了。

能力 1　成长力

学习能力是一切能力的基础，不能自我更新注定被淘汰

学习能力是关乎生存的基本能力 ………………………………………… 2

建立合理的知识结构 …………………………………………………… 4

学习技能就是培植资本 ………………………………………………… 6

善用旁人提醒，减少个人盲点 ………………………………………… 8

加强"软能力"，弥补成其大事的薄弱环节 …………………………… 10

能力 2　构建力

创建和谐的人际环境,把周围的"摩擦力"变成"支持力"

成大事的契机往往潜藏在人脉中 ………………………………… 13

主动,便赢得了成功人脉的一半 ………………………………… 15

把对你有用的人变成朋友 ………………………………………… 17

学会和你不喜欢的人交往 ………………………………………… 19

团结同仁,打开事业新局面 ……………………………………… 21

能力 3　沟通力

直接而有效的沟通,使你的效率成倍增长

把语言当作成功的第一要素 ……………………………………… 24

畏怯心理妨碍你的进步和发展 …………………………………… 27

找准切入点,轻轻打开话题 ……………………………………… 29

生动而恰当地表达你的想法 ……………………………………… 31

沟通是化解矛盾的第一法则 ……………………………………… 33

能力 4　观察力

细心而敏锐,根据核心问题拿出相应的对策

收集多方面的信息,给观察力注入活水 ………………………… 36

做个有心人,从不被人注意的地方寻找机会 …………………… 39

有预知未来的前瞻力,时时比人快"半拍" ……………………… 40

综合分析,掌控好分寸火候 ……………………………………… 42

谨行慎思,不打没把握的仗 ……………………………………… 44

能力5　适应力

环境不为某个人而改变,唯一可以改变的就是你自己

不做环境的俘虏,主动体验各种生活 ·· 47

学会自我调整,锻造自身承受力 ·· 49

埋怨环境,不如改变自己 ·· 51

灵活做事,工作中没有一成不变的计划 ······································· 53

独辟蹊径,聪明人不和别人抢一碗饭 ··· 55

能力6　控制力

经得起磨难耐得住寂寞,要"出头"先学会"埋头"

克制住前进过程中的浮躁和冲动 ·· 57

做好琐碎小事,打好做大事的基础 ··· 59

小心行事,得意不忘形 ·· 61

羽翼不丰,绝不轻举妄动 ·· 63

欲望是动力,也是陷阱 ·· 65

能力7　竞争力

不畏惧竞争,在竞争中培养你的"不可取代性"

接受生活的各种挑战 ·· 68

学会化解竞争带来的压力 ·· 70

着力打造你的核心技能,提高竞争力 ··· 72

扬长避短,不做木桶的短板 ·· 75

与对手周旋,有所为有所不为 ··· 76

能力 8　决断力

当断则断,拖延和犹豫只能让人事事成空

人生是一连串选择的过程 …………………………………………… 79

风险和机遇往往是一起来的 ………………………………………… 81

培养对于成败的敏锐直觉 …………………………………………… 83

注重可持续发展,不能只看到眼前一点地方 …………………………… 85

把握机会,以进攻的姿态做事 ………………………………………… 87

能力 9　影响力

有权威、能服众,垫高走向成功的起点

影响力让个人的身价升值 …………………………………………… 90

利用一切机会,获得他人的关注和重视 ……………………………… 92

以诚待人,收服人心 ………………………………………………… 94

保持公道正派的作风方能服众 ……………………………………… 96

有主见,原则问题寸步不让 ………………………………………… 99

第二辑

成大事必备的 9 种手段

每个人都在为自己的生存空间和生存质量打拼,为了达到我们心中的理想,两条腿走路是必须的,既要有做事的实干精神,也要有做人的方圆艺术,这就是说,有能力,也要讲手段。手段不是厚黑,不是招摇撞骗,它包括了做人的态度、办事的策略和言辞的技巧等多方面的内容。处理任何一件缠手的事情,正确的方法都比执著的态度更重要。我们应该调整思维,通过对具体情况的分析判断,迅速拿出自己的对策来。

手段 1 示弱

保存实力,为自己的成长赢得更多的空间和更充足的时间

示弱可以减少很多不必要的麻烦 ················ 102

千万别跟能决定你前程的人较劲 ················ 104

不争闲气,退一步海阔天空 ················ 106

一定要有缺点,不当别人的"假想敌" ················ 108

用"对不起"化解争端 ················ 110

手段 2 借势

能识时务,整合一切可以借助的外部资源为己所用

有能力,也要懂得与外部力量配合 ················ 113

合理借用外部资源 ················ 115

重视"名声"和"场面"的效果 ················ 117

随风就势,舍小取大 ················ 119

将计就计,化不利为有利 ………………………………………… 121

手段 3　布线

眼光放长远,把好处让给对你很重要的人

要西瓜还是要芝麻 ………………………………………………… 124

主动掌握情感债权 ………………………………………………… 126

增强自己被利用的价值 …………………………………………… 128

不必锦上添花,但要雪中送炭 …………………………………… 130

下足功夫,用忠诚换取信任 ……………………………………… 132

手段 4　控局

探测对手的动向,守牢自己的底牌

你可以不聪明,但不可以不小心 ………………………………… 134

声东击西,观察对方的反应 ……………………………………… 136

不仓促表态,看好了方向再说话 ………………………………… 138

熟悉带来轻视,有意与人保持一定的距离 ……………………… 140

守住自己的秘密,不过早暴露实力 ……………………………… 142

手段 5　捧哏

人抬人一起升高,人踩人免不了一起下沉

有实力,也要讨人喜欢 …………………………………………… 145

"场面人"必须说好"场面话" …………………………………… 147

拉拢对手,进入自己的利益集团 ………………………………… 149

即使竞争也要照顾对方的利益 …………………………………… 151

不独享荣耀,给人留点生存空间 ………………………………… 153

手段 6　包抄

猛打猛冲容易碰壁,走迂回路线反而能到达目的地

给自己留有回旋的余地 …………………………………………… 156

只要有价值,就不怕吃回头草 …………………………………… 158

非常时刻,善意的谎言不可少 …………………………………… 160

点破不说破,让对方知道自己错了 ……………………………… 162

遇到危险和麻烦学会绕着走 ……………………………………… 164

手段 7　守成

如果你瞄准了"实利",就不能再贪图"虚名"

行事要符合自己的现实角色 ……………………………………… 167

脾气永远大不过度量 ……………………………………………… 169

会哭的孩子有糖吃 ………………………………………………… 171

用热心肠去贴冷面孔 ……………………………………………… 173

能当主角,也能跑龙套 …………………………………………… 175

手段 8　攻心

处理好"感情",就不难成就你所要托请的"事情"

最有效的办事手段是打"感情牌" ……………………………… 178

先调动起别人心中的渴望 ………………………………………… 180

在求人的理由上做文章 …………………………………………… 182

充分利用对方的同情心 …………………………………………… 184

给人更多的选择权,他才会信赖你 ……………………………… 186

手段 9　策应

别等着靠天吃饭,好运气都是精心筹划的结果

多想几个着,一盘棋就走活了 ·············· 189

做事之前要考虑到不利因素 ·············· 191

机遇是"运作"出来的 ·············· 193

要得起价钱,我待价而沽 ·············· 195

不要势利,但是要实际 ·············· 197

第三辑

成大事必备的 9 种心态

决定人生成败的因素有很多,然而,心态却是串联在其中的一条主线,任何人的得失成败,都逃不脱心态的指引和支配。心态的力量是隐形的、软性的,然而却是全面的、强大的。我们所产生的行为,我们对别人的态度,我们所做的决定,都是自己的心态在作主,一个人如果心态好,积极、乐观地面对人生,乐于接受挑战也可以清醒睿智地应对暂时的失意,那么,他的成功就有了保障。

心态 1　坚定

毫不动摇的信念

做人要有股屡败屡战的精神 ·············· 202

敬业,最大的受益者就是你自己 ·············· 204

相信专注的力量,在一个时段做一件最重要的事 ·············· 206

忍耐是应对困境的最佳手段 …………………………… 208

正确地估价自己,不要在潮流中迷失方向 …………………… 210

心态 2　胆识

理性之上的气魄

缩手缩脚,永远难成大事 …………………………… 213

总是安于现状,生活就是死水一潭 ………………………… 215

不要让自卑的心理拖你的后腿 …………………………… 217

畏惧心理,只能使你噩梦成真 …………………………… 219

不沉溺于过去,把注意力放在下一次考验上 ……………… 221

心态 3　斗志

永不熄灭的激情

成功者与普通大众的区别在于做事业的激情 …………… 224

相信自己拥有沉睡着的潜力 …………………………… 226

以积极心态应对外界的刺激 …………………………… 228

善于推销自我者不能缺少热诚 …………………………… 230

爱上你的工作,走出职业倦怠期 ………………………… 232

心态 4　远见

高瞻远瞩的眼光

盲目地努力,得不到理想的结果 ………………………… 235

警惕打工心态,工作不仅仅是为了薪水 ………………… 237

改变自己比改变工作容易 …………………………… 239

正视缺憾,在劣势中寻找优势 …………………………… 241

不怕投入太多,成功要讲先期储备 ……………………… 243

心态 5　沉稳

淡定镇静的气质

读懂自己,知道什么是适合自己的 ……………………………… 246

理性做事,情绪化是大忌 ……………………………………… 248

用平和的心态看待世上的不公平 ……………………………… 250

在一定条件下,得与失是可以互相转化的 …………………… 252

保持"平凡"的优点,浮躁是成功的大敌 …………………… 254

心态 6　担当

不怕事的勇气

勇于承认错误,不为自己的失误找借口 ……………………… 257

总是选择逃避,困难会更多 …………………………………… 259

危急时不可仰仗他人 …………………………………………… 261

勇于任事,越是拖延事态越不容易控制 ……………………… 263

巨大的成就,常常会从巨大的考验开始 ……………………… 265

心态 7　诚信

价值万金的口碑

重视成功就要重视诚实和信誉 ………………………………… 268

便宜大都是有后患的 …………………………………………… 270

给任何投机取巧的心理画个"×"号 ………………………… 272

不轻易承诺,说了就把它当成必须要做到的事 ……………… 274

珍惜自己的"钻石级"形象 …………………………………… 276

心态 8 大度

海纳百川的胸襟

容纳异己，前面的道路更宽阔 ………………………………… 279

纠缠于无关紧要的是非没有意义 ……………………………… 281

给别人反省错误的时间 ………………………………………… 283

消除你身上的傲慢与偏见 ……………………………………… 285

交人可交之处，不要求全责备 ………………………………… 287

心态 9 感恩

投桃报李的情谊

停止一切无谓的抱怨，以感恩之心生活 ……………………… 290

敞开心扉，愿意接纳别人的好意 ……………………………… 292

受人恩惠，不能佯装糊涂 ……………………………………… 295

真诚地表达你的感激之情 ……………………………………… 297

投桃报李，与人形成良性互动 ………………………………… 299

第一辑
成大事必备的 9 种能力

　　"谋事在人，成事在天"，有些人之所以能做出一番轰轰烈烈的事业，登上万人瞩目的位置，并不是有上天特别的眷顾，而是他们以自己的能力换来的实绩。当你的出身、地位、资产与人相比都没有耀眼之处时，能力是你手里唯一一张靠得住的大牌。如果你完全具备激烈的社会竞争所需要的九种能力，那你离心中的理想境界就已经不远了。

能力1 成长力

学习能力是一切能力的基础，
不能自我更新注定被淘汰

　　农耕社会，土地是最重要的资源；工业社会，能源是最重要的资源；知识社会，头脑是最重要的资源。学会了学习，一切都会随之而来。毫不夸张地说，学习能力是"元能力"，是一切能力之母。幼苗要想长成参天大树，离不开阳光雨露的滋润，而一个人要想成长成功，就需要汲取各种知识。这个社会变化得如此之快，新的知识新的技术，令人应接不暇，只有不断地更新自己的知识储备，方能跟上时代的发展。

学习能力是关乎生存的基本能力

　　我们每个人都经历过牙牙学语和蹒跚学步的阶段，当清脆地喊出第一声"爸爸，妈妈"的时候，当摇晃着迈出第一步的时候，我们可以想象父母脸上掩饰不住的激动和喜悦。当我们长大成人，走进学校，踏入社会，去抗击风雨，享受阳光，我们用自己的双手去创造想要的生活，当……

　　你可曾想到，这一切都因学而得。学习，充实着我们的大脑，丰富着我们的思维,成就着我们的人生,学习是一种能力,学习能力是所有能力的基础,是关乎生存本身的基本能力。

众所周知,远古时期人类的祖先以穴居为生。靠采摘果实和猎捕动物过活,由于大量的树叶、柴草、果实、动物的毛皮、垃圾等的积累,火山爆发、雷电轰击,又加上长期的干旱,积压的这些东西发生了自燃,这就是最初的天火。在一个偶然的机会,原始人发现了火的好处,并且也学会了用火。火的利用给人类的生活带来了巨大的变化,人类学会了用火照明,烤熟食物,抵御寒冷,驱走猛兽,等等。火的发明和使用是人类发展史上划时代意义的重大事件。如果没有学习的能力,就不会有钻木取火的出现,也不会有火石火镰这样的取火工具。

假若没有百姓向后稷学习稼穑就没有后来的五谷丰登,人类历史的发展尚且如此,对于个人来讲,学习能力也尤显重要,一个人学习能力的高低决定着他竞争力的强弱,因此,要想在激烈的竞争中立于不败之地,就必须不断地去学习,唯一持久的优势就是有能力比你的竞争对手学习得更多更快。

王琳在一家小公司上班,后来这家公司被国外的一家著名企业兼并,公司的新总裁宣布了这样一个消息:为了公司的发展,公司决定裁员。但是暂时不会随意裁掉某个人。公司将通过考核来决定员工的去留。考察的内容就是用俄语与别人交流的能力。听到这个消息后,大家异常紧张,纷纷涌向图书馆,开始补习俄语,谁都不希望就这样离开公司而丧失掉这么好的工作机会和得之不易的饭碗。而王琳看上去仍然和往常一样没有太多的改变,很多人都以为她已经决定放弃这个职位了。

不久考试成绩公布了,王琳的分数是全公司最高的。这大大出乎了大家的意料。原来,王琳大学毕业之后就到了这家公司,从踏上这个工作岗位起,她就认识到与别人相比虽无大的差距,但是无论是在知识还是经验上都没有特别突出的地方。从那个时候开始,她就通过各种形式的学习来提高自己。忙碌的工作之余,王琳每天都坚持学习各种知识和技能。由于她在销售部工作,她看到公司的俄国客户有很多,但自己不会俄语,每次与客户的往来邮件与合同文

本都要公司的翻译帮忙,有时翻译不在或忙得顾不上的时候,自己的工作就不可避免地受到了影响。当时,公司并没有明文规定员工去学俄语,但是王琳还是自觉地学起了俄语。因此才在后来的考核中轻而易举地获得了好成绩。

公司的兼并和发展趋向不是哪一个人所能决定的,但是王琳的这种学习能力让她能够在危机中胜出。

列宁曾经说过:"聪明在于学习,天才在于积累。"我们也可以从另一个角度来理解这句话,那就是智慧的获取和财富的累积都离不开学习。管理大师德鲁克说:"真正持久的优势就是怎样去学习,就是怎样使得自己的企业能够学习得比对手更快。"现代社会,知识的更新速度让人始料不及,新技术新文化新科技层出不穷,不管你处于人生的哪个阶段,如果固守旧有的东西停滞不前,不具备更新自己充实自己的能力,那么就必定会落于人后,总有一天定会被滚滚向前的浪潮打翻在地。

建立合理的知识结构

知识结构是指一个人经过专门学习培训后所拥有的知识体系的构成情况与结合方式。合理的知识结构是胜任现代社会职业岗位的必要条件,是人才成长的基础。所谓合理的知识结构,就是既有精深的专门知识,又有广博的知识面,具有事业发展实际需要的最合理、最优化的知识体系。因此,知识结构是否合理直接关系到在竞争中能否占据有利地位。

赵明和牛华是一起长大的孩子,他们有着很多的相似之处,从小学一直到高中,两个人不管是在学习上还是在能力上都相差无几。就这样持续到大学毕业,他们去了同一家公司面试。当时那个公司需要招聘5个人。赵明顺利通过而牛华则被淘汰了。如果按照常理去想,两人的实力相当,并且招聘人数也不少,他们两个都有成功的可能。后来经过了解才知道,这是一家外企单位,很注重用英语与人交流的能力。两人的成绩在大学里也相差不大。牛华是一个比较踏实的学生,对待各门功课都认认真真地备考,因此每次考试分数都相当高。赵明虽然成绩也不错,但是他平时更注重英语口语能力的训练,每天都在学校的小花园里苦练英语口语。相比来讲,牛华的英语适合考试却不适应跟人交流,也就是我们所说的哑巴英语。就这一点,决定了两个人知识结构上的差异,也才有了后来面试的不同结果。

在那个年代,能考上大学都是天之骄子,是人才,是精英。但是天之骄子输在了知识结构上的不在少数。其实,对人才的定义并不是绝对的。对人才的培养也没有固定的模式。但是根据当今学术界的分析总结,对人才的知识结构提出了以下三种模式。

1. 宝塔型知识结构

这种知识结构形如宝塔,包括基本理论基础知识、专业基础知识、专业知识、学科知识、学科前沿知识构成。基本理论、基本知识为宝塔型底部,学科前沿知识为高峰塔顶。这种知识结构的特点是强调基本理论、基础知识的宽厚扎实、专业知识的精深,容易把所具备的知识集中于主攻目标上,有利于迅速接通学科前沿。现今中国学校大多是培养这种知识结构的人才。

2. 蜘蛛网型知识结构

蜘蛛网型知识结构是以所学的专业知识为中心,与其他专业相近的、有较大相互作用的知识作为网状连接,形如蜘蛛网。这种知识结构,是以自己的专业知识作为一个"中心点",与其他相近的、作用较大的知识作为网络的"纽结"相互联结,形成一个适应性较大的,能够在较大范围内左右驰骋的知识网。这种蜘蛛网型知识结构的特点是:知识广度与深度的统一,这种人才知识结构呈复合型状态。随着社会生产的高速发展,这种知识结构的人才非常受社会用人单位的欢迎,进入中国的外资机构尤其重视此类人才。如某些外资机构在招聘人才时,就会提出要各类复合型人才,搞贸易的,要有某个国家的基础知识,学工科的要有六级的英语水平。

3. 幕帘型知识结构

这种知识结构是指一个具体的社会组织对其组织成员在知识结构上有一个总的要求,而作为该组织的个体成员,将依其在组织中所处的层次,在知识结构上又存在一些差异。以一个企业为例,企业对其成员的整体知识结构要求是,具有财会、安全、商业、保险、管理等知识。而对企业中处于不同层次的个人来说,要求掌握上述知识的比例是截然不同的,从而组成各自不同的知识结构。这种知识结构强调个体知识结构与组织整体知识结构的有机结合。

没有一成不变的事物,今天看来比较合理的,明天或许就会适应不了新的形势。社会在飞速发展,新的知识也在不断涌现。一个人要想跟上时代的脚步,不能让这个社会去适应你,而应主动地去改变自己,绝对不能固守旧有的知识结构,要不断去更新,让自己更好地去适应社会的发展。在求职择业的过程中,不但要注意所选职业类型在整体上对求职者的知识结构的要求,同时还要了解所选职业类型在整体上对求职者的知识结构的要求,以及所选职业岗位在社会组织中的位置及具体层次,以此来调整自己的知识结构,增强就业后的适应性。

学习技能就是培植资本

人常说,一技在手,吃喝不愁。由此可见技能对一个人的重要性。也许,你今天还过着吃了上顿没下顿的穷困潦倒的生活,就因为学习到了一项技能,明天就有可能摆脱这种状态,也许今天的你还只是一个默默无闻、微不足道的无名小卒,就因为你拥有了某项技能,明天的舞台上或许你就是一个举足轻重的人物! 技能,关键时候能救你的命,能让你走出困境,助你走向成功!

在一场车祸中,刘工的妻子不幸去世了,刘工独自一人抚养两个正读大学的孩子。"屋漏偏逢连阴雨",不久,又赶上单位改革,刘工和很多人一样失业了。本来比较幸福的家庭瞬间沉入了低谷。没有了工作就等于没有了经济来源,没了生活的保障。失去亲人的痛苦和失去工作的打击包围着刘工。谁能保证四十就能不惑?已过不惑之年的刘工陷入了揪心的矛盾和无助之中。觉得整个天空都变了颜色,看不到一点光亮。后来一个去看望他的朋友说:"你不是会雕刻吗?"真是一语惊醒梦中人。当时雕刻品在市场上很受青睐,有着很好的发展前景。

沉浸在痛苦中的刘工差点忘记了自己身上还有这样的武器。他上学的时候就很喜欢雕刻艺术,也看了很多这方面的书,只是没有进行过系统学习。但由于是家中的老大,毕业之后很快进入了养家糊口的状态。如今生活把他逼到了绝路,他决定破釜沉舟。经过短暂的调整之后,他告诉自己要走上一条独立创业的道路。

于是,他变卖了妻子生前的首饰,去参加了一个短期的专业培训班。他把积压的渴望、痛苦、失意都用在了对雕刻技能的学习钻研上。兴趣的确是最好的老师。刘工真心地喜欢这一行,又加上他对雕刻的悟性,很快自己就可以独当一面了。他将家里的房子稍微改动了一下,成了临时的办公地点。自己联系客户,帮他们加工各种雕刻品。他凭着精益求精的态度和精心雕琢的技艺,取得了不少客户的信任。很快,家里临时的办公地点已经不能适应他生意的发展。他就在外面租了一个大点的门面房,还雇了几个徒弟。慢慢地从代人加工,到自己采购原料,再加工出售,从初级加工向经营方向发展。后来,刘工的作品在几次雕刻大赛上还获了大奖。名气和利润也都跟着大了起来,随着经营规模的扩大,他成功地实现了当初创立一家公司的梦想。

俗话说,一分钱难倒英雄汉。刘工成功光鲜的背后不知道吃了多少苦头,经过多少次被"一分钱"难倒的磨练和生活的捉弄,经过多少次的摸爬滚打才成就了一番事业。但是,我们不能否认,正是他骨子里对雕刻的热爱,正是他对雕刻技能的不断学习研究,才有了与命运抗争的资本。

天生的成功者是没有的。天才也需要付出百分之九十九的汗水。与别人相比,你或许只是一个普通得不能再普通的人。或许你会因为没有沉鱼落雁的容貌而成不了绝代佳人,没有歌唱的天赋而成不了当红明星,没有……甚至你还

是一个身有残疾的人,但是这所有的天分和缺陷都掩盖不了学习和拥有一种技能的光芒。它可以是你活命的资本,它可以帮你化险为夷,可以让你淘得真金,可以让你变得不可或缺。

贝尔蒙多是巴黎一家星级大酒店里的小厨师。他并不英俊,也没有什么特别的长处,做不出什么招牌菜,所以他在厨房里只是打下手。

但是,他在长期的工作生活中琢磨到了一项技能,那就是能做一道非常特别的甜点:把两个苹果的果肉都放进一个苹果中,那个苹果就显得特别丰满,可是外表上看,一点儿也看不出是由两个苹果拼起来的,就像是天生长成的,连果核也都巧妙地去掉了,吃起来特别香。

一次,这道甜点被一位长期包住酒店的贵夫人发现了,她品尝后,十分欣赏,并特意约见了做这道甜点的贝尔蒙多。

酒店里年年都要裁员,经济低迷的时候,裁员的规模就会更大。可是,不起眼的贝尔蒙多却年年风平浪静,就像有特别的后台和背景支持一样。后来,酒店的总裁告诉他,那位贵夫人是他们最重要的客人,而他,可爱的贝尔蒙多,是酒店里不可或缺的人。

不求十八般武艺样样精通,但求一技在手,这样你就有了继续前行的资本。你多了一种技能就多了一分成功的机会,就能为你的梦想添砖加瓦,你的人生之路也会因此而更加宽阔。

善用旁人提醒,减少个人盲点

有很多时候,我们自身陷入某个怪圈而浑然不觉,却仍然坚持认为自己是正确的,用主观的想象或固有的经验去作出判断,用习惯性思维分析遇到的事情,一系列错误的认知和行为的出现就不足为怪了。

从前有一个人,发现斧头丢了,翻遍了家中的各个角落还是没能找到。他开始怀疑斧头是被隔壁的小孩偷走了。于是,他就暗中观察小孩的行动,不论是言语与动作,或是神态与举止,怎么看,都觉得小孩是像偷斧头的人,但是苦于没有证据而没办法揭发。过了几天,他却在后山看到了那把斧头,他才想起来是自己落在那里的。回来之后,他再去观察隔壁的小孩,怎么看也不像是偷斧头的人了。

这个人把自己的主观想象作为衡量别人的标准,就走进了无故猜疑的盲区中无法自拔,心理倾向不断加强着内心的想法,久而久之就会从怀疑变成坚信。因此对人对事,都不能先入为主,这样会被有色眼镜误导了我们的看法,甚至是被经验牵着鼻子走。

古往今来,凭经验、凭主观意识去待人做事的人还少吗?

上古时代,黄帝带领了六位随从到贝茨山见大傀,在半途上迷路了。他们巧遇一位放牛的牧童。

黄帝上前问道:"小孩,贝茨山要往哪个方向走,你知道吗?"

牧童说:"知道呀!"于是便指点他们路向。

黄帝又问:"你知道大傀住哪里吗?"

他说:"知道啊!"

黄帝吃了一惊,便随口问道:"看你年纪小小,好像什么事你都知道啊!"接着又问道:"你知道如何治国平天下吗?"

那牧童说:"知道,就像我放牧的方法一样,只要把牛的劣性去除了,那一切就平定了呀!治天下不也是一样吗?"

黄帝听后,异常佩服。他没想到,一个小小的孩子竟然什么都懂,连治国平天下的方法也说得头头是道。想必大多数人也会犯黄帝的错误,走进认人的误区,觉得只有阅历丰富之人才能说出这样的话,才能有这样的思想。殊不知,年轻一代的新见解、新思路,也是值得那些开口闭口"以我几十年的经验……"的领导或者"老前辈"们重视与研究的啊!只有相互的学习与提醒,才能减少个人身上的盲点,认知世界的眼光也才会更为清澈高远。

生活中有很多被我们视而不见或者考虑不周的地方,存在着太多太多的心理盲点或者认识误区。眼见的不一定为实。我们忽视了自以为很健康的身体其实也需要休息和保养,忽视了自己的某一优势可能也会让我们变得自以为是,陷入了形而上的经验学,以致造成严重的损失和不可想象的后果。

邹忌讽齐王纳谏的故事,妇孺皆知。每个人都有因外界环境而混淆视听的时候,此时,如果有人能够给以善意的提醒,就能减少自身的盲点,哪怕是善意的批评和指责也能令我们更清醒更正确地认识自己,从而改正自身不足。所谓当局者迷,旁观者清就是这一道理。

有些时候,别人比我们更了解自己,更清楚自己,别人的提醒对我们来说犹如一面镜子,让我们能够看到自身存在的不足,看到平时被我们忽视的缺点。赞美不一定让我们看到阳光,优势不一定促进我们成长。只有那些善用别人提醒的人,前进的脚步才更为稳健。

加强"软能力",弥补成其大事的薄弱环节

在应试教育的环境下,造成了大批的学生"高分低能",已是不争的事实,所谓高分低能就是指在学业评价上能够获得高分数,但是在实际工作和生活中却表现较差,在工作能力、自立能力、人际交往能力、创新能力等多方面存在着较大问题。

不可否认,如果能拥有广博的知识,丰富的经验,卓越的技能的确具有不小的杀伤力,但这些只能代表你身上的硬能力。硬能力再强,也不可能凝聚雄厚的实力。如若软能力不强,即使有再硬的外在支撑想获得更进一步的成功想有更大的成就也是难事。

刘琦北大毕业之后接着就去美国读 MBA,离校之后顺利地进入了美国一家大银行工作。但是,不久他就发现,不管他上学的时候有多聪明,也不讲他在

美国已经拿到了令人艳羡的工商管理硕士学位，但是他都很难成为一个成功的领导者，因为他当众演说的能力不行。他的 MBA 在校成绩不错，唯一的缺陷是专业陈述不出色。银行当时录用他，是希望让他通过银行各部门轮流工作的经理选拔项目而改进自己。由于在国内受教育十几年从来没有受过任何专业陈述的培养和指导，加上他性格比较内向长相也一般，平时也不怎么跟人交流，这些都严重影响了他的心理以及在众人心中的魅力值也大大下降。每次向老板和在部门会议做 presentation（是指当众提出计划或显示成果、表达自己的看法的陈述过程），他都很没有自信，显得非常紧张和局促，效果很不理想。为期27 个月的选拔项目结束后，他没有得到经理职位，只得到一份做报表的工作。

在我们的眼中，刘琦无疑是优秀的。能考上国内一流的高校就已经让人瞩目与羡慕，更别说能去美国读工商管理硕士了。不过，人始终是不能脱离社会的，最终是要踏入社会，用自己所学去为社会创造财富的。但是，由于欠缺当众演说的能力，也就是软能力欠缺而与经理的职位失之交臂。当众演说能力只是众多软能力中的一项。软能力说起来抽象，其实并不难理解。犹如一台电脑。硬件条件再高，任务的完成也要通过软件条件才能实现。硬件有形，有色，有味，看得见，摸得着，闻得到。而软件无形，无色，无味，看不见，摸不着，闻不到。却时刻体现在程序的运行过程之中。有各种各样的表现形式。硬件所反应的能力就是硬能力，与之相对的就是软能力。

有的人只会做不会说，在众人面前一发言就结结巴巴，脸红心跳；有的人言而无信并且不肯信任别人；有的人脑子里只有自己，不尊重他人等等都是软能力欠缺的表现。什么时候都别忘了，软也是一种能力。能增加我们自身筹码的不仅仅是名校学历、多张证书、优秀成绩单。

软能力决定一个人现在和未来。硬能力固然很重要，然而其重要性只有在软能力的强势下才能淋漓尽致地发挥出来，才能在竞争中胜出。不能让软能力在关键时候给我们重重一击，不能让软能力成为我们工作生活的软肋，成为前进路上的绊脚石。

在求职者的硬能力越来越出色的今天，软能力在职场中正变得越来越重要。提高自身软能力，才能与别的求职者拉开差距。社会竞争的日益激烈，不能把眼光和重点完全放在分数、学历等等硬能力上面，那些心智健全、自信而开朗，既具有良好的口头表达能力又有很强的文字表达能力，善于与人相处，富有责任感的人，往往能较之别人容易取得更大的社会成就。

能力 **2**   构建力

创建和谐的人际环境，
把周围的"摩擦力"变成"支持力"

　　每个人都生活在相应的环境中，有自己的人际圈子和关系网。很多时候，在你做一件事情的时候，难免会有不一样的声音，有支持的也有反对的，但是拥有出色的人际构建力的人懂得如何顺势而为，和如何将阻碍自己发展的力量向有利的方向转化。和谐的人际环境，是一个人生存和发展的优良土壤。

成大事的契机注注潜藏在人脉中

　　有人说过这样的一句话："要想了解一个人，就先看看他的朋友吧！"也就是说可以从一个人身边的朋友去了解这个人。而他这些朋友就组成了他的人际关系网。常言道。物以类聚，人以群分。你结交的这些朋友，你所创立的人际圈，决定着你的成功的高度。如果你的周围凝聚的是成功人士或者忠良之辈，那么你必定也会成为他们中的一员，不管你目前的情势是怎样的潦倒。"一个人是否成功，不在于你知道什么，而在于你认识谁。"

　　一个风雨交加的夜晚，一对老夫妇走进一间旅馆的大厅，想要住宿一晚。

　　无奈饭店的夜班服务生说："十分抱歉，今天的房间已经被早上来开会的团体订满了。一间空房也没有剩下。"

看着这对老人疲惫与遗憾的神情和外面漆黑的雨夜,服务生紧接着说:"请等下,让我想想办法。"

很快,服务生在征求老人的同意之后把他们安排在了自己的房间,而他则在旅店的办公室里度过了一个晚上。

第二天,老先生要前去结账时,柜台仍是昨晚的这位服务生,这位服务生依然亲切地表示:"昨天您住的房间并不是饭店的客房,所以我们不会收您的钱,希望您与夫人昨晚睡得安稳!也祝你们旅途愉快!"

老先生点头称赞:"你是每个旅馆老板梦寐以求的员工,或许改天我可以帮你盖栋旅馆。"

几年后,他收到一位先生寄来的挂号信,信中说了那个风雨夜晚所发生的事,另外还附一张邀请函和一张纽约的来回机票,邀请他到纽约一游。

他乘飞机来到纽约,按信中所标明的路线来到一个地方,抬头一看,一座金碧辉煌的大酒店耸立在他的眼前。原来,几个月前的那个深夜,他接待的是一个有着亿万资产的富翁和他的妻子。富翁为这个侍者买下了一座大酒店,深信他会经营管理好这个大酒店。这就是全球赫赫有名的希尔顿饭店首任经理的传奇故事。

热情周到真诚负责的态度改变了这个服务生一生的命运。他遇到了贵人。那些苦心经营人脉的人们无非是希望自己能在关键时刻遇到能够帮助他们的"贵人"。其实,"贵人"无处不在。人间充满着许许多多的因缘,每一个因缘都可能将自己推向另一个高峰,不要轻易忽视任何一个人,也不要疏忽任何一个可以助人的机会,试着用热情的心去对待每一个人,并把这种态度持续到你所做的每一件事情当中,不必刻意去经营人脉,你的人际关系就会朝着良好的方向发展。人际关系是一个人成功的主要决定因素。事情能不能成功,"人"的因素是主要的。这个"人"不是指单个人的努力,而是一个形象而又抽象的人际环境、人脉关系。一个有着良好人际关系的人往往能收获意想不到的惊喜。

每个人都生活在社会之中,都有一张属于自己的人际关系网。我们所构建的人脉资源是我们一笔巨大的无形资产。你的人脉广,就意味着你能比别人得到更多的机会。就像故事中的服务生一样,好的人脉能改变我们的命运。人脉是成功的秘密捷径,谁拥有好人脉,谁就能改变自己的命运,更快速、更省力地走向成功。

让我们记住成功学家戴尔·卡耐基的话吧,"人脉是人一生中最大的财富,有人脉就有力量,有人脉就有竞争力。人脉就是你的财脉,你的成功人生就赢在人脉中。"

主动,便赢得了成功人脉的一半

人们常说,好的开始就是成功的一半。做一件事情,能有一个好的开端,好的起步,就可能达到事半功倍的效果。其实,和人交往,如果能够积极主动一些,你的人脉关系也就成功了一半。积极主动对成功人脉的建立有着至关重要的作用。主动和人交往的人,往往有着良好的人际关系。

"怎么了,鲍勃?"他妈妈问,"你为什么那么不高兴?"

"没人跟我玩。"鲍勃说,"我真希望我们还是住在盐湖城没有搬来。我在那儿有朋友。"

"在这儿,你很快会交上朋友的。"他妈妈说,"等着瞧吧!"

就在这时,响起了轻轻的敲门声。米勒太太打开门。

门口站着一位红发妇女。

"你好,"她说,"我是凯里太太,住在隔壁。"

"进来吧",米勒太太说,"我和鲍勃都很高兴你来。"

"我来借两个鸡蛋",凯里太太说,"我想烤个蛋糕。"

"我可以借给你,"米勒太太说,"别着急,请坐一坐,我们喝点咖啡,说会儿

话吧。"

那天下午，又有人敲门，米勒太太打开门。

门外站着一个满头红发的男孩。

"我叫汤姆·凯里。"他说，"我妈妈送你们这个蛋糕，还有两个鸡蛋。"

"哎呀，谢谢，汤姆。"米勒太太，"进来吧，和鲍勃认识认识。"

汤姆和鲍勃差不多一样的年龄，不一会儿，他们吃起了蛋糕，喝着牛奶。鲍勃问："你能待在这儿跟我玩吗？"

汤姆说："可以，我能待一个小时。"

"那么，我们打球吧。"鲍勃说，"我的狗也想跟着一起玩。"

汤姆发现跟小狗一起玩很有意思。他自己没有狗。

"我很高兴你住在隔壁。"鲍勃说，"现在有人跟我玩了。"

"妈妈说我们很快会成为好朋友的。"汤姆回答说。

鲍勃说："我很高兴你妈妈需要两个鸡蛋。"

汤姆笑了。

"她并不是真的需要鸡蛋"，汤姆说，"她只是想跟你妈妈交朋友！"

主动敲开邻居的门，你借到的不仅仅是两个鸡蛋。主动和人认识，就多了结交朋友的机会。人生有很多事情，不是个人能事先选择的，但是认识什么样的朋友，构建什么样的人际关系网却是我们所能掌控的。一个人不能局限于个人生活、工作的狭小范围，这样会让你的人际关系脆弱而单薄无力。而应该有意识地去选择朋友，有意识地去建立和经营自己的人际关系网络。这个过程中，最忌讳的就是不能够主动"出击"，消极被动地等待会让你丧失很多机会。

如果你受邀参加某个朋友的生日宴会或者同学聚会，不知道你是否注意到这样一种场面，有几个人聚在一起喝酒划拳，闹得不可开交，谈天说地气氛甚是高涨，旁边总是会有人默默地吃着东西，或者是忙着打手机，做自己的事情，并没有加入到这些人的行列中。我们不清楚这样的人是喜好安静还是自视清高，但是这样的人其实白白放弃了扩大自己交际圈的大好机会。因为他不能主动争取和别人交流，就不会开拓出一个自己不曾熟悉的崭新世界，也不会更好地促进自己的成功。

其实，主动的方式有很多。每天早上，向你遇到的熟人、同事，说一声"早上好"，你的一句问候一个微笑就是最好的人际关系润滑剂。你有了问题，主动地向别人请教，你的真诚和谦虚也会让你得到相应的帮助。同样地，当别人遇到困难时，你能主动伸出手，尽自己的能力去帮上一把，别人收获了温暖，你也收获了感激和信任。主动，能拉近人与人之间的距离，能让彼此的心靠得更近。让主动为你的人脉积累能量。你今天的朋友就是你明天成长的资本，敞开你的心胸，甩开你的多虑，真诚地主动和人交往吧，说不定你的成功就在这一念间。

把对你有用的人变成朋友

人与人之间的关系是可以转化的，敌人可以变成朋友，对手可以变成朋友，关键是看你如何把握，如何去转化。关键时刻提你一把的人就是你的贵人，帮你渡过难关的人是你的贵人，迷路茫然时为你指点航向的人也是你的贵人。不管这个人的性别、年龄，也不管这个人是否陌生，只要对你有用，都可以成为你的朋友。要知道，在所有的资源中，朋友是最宝贵的资源。

小月是学物业管理专业的，临近毕业的时候，她在校园里骑着自行车不小心把刚从餐厅出来的刘丽给撞了，刘丽刚买的一盒饭也被打翻在地。小月赶紧又是赔礼又是道歉，还专门请刘丽吃了一顿饭。真是"不打不成交"，一来二去两个人很快成了无话不谈的好朋友。后来毕业的时候，大家都在为工作的事情焦头烂额，毕竟那时候正赶上经济萧条，各行业都不怎么景气。但是小月却顺利找到了一个和专业对口的工作。原来，刘丽的爸爸手下有一家很大的物业公司，当时正有职位空缺，小月的负责和真诚给刘丽留下了很深的印象，于是在刘丽的推荐和帮助下，小月很顺利地走进了这家公司。

说这个事情未免有点牵强，小月也没想到自己撞的是一个公司老总的女儿。她也没想到日后刘丽对自己所起的作用是如此之大。但是这件事情也的确让我们再次见证了多一个朋友就多一条路的道理。生活中，你会遇到各样的人各样的事情，如果你善加利用，把对你有用的人变成朋友，那么你人生的道路将会更加宽阔。

把对你有用的人变成朋友，需要气度和勇气，有时候也是一个技术活。听到过这样的有关名片管理的故事。讲的是中国台湾的杨舜仁。

他被人称作"名片管理大师"。他自己曾宣称有16000多张不同的人的名片。他自己建立了一套名片管理系统，可以在几秒钟内找出任何一个想要的人的资料。2001年他从原来公司辞职时群发了3000多封电子邮件，告知众亲友辞职的原因，同时感谢大家多年照顾，没想到陆续收到300多封回信，其中包括16个全职和兼职的工作机会。

"这是我人生的一个转折点。"杨舜仁说，"如果当时是一通通拨电话，可能打不到十通就停了。"于是他开始进行名片管理的研究，有系统地将名片输入计算机中，同时从推荐的16个工作机会里，选择一份赴中小企业讲演网际网络应用的兼职工作。

他非常之重视人脉的"保鲜"功夫，经常写封"嗨！我是舜仁，好久不见啦，最近过得好不好？"之类的短信，发给数百位朋友。

"现在开始整理你手边的名片，绝不会太迟。"杨舜仁说他有今天的成果也是一点一滴建立出来的。"其实工具就在你我身边，只要会用Outlook，就能立即进入操作。每天换到的名片要立即在背面批注，包括相遇地点、介绍人，兴趣特征，以及交谈时所聊到的问题等，越翔实越好，然后于建立'新联络人'时，将这些讯息打在备注栏里，以后只要用'搜寻'功能，便能将同性质的人找出来。"杨舜仁耐心地解释。

杨舜仁的名片管理不可不说是结交朋友的重要方式之一。这样能让你更好地去了解对方，在你有需要的时候可以顺理成章地把他们变成你的朋友。

一个温暖的电话一个关切的短信就可以拉近人与人之间的距离,交朋友说简单也很简单。认识新朋友不忘老朋友。节日的时候发个短信或者打一通电话给你的同学、朋友,不要等着有事相求的时候才去开口。谁敢保证自己的一生任何时候都能做到万事不求人?最好用自己的真诚和热情去对待你身边的人,对待那些不常联系的人,对待那些真心对你的人。这样你的朋友一定会越来越多。陌生的人成为你的朋友,或许能在你迷路的时候为你指明方向,把敌视你的人变成朋友,或许能让你清楚地认识到自身存在的不足……

学会和你不喜欢的人交往

个人交往本是一件很自由的事情。你想和什么样的人交往,想和什么样的人成为朋友,那是你个人的选择。但是仔细想想,在社会生活当中,是不是很多时候,明明不喜欢某个人,却还要硬着头皮去和这个人打交道?

人与人之间的相识也算是一种缘分,这缘分不是你个人所能控制的,对方的性格特点也不是你所能改变得了的,与其这样,不如改变我们的心态,试着从自身做起,对待那些不喜欢的人,换一种角度,换一种评判标准,或许你原本不喜欢的人也能变成可以接受的朋友。这需要宽容,只有一颗能容忍的心方能消除内心的厌恶和不满,更何况,你所憎恶的人说不定正是你的贵人。

秦朝末年,张良在博浪沙谋杀秦始皇没有成功,便逃到下邳隐居。一天,他在镇东石桥上散步,遇到一位白发苍苍、胡须长长、手持拐杖、身穿褐色衣服的老人。老人的鞋子掉到了桥下,便叫张良去帮他捡起来。张良觉得很惊讶,心想:你算老几呀,敢让我帮你捡鞋子?张良甚至想拔出拳头揍对方,但见他年老体衰,而自己却年轻力壮,便克制住自己的怒气,到桥下帮他捡回了鞋子。

谁知这位老人不仅不道谢,反而霸气地伸出脚来说:“替我把鞋穿上!”张良心底大怒:嘿,这糟老头子,我好心帮你把鞋捡回来了,你居然还得寸进尺,要让

我帮你把鞋穿上,真是过分!

张良正想脱口大骂,但又转念一想,反正鞋子都捡起来了,干脆好人做到底。于是默不作声地替老人穿上了鞋。后又经再三考验,这位老人将自己用毕生心血注释而成的《太公兵法》送给了张良。得到这本奇书,张亮惊喜感动不已。日夜诵读研究,后来终于成为满腹韬略、智谋超群的汉代开国名臣。

老人的为老不尊,只是一种假象,或许只是试探人的一种手段。但是实际生活中,这样的人确实让人讨厌,但是张良能克制内心怒火,耐心地对待这位老人。不管是出于尊老爱幼的传统美德,还是个人极高的修养,这种与人交往的方式都值得我们学习。遇事忍让,碰到不喜欢的人,能够以礼相待,这是一种气度,也是锻炼你成大事的襟怀。

样样不可能尽如人意,人人不可能尽遂你心。在生活工作中,我们会遇到各种各样不喜欢的人。有的人做事死板,待人冷若冰霜。即便你每次见到他,都会客气地寒暄、打招呼,但是他总是一种爱理不理的样子,让人不敢接近。不过,如果你清楚了他的性格和兴趣,一旦触及到他真正感兴趣的话题,他可能会立即把死板的表情一扫而空,表现出很大的热情,和之前简直是判若两人。

有的人,目中无人,时常摆出一副"唯我独尊"的样子。与这样的人打交道,实在是考验一个人的承受能力。其实要想消除这种人的傲慢无礼,也是有方法的。尽可能让对方感到自己一个很干脆的人,不给他的傲慢无礼创造机会,并经常和他去拉家常等等,久而久之,他就会在你的面前呈现出最本色的一面,而不是那种高高在上,颐指气使的模样。

有时候,我们也会碰到一个沉默寡言"闷葫芦"一般的人。和这种人在一起,总会不可抑止地感觉到沉闷和压力。他们性格内向,不爱与人交往。对人对事戒心很大。和这种人交往,如果没话找话,只会适得其反,而应该充分尊重对方,用真诚和理解敲开对方的心门。得到对方的信赖,防线自然就会不攻自破。

有的人自私自利,有的人争强好胜,有些人狂妄自大,我们都不希望自己遇上这样的人,更不希望自己和这种人共事,但是我们所处的社会是一个大舞台,每个人所扮演的角色不同,复杂而多变。常言道,金无足赤,人无完人。三人行,必有我师。抱着一种学习的态度,不要让个人的主观情绪掩盖了对方的优点,这就是和人交往的妙处所在。只有学会和不同的人交往,尤其是和不喜欢的人交往,才能在人际关系中如鱼得水。

团结同仁,打开事业新局面

单个人的力量是有限的,只有同别人在一起,才能完成许多事业。奥斯特洛夫斯基曾说,"不管一个人多么有才能,但是集体常常比他更聪明和更有力。"那些善于团结同仁的人,能克服很多困难,走向新的成功。

人的每只手都有五个兄弟——大哥(大拇指)、二哥(食指)、三哥(中指)、四弟、(无名指)、五弟(小指)。那个时候,他们都有各自的分工,尽职尽责团结地生活在手上。可是时间一长,他们的思想都发生了微妙的变化,都认为自己的本领最大。最终矛盾激化,一场不可避免的争吵发生了。大哥说:"我天天带领着你们早出晚归,辛勤地为手服务,我的本领最大。"二哥说:"你分配不均有失职之处,出了事都是我给你顶着,我的本领最大。"三哥一把鼻涕一把泪地哭诉:"你们都把脏活累活压在我的身上,美其名我的身材修长体格健美。"四弟尖着嗓子插嘴道:"那是你自找的。瞧我管理的外交处那可是顶呱呱,我的本领最大。"五弟也争吵着说他的本领最大。他们激烈地争吵,谁也不让谁。这时人说话了:"要不你们比比谁能拿起地上的球,谁的本领就最大。"于是,他们争先恐后地去拿球,可是,不管怎么努力就是拿不起那球。人说:"你们一起拿试试。"他们走在一起轻轻一拿,球就很轻松地拿了起来。他们终于明白,团结就是力量。

只有团结在一起的五个手指才能做一切手所想做的事情。团结就是力量,绝不是一句简单的空话。很多时候,团结能增加你的勇气,充实你的力量。团结在一起的人们,怀抱着同一个目标,拥有强大无比的抗力。

一个有不少于十个兄弟的家庭,不清楚是为了女人还是家产的事,闹得是兄弟不和,外人见笑。年迈的母亲看着儿子们像一盘散沙,心急如焚,赶紧把儿子们召集起来开会。会上,母亲拿出一大把筷子,先是分给每个儿子每人一根筷子,让他们折,结果,个个都轻易折断了;然后,母亲拿出十根捆绑在一起的筷子,再让他们逐个折,这下谁也没折断。大家也用不着母亲说了,心里恍然大悟,明白了只有团结一起,才不受他人欺负。从此兄弟十人改变了以往一盘散沙的局面。

现在的社会又何尝不是如此。当前的社会环境不适合个人奋斗的工作方式,不崇拜个人英雄主义。在工作中,个人的力量是有限的。在信息高度发达的今天,集体的力量是不可估量的,团结合作是当今时代的成功之道。一个不团结的团队,是没有凝聚力可言。只有那些善于利用团结做文章,并将其做好的人,才能把握住核心竞争力的方向,才能开创一片大好形势。

有一个年轻人,满怀憧憬地进入了一家中型企业工作。

刚进公司,他就便发现一个很不好的现象:在这里,员工互相排挤,明争暗斗,更不乏浑水摸鱼、尸位素餐者。总而言之,这家公司的员工不仅能力有欠提升,而且根本就像是一盘散沙,毫无凝聚力。

于是,一进企划部,年轻人便提出很多建议,并据此写了一个企划书。可是,很长一段时间过去了,公司还是没把他的企划列入考虑范围。后来,他才发现部门经理根本没打算把这份企划交给主管。

知道原因后,他便亲自捧着企划书,站在主管必经的电梯门口等他。他向主管说明原因,并用了简短的五分钟时间介绍了企划的内容。主管对他的话产生兴趣,亲自请他到办公室详谈,最后竟马上升他为总经理特助,放权给他,表示他可以调动一切人力物力财力。

年轻人得到特许,详细整理了公司资料,进行了大刀阔斧的改革,将能力欠缺者裁掉,然后,又招募了一群有志向有能力的青年才俊。

公司企划部在他管理期间,除了注重发挥员工的才能,还特别注重员工

间的团结。这不仅赢得了各个部门的大力支持,业绩也逐月上升。公司里的人大受鼓舞,在他的调配下一致努力,仅用了短短一年时间,便跻身全国企业五十强。

当你站在十字路口迷茫不知所措的时候,当你处于人生低谷踌躇满志的时候,没有必要为逝去的时光唉声叹气,更没有必要为失之交臂的成功悔恨不已。这个时候,你只需重整旗鼓,团结一切可以团结的力量,用你的智慧打造特有的团队,向着共同的目标迈进。你的人生,你的事业就会迎来新的天地。"一名伟大的球星最突出的能力就是让周围的队友变得更好。"好的团队精神是核心的竞争力之一。"一支竹篙难渡汪洋海,众人划桨就能开动大帆船;一棵小树,弱不禁风雨,百里森林并肩耐岁寒。"善于团结同仁,大家彼此配合,就能达到事半功倍的效果,团结在一起的人们往往都会具有无坚不摧的动力与冲力。

能力3 沟通力

直接而有效的沟通，
使你的效率成倍增长

西方有句名言，"如果不具备良好的沟通能力，你就别做出人头地的梦了！"高品质的沟通可以拉近彼此的距离，化解因误解而产生的矛盾，产生良好的鼓舞和激励作用。培养沟通力，从一个人说话的分寸与技巧、姿态和语调开始，分时间、分场合、分对象，恰到好处地表达自己的见解和观点。

把语言当作成功的第一要素

成大事的秘诀非常多，而口才是最重要的因素之一。事业的成功与失败，往往决定于某一次谈话。在富兰克林的自传中有这样一段话，"说话和事业的发展有很大的关系，你出言不慎，将不可能获得别人的合作，别人的帮助。"这是千真万确的，所以，你想获得事业的成功，必须把语言当作成功的第一要素。

无论你多么天资聪颖，接受过多么高深的教育，假如你无法得体恰当地表达自己的思想，你仍旧可能会错失一次次机会。而要想让别人喜欢你、承认你，必须培养自己的口才能力，只有这样才能打开你与他人之间沟通的大门，彼此的心灵才能碰撞产生共鸣。

　　杨澜的转折点来自应聘《正大综艺》的主持人。在此之前,她只是北京外国语大学的一名普通大学生,并没有什么惊人之举。正大集团结束了与几个地方台的合作,转而与中央电视台共同制作《正大综艺》。双方决定要挑选一位有大学经历的女大学生做主持人,杨澜也被推荐参加试镜。

　　说实话,杨澜并不被人看好,只是因为她的气质较佳,所以才能一路过关斩将杀入总决赛。据一位导演透露,虽然杨澜被视为最佳人选,但是被有的人认为还不够漂亮,所以是否用她尚不能确定。

　　最后确定人选的时候到了,他们要在杨澜与另外一位连杨澜也不得不承认“的确非常漂亮”的女孩子中间选择一人。杨澜的好胜心一下子被激起,她想:“即使你们今天不选我,我也要证明我的素质。”

　　这次考试两人的题目是:一、你将如何做这个节目的主持人? 二、介绍一下你自己。

　　杨澜是这么开始的:“我认为主持人的首要标准不是容貌,而是要看她是否有强烈的与观众沟通的愿望。我希望做这个节目的主持人,因为我喜欢旅游,人与大自然相亲相近的快感是无与伦比的,我要把自己的这些感受讲给观众听。”

　　在介绍自己时,杨澜是这样说的:“父母给我取‘澜’为名,就是希望我有像大海一样的胸襟,自强、自立,我相信自己能做到这一点……”

　　杨澜一口气讲了半个小时,没有一点文字参考,她的语言流畅,思维严密,富有思想性,很快赢得了诸位领导的赏识。人们不再关注她是否长得漂亮,而是被她的表现深深吸引住了。当杨澜再次回到那个房间,中央电视台已经决定正式录用她了,这次面试改变了她的一生。

　　成功人士大多是聪明的说话者,毫不夸张地说,在成功人士身上,至少有一半是用舌头去创造的。他们正是依靠出众的口才,而被朋友尊敬,被社会认同,上得青睐,下得爱戴。他们共有的特质表现为:能就众人熟知的事物提出独到的观点;有广阔的视野,谈论的题材超越自身生活的范畴;充满热情,使人对他的话题兴趣盎然;有自己的说话风格……只要肯下功夫练习,每个年轻人都能练好口才,增加自己成大事的资本。

练好口才,把语言当作成功的第一要素,不是一天两天就能学会的,需要一个厚积薄发的过程。那么,我们应该怎样来具体学习、锤炼语言内功呢?

1. 广泛地阅读

日常生活中,我们每天都离不开报纸、杂志和书。在读书看报时,把所见到的好文章或让自己心动的话语划出来,或摘抄在卡片上。每天坚持做,哪怕一天只记一两句,也是很有意义的。写文章讲究"读书破万卷,下笔如有神"。说话和写文章是一个道理,自己肚子里的东西多了,才能够说出有见解和有说服力的话来。日积月累,在谈话的时候,会不经意地用上曾抄下来的语句,也许它们会随时随地从你的头脑里冒出来,让你尽情地谈吐。

2. 积累警句、谚语

在听别人的演讲或别人的谈话时,随时都可以听到表现人类智慧的警句、谚语。把这些话在心中重复一遍,记在本子上,久而久之,你谈话的题材、资料就越来越多,你的口才就越来越成熟了,你说起话来就可以条理清楚、出口成章了。

3. 关注生活,加强生活积累

很多人在和别人谈话的时候,别人都不爱听,那是因为他缺乏生活的积累,说的都是一些不着边际的话。所以,要想有好口才,多加强生活积累显然也很重要。所谓"厚积薄发"是有一定道理的,因为言语是以生活为内容的。因此,对于身边的大小事情,都要经常关注,以吸取对自己有用的东西。对于所见所闻,都要加以思考、研究一番,尽量去了解其发生的过程、意义,从中悟出一些道理。这些都是学习和积累知识的机会。在日常生活中,要随时计划、安排、改进生活,随意性不能太强,让机会白白溜走。你若想做一个说话高手,就应静下心来努力地学习,拓展自己的视野。你若不想说话空洞无物,就应下决心武装自己的头脑,让自己说话的内容丰富起来。

好的语言的确能引起人们思想上的共鸣,对于善于沟通的人,语言所能产生的力量是无可比拟的。只有一个善于表达自己并且与别人有效沟通的人,他才拥有了一把成功的利剑,能斩断前进路上的荆棘障碍。

畏怯心理妨碍你的进步和发展

畏怯之心不可有,畏怯阻碍你的进步和成长,影响你的发展和成功。比如说,考试怯场,跟陌生人说话害怕,登台演讲没勇气等等都是畏怯心理在作怪。一个平时成绩优良的学生,会因为怯场而无法发挥应有的水平,从而导致与心中理想的大学失之交臂,一个畏惧跟陌生人说话的人很可能就会丧失掉一个推销自己的绝佳机会。

畏怯让你变得犹豫不决,停滞不前。只有战胜畏怯,才能迎难而上,为自己争取更多的机会。

杰森大学毕业后如愿以偿地到当地的《明星报》任记者。这天,他的上司交给他一个任务:采访大法官布兰代斯。

第一次上班就接到如此重要的采访任务,杰森不是欣喜若狂,而是愁眉不展。他想:自己任职的报纸又不是当地的一流大报,自己也只是一名刚刚出道、名不见经传的小记者,大法官布兰代斯怎么会接受我的采访呢? 同事迈克得知他的苦恼后,拍拍他的肩膀,说:"我很理解你。让我来打个比方:你现在好比躲在阴暗的房子里,然后想象外面的阳光多么炽烈。其实,最简单有效的办法就是往外跨出第一步。"

迈克拿起杰森桌上的电话,查询布兰代斯的办公室电话。很快,他与大法官的秘书接通了电话。接下来,迈克直截了当地提出了他的要求:"我是《明星报》新闻部记者杰森,我奉命采访法官,不知他今天能否接见我?"站在旁边的杰森听了吓了一跳。迈克一边打电话,一边向目瞪口呆的杰森扮鬼脸。接着,杰森听到了他的答话:"谢谢你。明天1点15分,我准时到。"

"瞧,直接向他说出你的想法,一切问题都解决了。"迈克向杰森扬扬话筒,"明天下午1点15分,你的约会时间不要忘了。"一直在旁边看着整个过程的杰森面色放缓,他终于明白,很多事情本身并没有什么可怕的,我们常常对于未知的事物感到担心、恐惧,由内心想象而产生的畏怯让我们失去了机会。

对于很多刚刚离开大学校园踏入社会的人,往往会遇到跟迈克类似的问题。当你孤身一人来到一个陌生的城市,带着满腔的热血决心为自己的理想奋斗一把的时候,你会遇到很多意想不到的困难和境遇。

王利毕业后在一家公司做销售。其实王利本是一个很内向的孩子。他之所以选择这个行业,是因为他听说销售这个行业非常地锻炼人。他想通过这份工作挑战自己的同时也能有份可观的收入来养家糊口。

刚开始上班的几天,正赶上公司在外面做活动。一般做活动的时候一方面可以宣传自己的产品,一方面也能吸引一些客户。在活动现场,王利看到同事们为来往顾客热心地介绍着产品的时候,很是羡慕,他不知道该如何应付这样的场面。上学的时候当着认识的人演讲都脸红心跳,更别说现在面对的是那么多陌生人了。好几次他鼓足了勇气可都没能战胜内心的胆怯,总是话到嘴边又给噎了回去。如果失去这个机会,岂不很可惜?内心激烈地斗争着,他顾不了那么多了……感觉过了很漫长的时间,他终于成功向一位客户推销了一款产品。

激励的力量有时候是不可比拟的。他有了这一次经历之后,之后的工作也做得很顺利。搬掉了畏怯这块绊脚石之后,王利的路越走越宽。

有时候,如果太渴望成功就会害怕失败,担心自己承受不了失败的痛苦。太关注结果,畏怯自然会如影随形。人们的恐惧往往来源于对未来的无知。与其这样,不如抛开这些,管他结果怎样,管他风雨如何猛烈,大胆地去做该做的事吧。当你跨越畏怯这道坎儿,你会发现天地其实很宽阔!

找准切入点，轻轻打开话题

我们在与别人说话的时候，所采取的方法不一样，结果也有不同。有的人很会说话，不管多么难以启齿的话，到了他的口中就能变幻出另一番味道，让人很容易接受，有的人则正好相反。说话是一种艺术，也应注意技巧。如何轻松地打开话题，这是一个很值得去探讨的问题。

俗话说万事开头难，不管是写文章还是跟人交流，很多人都会遇到"开头难"的问题。那么我们该如何有效解决这个难题呢？

1. 主动介绍自己，精彩的开场白可谓是独特的切入点

在公众场合，用别出心裁的开场白介绍自己，是给他人留下良好印象的一条捷径。很多名人都非常善于做自我介绍，他们或沉稳，或风趣，言谈举止间都能让人觉得他们平易近人，值得信赖，这样既能轻松打开话题，又能为你结识新朋友打下良好的基础。

1990 年中央电视台邀请台湾影视艺术家凌峰先生参加春节联欢晚会。当时，许多观众对他还很陌生，可是他说完那妙不可言的开场白后，一下子被观众认同并受到了热烈欢迎。他说："在下凌峰，我和文章不同，虽然我们都获得过'金钟奖'和最佳男歌星称号，但我以长得难看而出名……一般来说，女观众对我的印象不太好，她们认为我是人比黄花瘦，脸比煤炭黑。"这一番话嬉而不谑，妙趣横生，观众捧腹大笑。通过这段开场白，凌峰给人们留下了非常坦诚、风趣幽默的良好印象。

后来，在"金话筒之夜"文艺晚会上，只见他满脸含笑，对观众说："很高兴又见到了你们，很不幸你们又见到了我。"对此，观众报以热烈的掌声。

从此，凌峰的名字就传遍了祖国大地，凌峰也因此结交了演艺界圈里圈外的很多朋友。

2. 从关心他(她)亲近的人入手

人们都有这样一种心理现象，就是说如果你发现自己关心的人也被别人关心着，心中自然升起一种温暖与感动，会觉得他是一个很体贴的人，不觉中就对说话的人产生了一种亲情意识。这样谈起话来也会轻松很多。

田中义一是日本很有名气的政治家，他非常善于利用人们的亲近心理，营造温馨的交际环境来取得预期的交际效果。有一次，他到北海道进行政治游览，有位穿着考究，看起来很像当地知名人士的男子走出来欢迎并向他表示问候。田中义一急忙走上前去，紧紧握住那人的双手，十分热情地说道："啊，您辛苦了。令尊还好吗？"那个男子感动得一时说不出话来。田中义一的政治游览，也因此大获成功。事后，田中义一的随从对上司的亲密举动十分不解，忍不住问道："那人是谁？"田中义一的回答出人意料："我怎么知道，但谁都有父亲吧！"

田中义一的交际成功，无疑在他选择了一个比较好的交际切入点，即在男子心目中迅速建立了亲情意识，使男子觉得他是一个值得信赖、和蔼可亲的人，从而在心理上对田中义一产生了认同感。

3. 从别人的兴趣爱好开始

酒逢知己千杯少，话不投机半句多。每每碰到那些感兴趣的话题，我们都能滔滔不绝。在与别人交流的时候，为何不从他的兴趣点出发呢？

每个人的性格和爱好是不一样的。和不同的人谈论要从不同的话题出发，从他感兴趣的地方入手。当然在做这一步之前一些准备工作是不可少的。你要尽可能去获取对方的个人资料，了解他的兴趣所在，这样在交谈的时候就很容易打开话题。

罗斯福说过："只有谈论他所喜欢的事情，才能抓住他的心，让他高兴起来，然后接近他就比较容易了。"一个人对自己喜欢的事物因为饱含着情感所以总是有着说不完的话。抓住对方的兴趣所在，就能有的放矢。

总之，方法总比问题多。不管面对的是不是陌生人，想在最短的时间内拉

近距离,力求双方关系融洽起来,就要寻找一个合适的切入点。有了切入点,交谈过程就会呈破竹之势,自然而然地顺利进行。

生动而恰当地表达你的想法

在人际交往中,语言扮演着很重要的角色,发挥着十分重要的作用。这是一个讲究交际的时代。懂得讲话技巧的人,能够跟人更好地沟通和交流。俗话说"良言一句三冬暖,恶语半声六月寒"。

一个善于表达自己的人,他说出的每一句话都能获得良好的效果。

有一次,美国艾森豪威尔将军应社团之邀,担任演讲会的讲演者之一。在他前面已经有五位演讲者,滔滔不绝地发表了长篇大论。

轮到艾森豪威尔将军上台讲演时已将近半夜,不少听众无精打采,有的甚至昏昏欲睡。他环顾四周说:"在我前面几位先生的演讲内容,合起来可成为一篇精彩的长篇小说,我实在没有能力增加一个字。可是每篇文章都应该加上标点符号,就让我来为这部长篇小说点上结束的句点吧!"

艾森豪威尔将军说完,就走回座位。结果,博得满堂喝彩。

艾森豪威尔一句简短的话就收到了如此好的效果,比起那些喋喋不休的长篇大论不知道要好上多少倍。能把话说得生动简洁并取得很好的效果,如果没有很强的表达能力和沟通技巧是做不到的。当然生动简洁只是其中的一个方面。

无论是在工作和生活中,都可以遇到一些表达和沟通能力欠缺的人,有些人甚至会因此感到绝望或者干脆放弃了这种人与人之间交流的生活,与外界很少接触,久而久之各种心理障碍的出现就不足为怪了。表达和沟通是与人交往的一种重要手段和方式。其实,表达能力和沟通技巧的提高是有法可循的。很多事情只要你能坚持,都可以从一点一滴中磨练出来。

1. 要克服自己心理上的自卑

自卑是与人交流的最大障碍。克服了自卑,树立了自信,你在与人交流的时候就不会因为说错话而感到不好意思。允许自己犯错误,错误可以促进成长,只要你能够及时改正。要相信自己可以做好,有了自信,就能在人际交往中找到自己的位置。

其次,才是技巧的问题。在你张口说话之前,要注意别人在说什么。注意听,不仅仅是对对方的尊重,也能保证自己思维活跃,精力集中。以这种积极的状态进入交流与沟通。

2. 要有求同存异和包容不同观点的气度

听来的有关一个企业家的故事或许能够给我们一些启示。话说这个企业家在与外商做生意的时候,因为意见不合,闹得双方僵持不下。一时间搞得气氛甚是紧张。在这个关键时刻,企业家灵机一动,说:"要不我们先这样,咱们都放假一天,让公司做东,我们去当地的名胜参观一下,晚上呢再到最有名的舞厅放松一下,您觉得怎么样?"外商看到主人提出邀请不好意思拒绝。于是,企业家带着双方人员游览了当地的名胜古迹。双方离开了枯燥、烦闷的会议室,玩得都很尽兴,尤其是双方的年轻人,已经成了朋友。当晚,企业家又带领大家来到该市最好的舞厅,并主动请对方女代表跳舞。彼此都很快熟悉起来了,大家玩得也很愉快。到了第二天,双方的敌对情绪明显已经缓和了很多。由于又建立了朋友关系,协议很顺利地达成了。善于沟通的人不在乎一时的得失,有化干戈为玉帛的智慧和幽默。

说话的时候,不要以自我为中心,也不要总是摆出批评人的架势。好像全世界就只有你一个人做的是对的。每个人对这种开口闭口都是"我"的人很是反感。

人们都不希望自己被批评,被否定。因此在讲话的时候,就算是你的出发点是善意的,也要尽量避免那种太强势的口气,要注意对方的感受。不管你的建议有多好,但是别忘了,强势的建议,也算是一种攻击。如果别人对你的话都

有了反感和抵抗,你还指望能收到交流沟通的良好效果吗?

3. 在不同的场合,面对不同的人,更要注意不同的讲话方式

人们的很多误会也往往是在语言交流中由于沟通不到位、表述不清楚造成的。所以一定要重视语言在人际交往中的重要性,一定要锻炼和提高语言表达能力,这样你说的话才能受到大家的欢迎。

天下没有放之四海而皆准的法则,技巧也是因人而异的,方法也不是一成不变的。智者见智,仁者见仁。不管采取什么样的措施,什么样的办法,只要能提高这方面的能力,就是最重要的。要知道,在人生的关键时刻,说不定一句话就决定你的胜败。人与人之间也并非我们想象中那么难以理解。培养了自己有效、良好的沟通能力,掌握良好的表达技巧,在关键时刻能为你锦上添花,甚至反败为胜。

沟通是化解矛盾的第一法则

沟通是人与人之间传达思想和交流信息的过程,是心灵之间的一种碰撞,是人类生存必备条件之一。也许沟通中的一个微笑,一个手势,一句问候,都可以拉近彼此的距离。

沟通能够化解人与人之间的矛盾,是人们工作生活中不可缺少的美丽的音符。良好的沟通能够平复人们心中的怒火,能够让相见分外眼红的仇敌化干戈为玉帛,能够令人与人之间那堵看不见的心灵高墙顷刻间土崩瓦解。

战国时期,张仪和陈轸都投靠到了秦惠王门下。过了不久,张仪发现陈轸比自己能干得多,于是就特别担心日子长了,秦惠王会偏爱陈轸而冷落了自己。他便找各种机会在秦惠王面前说陈轸的坏话。

有一天,张仪对秦惠王说:"大王经常让陈轸往来于秦国和楚国之间,可现在楚国对秦国并不比以前友好,但对陈轸却特别好。可见陈轸的所作所为全是为了他自己，并不是诚心诚意为我们秦国做事。听说陈轸还常常把秦国的机密泄漏给楚国。作为您的臣子，他怎么能这样做呢？我不愿再同这样的人在一起做事。最近我又听说他打算离开秦国到楚国去。要是这样，大王还不如杀掉他。"

秦惠王一听这些话，顿时火冒三丈，马上传令召见陈轸。秦惠王一看见他就说："听说你想离开我这儿，准备上哪儿去呢？告诉我吧，我好为你准备车马呀！"

陈轸一听，莫名其妙，两眼直盯着秦惠王。但他很快就明白了，这话中有话，于是镇定地回答："我准备到楚国去。"

果然如此。秦王对张仪的话更加相信了。于是慢条斯理地说："那张仪的话是真的啰？"

原来是张仪在捣鬼！陈轸心里完全清楚了。他没有马上回答秦惠王的话，而是定了定神，然后不慌不忙地解释说："这事不单是张仪知道，连过路的人都知道。我如果不忠于大王您，楚王又怎么会要我做他的臣子呢？我一片忠心，却被怀疑，我不去楚国又到哪里去呢？"

秦王听了，觉得有理，点头称是，但又想起张仪讲的泄密的事，便又问："既然这样，那你为什么将我秦国的机密泄漏给楚国呢？"

陈轸坦然一笑，对秦王说："大王，我这样做，正是为了顺从张仪的计谋，用来证明我是不是楚国的同党呀！"

秦王一听，却糊涂了，望着陈轸发愣。

陈轸还是不紧不慢地说："据说楚国有个人有两个妾。有人勾引那个年纪大一些的妾，却被那个妾大骂了一顿。他又去勾引那个年纪轻一点的妾，年轻的对他很友好。后来，楚国人死了。有人就问他：'如果你要娶她们做妻子的话，是娶那个年纪大的呢，还是娶那个年纪轻的呢？'他回答说：'娶那个年纪大些的。'这个人又问他：'年纪大的骂你，年纪轻的喜欢你，你为什么要娶那个年纪大的呢？'他说：'处在她那时的地位，我当然希望她答应我。她骂我，说明她对丈夫很忠诚。现在要做我的妻子了，我当然也希望她对我忠贞不贰，而对那些勾

引她的人破口大骂。'大王您想想看,我身为楚国的臣子,如果我常把秦国的机密泄露给楚国,楚国会信任我、重用我吗?楚国会收留我吗?我是不是楚国的同党,大王您该明白了吧?"

秦惠王听陈轸这么一说,不仅消除了疑虑,而且更加信任陈轸了,给了他更优厚的待遇。陈轸巧妙的一席话,既击破了谗言,又保全了自己。

陈轸在这样的关键时刻,能够保住自己的性命又能得到秦惠王的信任,这不得不说得益于他有效的沟通。如果当时听到别人在陷害自己,也跟着上火,气急败坏,那么结果还能这么好吗?那样不但会加深加剧与张仪的矛盾,说不定还会陷自己于更加危险的境地。平心静气地与对方交流,就是保障沟通有效进行的重要方式。建立在这种基础上的沟通能减少人与人之间的摩擦,不但能清楚表达双方的思想,更能够化解矛盾。

如果矛盾、纷争、困惑等是挂在人们心头的一把锁,那么沟通就是打开这把锁的钥匙。不管是在工作还在生活中,你会遇到各种各样的心灵之锁,但是记得碰到这样的情况,千万不要猛攻蛮打,记得用相应的钥匙,就能轻而易举地打开它。沟通是打开心灵之门的金钥匙,能加深彼此的了解,让大家走得更近,更是化解矛盾的良药。

能力 4 观察力

细心而敏锐,
根据核心问题拿出相应的对策

谁都希望能像齐天大圣孙悟空一样,拥有一双火眼金睛,任凭妖魔鬼怪如何变身也能一眼看出其中真假。其实,只要用心,我们照样可以练出一双明察秋毫的眼睛。敏锐的观察力可以帮助我们在不动声色的同时已经想出解决问题的奇思妙计,甚至可以帮助我们预知前方的道路是平坦还是坎坷,是阴晴还是风雨。

收集多方面的信息,给观察力注入活水

观察力就是指大脑对事物的观察能力,例如可以通过观察发现新奇的事物等,在观察过程对声音、气味、温度等有一个新的认识。一个有着敏锐观察力的人,总是能够比别人看到更多的东西,更多的细节,甚至蛛丝马迹都能让他有惊人的收获。他能通过种种表现看到被掩盖的种种真相,看到很多别人看不到的东西,他能在短时间内根据所看到的情景给出一个合理的推断。当然这样的能力离不开自己的只是积累以及敏锐的神经感知。

大家都知道,对一个事物了解的程度越是深刻,当它出现时就能一眼辨出其中玄机。可见,多方面的信息收集,对观察力有着至关重要的作用,这样,对事物的认知就不会停留在固有的基础上,而是跟着情势的变化而变化。

福尔摩斯,这个耳熟能详的名字,知道其故事的人都惊异于他的智慧和神奇,禁不住为之拍手叫好。是否还记得,当福尔摩斯第一次与华生见面的时候,立刻就辨出了华生是一名去过阿富汗的军医。福尔摩斯这种敏锐的观察力,能够让他迅速地辨出一个人的职业、经历。

敏锐的观察力离不开知识的积累、信息掌握的多寡。在柯南·道尔的笔下,福尔摩斯是一个学识渊博、观察力非凡的人。

一次,福尔摩斯同他的助手华生同时鉴别一块刚刚得到的怀表。华生的鉴别仅仅停留在怀表的指针、刻度的设计和造型上,无法发现一丝线索。而福尔摩斯凭借手中的放大镜,看到了表壳背面的两个字母、四个数字和钥匙孔周围布满的上千条错乱的划痕。经过思考后,福尔摩斯认为:那两个字母表示主人的姓氏;四个数字是伦敦某当铺的当票号码,表明怀表的主人常常穷困潦倒;而钥匙孔周围布满的上千条错乱的划痕,则说明怀表的主人在把钥匙插进孔去给表上弦的时候手腕总是在颤抖,因而这个人多半是个嗜酒成性的醉汉……

福尔摩斯在破案过程中,没有顾及这只怀表的新旧程度和价值,而是紧紧抓住那些与案件有本质关系的细节,进行深入细致的观察。观察是一种有目的、有计划、有步骤的知觉。它是通过眼睛看、耳朵听、鼻子闻、嘴巴尝、皮肤触摸等手段有目的地认识周围事物的心理过程。在这当中,视觉起着重要的作用,有85%的外界信息是通过视觉这个渠道进入人脑的。因此,也可以把"观察"理解为"观看"与"考察"。

一个人的观察能力与他的知识、经验以及职业兴趣有着密切联系。对于同一块怀表,福尔摩斯之所以能够比华生看到的更多,理解得更深,一下子就能抓住那些不大明显,然而却是本质的特征,正是因为他们有着不同的知识和经验。

观察力的敏锐程度决定了从同一个事物同一个人身上得到的信息多寡。具备了敏锐的观察力才有可能在第一时间把握更好更多的信息。这些都离不开对原有信息的收集和整理，有了多方面的信息，经过思维的加工，去伪存真，就能更全面地去掌握和判断事物的发展方向，向着事物的真实面貌接近。

你想去了解一个人，单单从他的音容笑貌远远不够。靠什么，就要靠观察。观察并不是双眼的专利，更多时候，是要用心的，或者说要用第三只眼睛。你掌握了这个人方方面面的信息：家庭背景、受教育经历、工作环境、成长环境、人际关系等等，那么你才能更全面地去认识这个人。

如果没有信息的收集，那么张小五（电视剧《张小五的春天》主人公之一）就不可能知道高老板有一个小楼的工程需要承包，也就不会有了后来故事的感人情节。张小五为了得到与高老板五分钟的谈话机会，电梯里，楼道里，晨练的广场上都有张小五的身影，也有因纠缠而无奈与气急败坏的高老板。小五甚至还扮成一个按摩店的员工混进了高老板所要服务的包厢，如果没有事前的"一番侦查"，没有对高老板出行规律与信息的掌握，张小五又怎么能做到如此"全方位地跟踪"呢？小五的执著让人感动，但是她对信息的收集和利用也增强了她的观察力。

其实各行各业都有相通的道理，比如说一个销售掌握信息的多少，决定了他能否成功推销掉自己的产品。全面的信息，能让他在与人打交道的过程中，一眼看穿对方的心思，了解对方的兴趣爱好等等。

当你对一件事情感到茫然的时候，或者对某个决定犹豫不决的时候，或许正说明你所拥有的信息尚很欠缺。收集多方面的信息之后，对事物的内在发展规律就会有一个很准确的把握，而这正是做任何事情能否成功的一个重要因素。

社会信息无处不在，信息内容更是包罗万象，无所不有，收集筛选到对自己有利的信息，做个收集信息的有心人，不仅可以提高自己的观察力，做事情的时候还常常能左右逢源。

做个有心人，从不被人注意的地方寻找机会

有两个做鞋子的商人来到非洲考察，看到那里的土著人都不穿鞋。第一个商人特别失望，说："这里的人都不穿鞋，我的鞋在这里肯定卖不出去了。"另外一个商人看到这里的情景之后却兴奋异常："真是太好了，这里的人都不穿鞋，如果我教会他们穿鞋的话，我的鞋在这里一定会供不应求。"

想必很多人注意到的是不穿鞋的表面，但是也有不少的人像第二个商人一样，能够从被人忽略的地方，寻找到卖点。这个世界上不存在没有商机的市场，而是缺少发现商机的慧眼，成功就在于有着一双能够发现机会的慧眼。在竞争激烈的地方，在炙手可热的行业，有时候你很难在其中立住阵脚。如果能够从别人不注意的地方下手，往往会更容易把握住成功的机会。

那些无人问津的角落，那些所谓的冷门，说不定就是一座等待开采的金矿。只要你有一双善于发现的眼睛，总能在不被人注意的地方，开拓出新的市场。

在上海 APEC 会议上，当各国元首每人着一件唐装的时候，一些敏锐的商家瞅准了商机，很快，唐装便在市场上流行起来，在北京、上海等地甚至达到了发烧的地步。春节前后，唐装成为服装市场上一道亮丽的风景线。但是，穿着光鲜的背后却要面临洗涤的问题。唐装跟别的服装不太一样，对洗涤的要求非常高。它是用典型的传统丝绸做成的，用料和做工都很讲究，洗的时候对温度、用水、熨烫等等各方面要求都很高，一不小心，唐装的魅力就会大打折扣。而一些普通的洗衣店都不愿意接这样的生意。北京有一家洗衣店注意到了这个现象，看出了蕴藏在其中的巨大商机，专门聘请了一个赋闲在家的专家来店里做丝绸顾问。

高明的商家总是善于以冷静的头脑从消费者身边的种种不便中挖掘出商机，开拓出一块庞大的市场。这个洗衣店的老板正是看到了唐装热带来的洗涤

难问题,开拓出了又一片天地。

如果是看到什么生意赚钱,便一哄而上,盲目扎堆,最后也不见得就会有好的结果。跟在别人屁股后面,是跟不上市场的发展变化的。

当别人都在研究怎么样生产出更高档更漂亮的自行车时,如果你能生产出一种具有特殊防盗功能的车锁,你的产品不但能很快得到大家的认可,业绩也理所当然地随之上升。同样是丢在地上的一张名片,别人走过视而不见,或者像对待垃圾一样毫不客气地丢进路边的垃圾桶,但是当你捡起来,恭敬地打给对方,说不定,他就是你要找的重要客户。

一个具有敏锐洞察力的人,能从被大家忽略的地方,看到商机,把握机会。很多时候,那些容易被人忽略的信息,会让我们错过很多重要的机会。机遇对每个人都是均等的,关键是,当机遇降临到你的身边时,你要有洞察到它的能力。

人的一生,总会碰到这样那样的机会,但是如果你对周围的环境没有兴趣,没有悉心的观察、持久的思索,那么就算是机遇降临,你也无从知晓,更别提抓住它了。

留心那些无人注意的角落,无人关注的领域,培养自己小中见大,见微知著的能力。做一个有心人,就是抓住机会的重要前提。别人的忽略或许就是证明你存在的价值的关键时刻。一个有心人,能在别人不注意的地方寻找到机会,一个有心人,在机会到来时,能牢牢地抓住它。

有预知未来的前瞻力,时时比人快"半拍"

能够在充满不确定因素的环境中,看清事物的发展方向,有远见地制定出一个长远策略,正确预测未来,离不开高瞻远瞩的洞察力,有了这种前瞻力,才有可能在做事上比别人快"半拍"。

有两个企业都想在某郊区投资房地产,并各自派专人前去调查情况。A 企业的人回来之后对公司说:"那里人口稀少,房产业发展机会渺茫,房子修好了也没有人来住。"而 B 企业的人则在考察之后,向公司报告说:"该地虽然人口稀少,但那里环境幽雅,人们厌倦了城市的喧哗,定会喜欢在那里安置生活。"果然不出 B 企业的所料,随着城市包围农村,城里人越来越向往农村生活,尤其是一些农家乐,办得更是如火如荼。

A 企业的人员鼠目寸光,只看见眼前事物的表象,而 B 企业的人却高瞻远瞩,从表象里预见到未来。B 企业的远见卓识远远高于前者。如果一个领导像 A 企业的人一样近视,那么他的动作很可能都是短期行为,而如 B 领导那样见识过人,眼光放长远一点,就能使企业获得长远的利益。真正有所成就的人,必须学会思考,而不要因循旧制。如今的市场如战场般硝烟滚滚,谁有眼光,谁能够看到趋势,谁能够高瞻远瞩,谁就能"早富"、"大富"。

世界首富比尔·盖茨的经历想必大家都有所耳闻。比尔·盖茨中学毕业后如愿以偿地被哈佛大学录取。这个被程序员的工作和计算机的魅力深深吸引的孩子,毅然决然地退了学,专心在计算机行业寻找新的开发项目。他和他的战友领先地开始了为个人计算机开发软件。微型计算机研制成功以后,微软的战士们深刻地体会到这种计算机操作的复杂性和难接受性,这种计算机最大的弊端就是在于缺乏支持其运行的语言。针对这个缺点,他们连日工作,终于为微机 8080 配上了 Basic 语言。他们预测到了软件对于计算机硬件无法代替的意义,因此用心地研究软件的开发,为此开辟了 PC 软件业的新路,也为软件标准化奠定了基础。后来微软公司了解到 IBM 也在寻求操作系统的软件支持,于是他们抢先获得了一种个人电脑操作系统的许可证,1981 年在经过软件升级以后,以 MS—DOS 为名推向市场。微软的操作系统软件便借助 IBM 的力量,从此销售量猛增,成为软件业的新兴霸主。

复杂的机器指令普通人望而却步,所以计算机的普及比较缓慢。比尔·盖茨预感到微软必须研发出一种普通人可接受的操作系统,才能跟上市场的要求。1985 年,微软终于成功地推出了"Windows"操作系统,不再需要复杂的机器指令,普通人便可直接操作的桌面系统,为微机走入家庭掀开序幕。1987年以后,微软的"Windowsl.0"已经不再满足软件市场的要求。比尔·盖茨仔细地研究了市场发展的趋势,预测到更人性化,更简单、快捷的软件系统将是市场的主力,于是微软继续推进 Windows 操作系统的研制工作。直到1990年,终于成功地开发出 Windows3.0 操作系统,成为软件业中不可代替的先驱,最终在市场上赢得了无法动摇的霸主地位。

微软的奇迹还在继续……

成功人士总能高瞻远瞩看清时代的发展方向,所以能引领时代的潮流。万事比别人快一步,其收获比别人好一百倍。同样的发展策略,有的公司获得万利,有的公司利润却很少,关键就是这个市场预测,比别人做得早,才能做得好。第一个吃螃蟹的人,不仅仅是勇敢者,是英雄,更是有头脑的人,成功的人。

看前方,最好站得高一些,戴上望远镜,这样你就能在瞬息万变的竞争中把握机会。明亮的眼睛和聪慧的心能帮你提前探究市场的发展趋势,寻找市场未来运行的轨迹。有了这样的预测能力,市场的变动便在你的预料之中,各种机会对你来说便如探囊取物。超前的觉察力,能让你事事比人快一步,能化解你前进道路上的风险,最终成就辉煌的事业。

综合分析,掌控好分寸火候

儒家奉行中庸之道,其精髓就是"不偏不倚"等等。说到底就是分寸的问题。为人处世,待人接物,都渗透着对分寸和火候的掌握。

有时候,经常会遇到一些把话说到七分,留下三分让你去揣摩的人。在不好直接发问的情况下,只能发动我们的思维,去综合分析一下,找出应对事情的良策。

小周是某公司市场开发部主任助理,为人热情,积极进取,说话做事情也很有分寸。有一次,主任召集市场开发部所有负责人员开会,分析当时的市场形势说:"大家都知道,我们公司成立至今,面对全国市场的激烈竞争,业绩却直线上升,这是与我们市场开发部的出色工作分不开的,现在,我们公司的市场占有率已领先其他同类公司很多,只是对西部的覆盖率还不够……"说到这里,他有意停顿了一下。

同事们看到主任说到这里不说了,于是就纷纷表达自己的看法,并对目前的成绩啧啧称赞,唯独小周缄默不语,其实他从主任的表情和话语中已经明白了他所要表达的真实意思。于是,等别的人说完之后,小周这才礼貌地问道:"主任,这么说,我们市场部下一步的工作重点就是放在西部那两个省上吗?"

"对!"开发部主任赞许地看了一眼小周,"小周说得很对,看来你平日对此深有考虑。作为我们市场开发部的得力人员,最重要的就是要胸有全局,规划宏远,这样才能永远立于不败之地。小周在这点上,比各位要略胜一筹。根据公司的长远战略规划,经公司研究决定,我们公司将于年内开拓西部两省市场,具体工作由小周全权负责,希望各位都能够给予最大的倾心支持。"

于是,在开发部主任的大力举荐和公司领导的决定下,小周担当起了开拓市场的新任务。

小周遇事不慌不忙,并不急于决定的做法值得我们学习,在经过一个通盘的分析之后,恰到好处地表达出自己的意见,这样的人早晚会得到上级重视。

生活中,遇到问题,就着急得鸡飞狗跳的大有人在。不管是好事还是坏事,都像火烧眉毛一样坐立不安,比如说遇上升迁加薪就得意忘形,忘记了分寸,遇上困难不顺就沮丧万分,老半天回不过神来,这样的人在做事情的时候,好事也有可能办成坏事,坏事可能会变得更加糟糕。

众所周知,分寸和火候如此重要。这就如烧火做饭。如果不加温,饭永远不会熟,但是若是柴禾添多了,火太大了,就会把饭烧焦。盐搁少了会平淡无味,多了,同样难以下咽。

同样的,能不能办成事,能不能把事情办好,其中也有一个添柴加温的火候问题,也有一个进退得体、成败可资的分寸问题。说话有度,交往有节,办事伸缩得当,社会上的人才会通情达理地承领你的要求,尊重你的体面,满足你的愿望。反之,你不懂分寸,说话冒失,不识深浅,到头来你的人缘处世可能就会呈现一塌糊涂的局面。

所以,人生福祸、社交得失、事业成败,可以说皆在为人处世的"分寸"之间。话说的多少,事情的轻重缓急,人际关系的亲疏远近等等都是分寸的体现。

有时候人生成败得失往往就在分寸之间。只有看清楚了,想清楚了,去做的时候才能做到心中有数,总之,谁掌握好了分寸、火候,谁就能把握住事情发展的态势和方向。

谨行慎思,不打没把握的仗

我们在做任何事情的时候,都要经过深思熟虑,不可贸然行动,更要观察好周围的地形,千万不可率性而为,应该做好应战的一切准备,这样才能加大胜算的可能。

西汉初年,北方的匈奴首领冒顿杀父自立,大大地震慑了它的邻国东胡。为了限制匈奴的发展,东胡国不断挑衅,企图找借口灭掉匈奴。

匈奴国中有一匹千里马,它能日行千里,为匈奴国立下过汗马功劳,被视为国宝。东胡国知道后,便派使者向匈奴国索要这匹宝马,匈奴群臣一致反对。

冒顿一眼看穿了东胡的用意,但他还是决定忍痛割爱来满足东胡的要求:"我们哪能因为区区一匹千里马而伤害与边邻的关系呢?"于是,他就把宝马拱手送给了东胡。

冒顿虽然表面上不与东胡作对,但他却暗地里壮大实力。

东胡国王得到千里马以后,更加狂妄。他听说冒顿的妻子很漂亮,就动了邪念,派人去匈奴说要纳冒顿之妻为妃。

冒顿的妻子年轻貌美，端庄贤惠，深得民心。匈奴群臣一听东胡国王如此羞辱他们尊敬的王后，都异常气愤，欲与东胡决一死战。冒顿更是气得暴跳如雷，然而他转念一想，东胡之所以三番五次使自己丢脸，是因为东胡的力量比匈奴强大，小不忍则乱大谋，一旦发生战争，自己的实力不济，很可能会战败，还是再忍让一回，等以后有了合适的时机，再与东胡算总账。

于是，他强装笑颜，劝告群臣："天下女子多的是，而东胡却只有一个啊！岂能因为区区一个女人伤害与邻国的友谊？"于是，他又把爱妻送给了东胡国王。

之后，他召集群臣，鼓励大臣们内修实力、外修政治，以图日后能够雪国耻、报家仇。

东胡国王轻而易举地得到千里马与美女，更加骄奢淫逸，又第三次派人到匈奴去索要两国交界处的方圆千里的土地。

此时的匈奴经过冒顿治理，实力雄厚、兵精粮足，已远远超出了东胡。

东胡国的使臣来后，开口索要土地。冒顿一听，怒发冲冠："东胡国王霸我王后，索我土地，实在是欺人太甚！是可忍，孰不可忍！现在我们要灭掉东胡国，以雪国耻！"他亲自披挂上阵，众人同仇敌忾，一举消灭了毫无防备的东胡国。

冒顿忍辱舍爱，只为有朝一日能够报仇雪恨，但是在没有足够把握迎敌的情况下并没有贸然行动。因为他深知，这一仗要打就必须打赢，失败了有可能就很难再有抬头的机会了！他谨慎而隐忍地准备着一切，最后的胜利乃大势所趋。

很多时候，困境不可避免，但是在困境中更应该尽自己的能力做好自己能做的事情，放弃了努力就等于放弃了挽回局面的可能。

在古老的地球上，生活着种类繁多的爬行动物，有恐龙，也有蜥蜴。一天，蜥蜴对恐龙说，发现天上有颗星星越来越大，很有可能要撞到我们。恐龙却不以为然，对蜥蜴说：该来的终究会来，难道你认为凭咱们的力量可以把这颗星星推开吗？

有一天，灾难终于发生了。有颗越来越大的行星瞬间陨落到地球上，引起了强烈的地震和火山喷发，恐龙们四处奔逃，但最终很快在灾难中死去。而那

些蜥蜴,则钻进了自己早已挖掘好的洞穴里,躲过了这场灾难。

或许你会固执地认为,很多事情不是我们个人的力量所能掌控的,对于这样的事情,做再多的准备也无济于事。但是,别忘了,你虽无法控制危险的发生,却可以凭借充分的准备而减少甚至避免危险造成的损失。

蜥蜴是聪明的,它无法扭转行星陨落的事实,但是它有把握挖好一角洞穴,当灾难来临,藏身其中,却有幸躲过,安然无恙。

不做没有把握的事情,在与人竞争的时候就不会轻易陷入被动,不要一时冲动就当仁不让地往前冲,这样就能为自己了解每一个竞争对手的情况争取足够的时间和条件。聪明人在竞争中总是会首先仔细地反复考察,对比自己与别人的优势与劣势,经过反复权衡之后,才会决定自己究竟该何去何从。总之,谨行慎思,是一种冷静的态度,这种态度可以让我们做出一些比较客观的判断。

谨行慎思不但要求我们在做事情的时候,能够做充足的准备,不打无把握之仗。还要求我们能够全面地认识自己,客观地了解自己的兴趣、优势和能力,根据自己的情况,选择适合的工作,而不是漫无目的地流浪。

其实,只要有人的地方就存在着争执和竞争,如果你的力量还不够强大,就不要逞一时之勇。现实生活是残酷的,很多人都会碰到不尽如人意的事情。残酷的现实需要你对人俯首听命,这样的时候,你必须面对现实。如果你暂时只是一枚鸡蛋干吗还要跟石头斗狠而做无谓的牺牲呢? 识时务者为俊杰,这个时候倒不如放下面子、身份、地位,慢慢积累自己的能量,再寻机会。

没有把握的事情,最好不要鲁莽行之。不去做没有把握的事情,虽然少了种冒险的精神,却能规避不必要的损失。遇事三思,谨言慎行,充分准备,不鸣则已,一鸣惊人。

能力 5　　适 应 力

环境不为某个人而改变，
唯一可以改变的就是你自己

常言道，树挪死，人挪活。树随意挪动就很可能影响其生存，但一个人要想长久立于不败之地就要不断发展，不能一成不变。环境不会因某人而改变，需要主动改变的是我们自身。周围的环境在发生变化时，要学会根据变化做出相应的调整，首先是适应环境，然后再考虑驾驭环境。

不做环境的俘虏，主动体验各种生活

物竞天择，适者生存。这是大自然的规律。人也一样，只有适应环境的人，才能在社中生存。没有任何一种环境是因人而改变的，也就是说环境不会为某个人而改变。当你背起行囊，远离家乡，远赴重洋，到异域他国求学或工作生活，你将面临一个新的环境。你昔日的朋友远隔千里万里，你不免会觉得孤单而难熬。但是你会因此而一蹶不振，停滞不前吗？我想，你不会。

既然环境不会为一个人而改变，但我们可以以新的面貌去面对新的生活。

绝不能安于现状,任由环境摆布,做环境的俘虏。

人的一生就是不断适应的过程,你不清楚明天的你将面临什么样的环境,什么样的事情。你未来的生活又会是什么样子的,你也无从知晓。但是不管何时何地,主动去体现各种生活,这种姿态终归是好的。

国际贸易专业毕业的小李,毕业之后在一家外企做市场调研的工作。在学校过惯了那种轻松的学习生活,公司的工作节奏之快、管理要求之严格,让刚跨进外企大门的小李,着实有些吃不消。但是他明白,要想不在竞争中被淘汰,就要主动融入这样的环境。很快,勤学谦虚的小李做起工作来是得心应手。短短的两年,公司已经给他加了三次薪,他的工资水平比和自己一起毕业的同学高出一大截。小李早已适应了这里的一切,原本以为,生活就会这么在平静与踏实中度过。

但是一个偶然的机会,他遇到了一个多年未见的老朋友陈阳。两个人都是摄影爱好者,上学时候还当过业余摄影师。当时陈正筹备自己的摄影工作室,很想把多年以前的老搭档小李拉上,两人一起拼一把。其实,小李又何尝不想为自己的梦想努力一把呢?虽说自己学的是国际贸易,但是摄影才是内心最最喜爱的行业啊。两人的相见,让小李改变了决定。

就这样,小李辞去了在外企的工作,投身到和陈一起创业的热情中去。这让很多人觉得诧异和不解。放着稳当的工作,丰厚的薪水不要,非要去弄什么摄影工作室,真是瞎折腾啊!

没有梦的人,才会惊异于别人为梦想拼搏的勇气和汗水。要知道,兴趣是不能当饭吃的。摄影,如果提升到创业的角度,又将是一个全新的环境,全新的行业,前面又将遇到什么样的艰难险阻,但是小李和陈阳这种主动适应环境,体验各种生活的勇气和做法,是多么的难能可贵啊。

遇水架桥,逢山开路!不做环境的俘虏。一个适应力强的人,总能比别人学到更多的东西,也能收获更多的果实。可以说,一个人成功的因素不只是他所拥有的本领有多强大,还要看他是怎么看待对待自己周围的事物的,看他身处

逆境之时,是否依然能够积极乐观地寻找改变逆境的办法。

当你活在父辈为你创造的巨大财富中,要风得风要雨得雨的时候,一场灾难,卷走了你家族的荣耀。你会为之悲痛不已,像不少家道中落的公子少爷一样,始终抬不起头来吗?财富给过你优越的环境,但是你没有在那样的环境中堕落腐化,那么如今,你仍然可以昂然向前,用自己的双手打造一个真正属于你的王国。何不把白手起家也当作是生活的一种体验呢?

有时候,向环境妥协,不是示弱的表现,而是和环境握手言欢的智慧。积极主动地去体验各种生活,你的人生旅途将会精彩不断。

学会自我调整,锻造自身承受力

人的一生不可能永远一帆风顺,在你正享受成功带来的喜悦时,上苍可能会给你当头一棒,面对致命的打击,何去何从? 如果你有一颗坚强的心脏,就不会惧怕风雨的吹打。学会及时调整自己,锻造自身承受力是何等重要!

1976 年,奥运会十项全能冠军获得者詹纳说:"奥运会对运动员来说,20% 是身体方面的竞技,80%是心理承受能力与挑战。"一个遇到挫折就垂头丧气、自暴自弃甚至轻生的人,是没有什么承受力可言的,也注定与成功无缘。

1989 年,日本松下公司公开招聘管理人员,一位名叫福田三郎的青年参加应试,考试成绩公布之后发现自己是名落孙山。福田三郎得知这一消息后,感到深深地绝望,他无法接受被拒绝和失败的打击,选择了一条不归路。不过,幸亏后来抢救及时,自杀未遂。而这个时候,松下公司派人通知他被录取了,考试分数名列第二。当时是因为计算机出了故障,所以统计的时候出了差错。然而当松下公司的人得知他因为未被录取而选择自杀时,当即决定将他解聘。

福田三郎挽回了生命,却不能挽留住到手的成功。一个连小小的打击都承受不起的人,一个心理如此脆弱的人,靠什么走在充满挫折的道路上?更别提在

竞争激烈的环境中建功立业了!

暴风雪来临,大树的枝干可能会被突如其来的风雪折断,但是柔韧的竹子却能谦逊地低下自己高贵的头,调整了自己站立的姿态,弯着腰坚强地承受着。当天气放晴,冰雪融化,它将一如既往地向世人展露自己的青葱挺拔!

我们一生当中,会面临很多转折。从高高的天空坠落到无边的深海,如果你还想着用那对闪亮的翅膀去胡乱扑打着海水,那么沉入海底也不是没有可能。你需要调整自己,适应海水的温度,并且要在第一时间学会游泳。你懂得了如何在人生长河中游泳,你就能把握住前进的方向。及时调整自己,善于顺应环境的变化,而不是怨天尤人,不知所措。

不管是在工作还是在生活中,如果能注意及时调整自己,不断锻造自身承受力,你将受益终生。

记得俞敏洪先生曾经说过这样的一段话:"一堆面粉放在案板上,你用手去一拍,这堆面粉就散了,这就是我们现在的心理承受能力。你把它加点水揉一下,你再拍,就不一定散了,但是还是一堆很松软的面粉。如果你再不断地给它加水,给它揉,揉到最后就变成了一个面团,你再怎么拍就不散了。你继续揉它,揉到最后,它就不仅仅是一堆面团了。你再用手拉它,它也不断,这就变成拉面了。人的神经承受能力,一定要达到这种状态你才能去参与社会,在社会中间奋斗。"

一堆松散的面粉,在加水揉和之后,尚且这么坚韧,何况人呢? 生活中,总是有许多这样那样的事情牵动着我们的神经,但是一定要学会在这琐碎的每一天锻炼自己的承受力。我们可以凭着这股子力量驰骋人生疆场。

及时调整自我,纵使没有蓝天的深邃,却可以有白云的飘逸;纵使没有大海的辽阔,却可以有小溪的优雅;纵使没有花朵的芬芳,却可以有小草的翠绿。要明白,人生不是只有鲜花和掌声,更有磨难和险阻。在曲折的人生旅程中,有高峰也有低谷,有彩虹,也有乌云。但是不管前方是什么,你都可以及时调整自己,坦然地面对这一切。

埋怨环境，不如改变自己

你不能选择容貌，但你可以展现笑容；你不能左右天气，但你可以改变心情；你无法去改变不能改变的，但是你可以去改变能够改变的；你不能控制别人，但你可以把握自己；你不能预知明天，但你可以把握今天。不管你周围的环境是多么的恶劣，抱怨都没有任何意义。因为，环境不会为某个人而改变。

埋怨不会避免困境，反而会耗费自己的精力和情绪，不如把有限的精力放在如何改变自己，放在如何攻克难关上面，抱怨远没有适应与改变来得实在和有价值！

国际著名巨星高仓健，当演员并不是他喜欢的职业。当时为了生计走进了演艺圈，但是他内心里无时无刻不想着有朝一日逃离这个不利于自己发展的环境。这种想法，不但让他赚不到钱，还时常面临着"失业"的危机。他一个朋友告诉他，要想让环境因你改变是不可能的，要努力去适应环境。后来，他试着改变自己，让自己全身心地投入到演戏这个大环境中去。经过不懈的努力，高仓健最终成了知名的国际巨星。

在人生旅途中，有百花盛开的灿烂晴朗，也有雷雨交加的寸步难行。我们能够尽情呼吸花的芬芳，也应该可以调整自己适应狂风大作的天气，穿越泥泞，重见阳光！

一艘战舰正在浓雾的天气下航行，瞭望员突然报告："右舷有灯光。正在逼近。"这表示双方会撞上，后果不堪设想。舰长命令信号手通知对方："我们正迎面驶来，请你转向 20 度。"对方答："建议你转向 20 度。"舰长下令："告诉他，我是舰长，请他转向 20 度。"对方说："我是二等水手，建议你转向。"舰长勃然大怒，大叫道："告诉他，这里是战舰。"对方的信号传来："这里是灯塔。"结果，是战舰改变了航道。

人生何尝不是这样,当你试图去改变不能改变的环境的时候,很可能会碰得头破血流。如果你付出了很多,却仍然没有成功,你无需抱怨这个世界在与你作对,而是你做得还远远不够!

走进职场的人,因为种种的原因都不可避免地面临着换工作的问题。换工作本是无可厚非之事,每个人都希望自己能够站到更高的平台,能够有更好的成绩,更多的收获。但是如果不是工作本身的问题,或者仅仅是周围环境的问题,就一时冲动,辞去得来不易的机会。那么就算是到了另一个地方,如果不改变自己,类似的情况仍然也有可能再次上演。周而复始,这样的恶性循环多么可怕!

陈月在一家著名的外企公司上班,按说论学历、论才干,她都属于佼佼者,可是,奇怪的是,她却总得不到公司领导的提拔和重用。最后,陈月实在无法忍受主管的反复无常与假公济私,决定辞职。

第二天,陈月拿着写的辞职信向主管办公室走去。这时,她在楼梯里遇见一位相邻部门的经理。这个经理看到陈月手上的辞职信,非常惊讶,劝她说:"小陈,如果你另有高就,那恭喜你,但如果是为了你们部门的主管,那你可能要考虑一下:你要学会如何与不同的人相处,不然你永远都会遇见这种人,然后手足无措。"

这位不太熟悉的经理的一席话,正好说到了陈月的要害,她想,也许这位经理说的是对的,于是,她撕掉了那封辞职信,重新回到岗位上。

以后的日子里,她每天都在练习着如何与看不惯的主管相处,虽然她仍然不认同主管所做的一些事情,但她开始学着改变自己,尽量去看事情好的一面,从而她和主管之间也从对立变成平行。一年后,陈月因为业务突出,被总公司调去组建分公司,并担任负责人。

每个人都不希望自己与那些不喜欢的人打交道。对于一些期待换换工作换换环境来解决问题的人,实在不是明智之举。对于别人的性格和习惯,不是你能够改变的,每个人都有自己的处事方法和生活方式。环境和他人都不可能因你而改变。满腹抱怨倒不如低头审视自己，要知道，改变别人往往会事倍功半，而改变自己却可以事半功倍。世界著名的小提琴家欧尔·布里在巴黎的一次音乐会上，小提琴的 A 弦忽然断了，观众一片哗然，但是他依然神情自若地用剩余的三根弦将作品继续演奏完毕。

托尔斯泰说，世界上有两种人：一种是观望者，一种是行动者。大多数人都想改变这个世界，但没有想改变自己。当你不幸遭遇人生之弦突断的境况，能够把抱怨演绎成震惊世人的华丽之作吗？所有的一切都要从改变自己做起！

灵活做事，工作中没有一成不变的计划

世间没有一成不变的事物，看问题做事情也应该与时俱进，不能用静止的眼光去看待发展着的事物。

在工作生活中，总能碰到一些人僵化不知变通。为了达成目标，需要一股顽强的精神，需要执著的坚持，但是如果不顾周围环境变化而一味盲目追求，那么坚持的结果就是固执，就是冥顽不化。

你在行驶的舟中丢失了一把宝剑，凭着在船沿上刻下的记号，就能顺利找回丢失的东西吗？

有计划是好事，计划可以敦促我们完成任务，激励我们成长，但是计划永远撵不上变化。做事一定要懂得灵活变通，方可长久。正所谓"变则通，通则久"。

在日本江户时代，有一位将军要到某地进谒，可是，就在他出发的前一天突然下起暴雨，城墙塌了下来，大石头把路堵死了。为了除去那些大石头，城主率领着大队人马当晚赶到现场。打算在短时间内把这些大石头搬走。但是，大家用尽了所有的办法，都没能将那些大石头移动。这可急坏了城主，如果这种情形继续下去，第二天将军的车队是无法顺利前去进谒的。按照当时日本的法律，当事城主将获死罪。

这时,有位叫伊豆守的人向城主献了一计:"下雨天,石头搬不动,可以换一种方法。现在只要组织一些工人在那些大石头周围挖个坑,然后把大石头埋平就行了。"城主听后顿时大喜。于是,他立刻吩咐依计施工。第二天,将军率领车队来了,见到平整的路面,非常整洁有序,车队顺利地通过了。由于任务完成得很好,城主因此得到了将军的褒奖。

谁都希望前进的道路畅通无阻,然而总有意想不到的事情干扰着我们的思维,打乱了我们原有的计划。为了完成目标,为了成就梦想,我们给自己设定了一个又有一个的规划,朝着这样的前方百折不挠地走去。但是种种困难挡在我们的面前的时候,计划实现不了,终究还是永远停留在计划的阶段。

这个世界上没有一成不变的事物,唯一不变的就是变化。遇到大山阻挡,何不转换思路?从另一个角度出发,曲线救国的方式未必不会比直冲目标带来的成就大。

"穷则变,变则通,通则久。"一意孤行,明知不可为而为之,那么你辛苦地千淘万漉,吹尽了黄沙未必捡得真金。

有一个青年,一直坚信自己是个文学创作方面的天才,将自己的一生规划得井井有条。什么时候实现什么样的愿望,完成什么样的计划,都列得清清楚楚。当然,不可否认,他的文学作品从初中就已经崭露头角,但是他却有一个致命的"挑食"的毛病,那就是除了文学,别的一切学科他都以一种不屑的态度对待。就这样一直到了大学毕业,他的同学也都陆续成家立业,而他在文学上始终得不到社会的认可,同时他也错过了很多的工作机会。他就这么怀抱着一个文学青年的梦想,整天过着衣不蔽体、食不果腹的生活。

这个社会竞争如此激烈,并不是单纯地靠梦想而活的时代。当你真正成为了一个社会人,那么你首先要解决的就是个人的生存问题。有梦想可以让我们过得有目标有追求,但是那种不切实际的空想,那种不知变通的榆木疙瘩,终究是会被淘汰的。

要知道,走向成功的道路不只一条,条条道路通罗马。聪明人懂得适时而

动,适时而变。世事变幻无常,做事情,不因循守旧,不墨守成规,灵活应对,根据事物的发展变化审时度势地作出果断的改变,这是获得成功的关键因素。

独辟蹊径,聪明人不和别人抢一碗饭

社会日新月异地发展,生存竞争也日趋激烈,不可能永远停留在前人留下的积累中,那样总有一天会坐吃山空。但是,如果看别人在某一方面发展很顺利,不假思索地也跟着别人学,往往会导致失败。再说,吃别人嚼过的馒头是没有味道的。适应瞬息万变的市场环境,寻找市场空白,不去和别人抢同一个饭碗,你会走得更久远!

1952 年前后,日本东芝电气公司一度积压了大量的电扇没有卖出去,面对这么多滞销的产品,七万多职工费尽心机地想了不少打开销路的办法,但是仍然没有什么大的进展。后来,东芝公司接受了一个小职员有关改变电扇颜色的建议。在第二年的夏天一批浅蓝色的电扇在市场上掀起了一阵抢购的热潮,短短的几个月就卖出了几十万台。

只是稍微地改变了一下颜色,大量滞销的电扇竟然创造了如此惊人的业绩。当时,日本以及全世界的电扇都是黑色的。虽然没有谁明文规定电扇必须是黑色的,但是随着时间推移,渐渐形成了一种传统。这种传统的颜色也形成了人们的思维定势。别人家的电扇是黑色的,在市场上不好卖,你们公司的电扇也是黑色的,质量也相差无几,同样也会滞销。所以在这一点上,你非要走跟别人一样的路,是注定吃不饱肚子甚至会砸掉自己的饭碗的。

将电扇的外观变成别的颜色,是一种独辟蹊径的做法,改变了长久以来的统一的单调的黑色,开拓了未曾有的创举。

独辟蹊径就要敢于创新,独创的东西都有自己的发展空间。纵观古今,任何成大事的人,都无不具有那种打破常规的创新思维。

而在当今社会,各种物质条件都已经发展到了一定高度的时候,如果我们还只是想着通过传统的方式,通过自己的努力就可以增加成功砝码的话,那么我们就已经在前进的路上落后于人了。

企业要想保持年轻,必须及时更换血液,而创新能力就是保持年轻的最好血液。这就要求能够想他人未曾想,做他人未曾做。常言道:"人无我有,人有我优。"这样竞争的天平就会向你的方向倾斜。

无论对于企业还是个人,创新能力都举足轻重,只有做到想人未想,走一条别人不曾走过的路,就能找到一条通往胜利的捷径。

美国有一家规模不大的缝纫机厂,当时正逢第二次世界大战,做军火生意是个热门。但是缝纫机的老板却决定转行,将厂子改成生产残疾人用的小轮椅。战争结束之后,许多在战争中受伤致残的士兵和平民,纷纷购买小轮椅。

别的商家看到这个现象,也纷纷转向轮椅的生产。眼看着工厂的规模不断扩大,财源滚滚而来。可是不久,在别人纷纷效仿之际,老板决定将生产轮椅的流水线,改造成生产健身器的流水线。战争结束了很多年,随着人们对生活的要求,对健康的要求越来越高,这家工厂生产的健身器材开始走俏。当时,健身器的生产在美国仅此一家。根据市场的需求,不断增加了产品的品种和质量,企业规模也越来越大。最初缝纫机厂的老板成为了众人瞩目的亿万富翁。

那些把目光只盯在事情表面的人,做什么都喜欢跟风、扎堆,看什么好就一拥而上,别人成功了,自己成为了竞争的炮灰也未可知。

不管你身处何方,也不管你想去哪里,聪明的人不去和别人抢一碗没有把握的饭,不会无故增加自己的风险,只要你能转动脑筋,利用智慧,把握住机会,沙漠也能走出一片绿洲。

能力 6 控制力

经得起磨难耐得住寂寞，
要"出头"先学会"埋头"

走钢丝的人如果不能控制好自身平衡，自然就会掉下去。人生有时就如走钢丝，如果不能克制自己过分的欲望，就很容易失足掉进万丈深渊，摔得粉身碎骨。成功的人往往是那些能够耐得住寂寞的人。一个人成长的过程就是不断地经历考验、抵制诱惑的过程。

克制住前进过程中的浮躁和冲动

浮躁、冲动是败事之源，是断送一个人前途的毒箭。如果遇到问题，就头脑发热，或者无法沉住气，就会暴露很多弊端，甚至自毁前程。只有那种能控制自己感情的人，才能真正驾驭自己，不会给浮躁和冲动以可乘之机。

马辛利任美国总统时，一项人事调动遭到许多政客的反对，在接受代表询问时，一位国会议员脾气暴躁，粗声恶气，开口就给总统一顿难堪的讥骂。但马辛利却视若无睹，不吭一声，任凭他骂得声嘶力竭，然后才用极委婉的口气说："你现在怒气应该平息了吧？照理你是没有权利这样责问我的，但现在我仍愿

意详细解释给你听……"

这几句话把那位议员说得羞愧万分，其实不等马辛利总统解释，那位议员已被他折服了。也许你以为马辛利总统是个"没有脾气的人"，恰恰相反，他是个脾气极大的人，只是他有一股比脾气更大的自制力，能将脾气暂时压住。

一个能克制浮躁冲动的人是一个有修养的人，马辛利的涵养让众人折服。具备这种修养的人懂得控制自己的情绪。生活当中，有时候你无法清楚自己所处的环境，也不清楚自己将会遇到什么样的对手，但是无论何时都能保持自己的情绪，才能在社会上游刃有余地生存。

有不少人，习惯了如鱼得水的际遇，稍微遭遇不顺，哪怕是轻微的挫折，就会掉头朝另一个方向，甚至弃之不顾，而不会静下心来，好好反思一下自己，总结一下成败得失的原因。

约翰逊是纽约某大报的记者，他大学毕业后，当了两年兵，然后就顺利地到一家大报当财经记者，而且任何他要采访的对象，似乎都可以手到擒来。再加上约翰逊人又长得很帅，又是大报的记者，所以受到许多美女的青睐。

就在一切都很顺利的时候，约翰逊有一次与公司主管发生冲突，心里觉得很委屈。这时候，突然有一家小型报纸想高薪聘请他，而且愿意让他主跑外地新闻线。

约翰逊心想："我在新闻媒体圈才工作了一年，就已经小有名气了。现在有人出多50%的薪水挖我，又让我跑自己喜欢的新闻线，我为什么要留在这里受闷气呢？"于是约翰逊跳槽了。

约翰逊到这家小报社上班采访的第一天，怪事便发生了。原本可以立即顺利邀约采访的明星和大老板，都推说有事，要另外安排时间；而原本安排给自己出书的出版社，也突然推说出版计划受到经济不景气的影响要暂停；甚至那个经常和他约会的美女，看到他新公司的招牌后，脸孔也换成一副欠她钱的样子。

刹那间，全世界都好像在跟约翰逊作对，变得不认识约翰逊这个人了。当然，约翰逊由于绩效不如预期，也时常遭受新老板的冷眼相对。

在约翰逊的身上,浮躁和冲动纷纷光顾。取得些成绩就会骄傲自满,无法听进别人的意见,旧有的优势会让他自以为是。遇到矛盾之后,轻易做出跳槽的决定以及后来遭遇的冷眼就不足为怪了。在工作中,不管是环境压抑,还是收入不理想,如果不是你换个地方就可以完全改善的,那么这时候,就更应该注意克制住自己的浮躁和冲动,以免做出令自己后悔的决定。

冲动是魔鬼,浮躁又何尝不是又一种魔鬼?产生浮躁、冲动的原因是多方面的。一个心胸偏狭的人会很容易变得浮躁,一个遇到事情无法控制自己的人很容易变得冲动。或许是受整个大环境的影响,人浮于事,心浮气躁。如果你是一个焦躁不安,喜欢怨天尤人的人,那么你也一定是一个内心浮躁的人,做任何事情都不会坚持太久。如果你是一个急功近利患得患失的人,那么你也一定是没有耐心急于求成的人,频频做出选择,而又鲜能善始善终。

小不忍,则乱大谋,不能感情用事,让浮躁和冲动乱了方寸。如果你已经认准了人生的发展方向和目标,那就锁定它,克制浮躁和冲动,努力去实现吧。

做好琐碎小事,打好做大事的基础

俗话说,千里之行,始于足下。要想成就大事,就应该从一点一滴做起。有的人,总想着一鸣惊人,一步登天。一个人有目标是好的,但是眼睛时刻盯着高处或者远处,脚下却从不迈出半步,是无论如何也不会到达目的地的。等到忽然有一天,看见比自己开始晚的,比自己天资差的,都已经有了可观的收获,他才惊觉到在自己这片园地上还是一无所有。这时他才明白,不是上天没有给他理想或志愿,而是他无法脚踏实地,连琐碎小事也没有做好。一步一个脚印的人,才能为自己的目标打下坚实的基础。

郑周永,1915 年 11 月 25 日生于朝鲜半岛通川郡的贫苦农民家庭。他自1937 年开办一家小米店以来,一次又一次创造奇迹,改写自己的人生。经过多年不懈的努力,逐步创建了以"现代建设"、"现代造船"、"现代电子"为核心的现代企业集团,郑周永本人也成为亚洲最富有的企业家之一。

1934年,郑永周家乡遭遇了百年不遇的大旱,为了养家糊口,他告别了父老乡亲,踏上了前往汉城的路。

几经辗转,郑永周终于找到了一份令他满意的工作,在福兴商会的粮米购销行做粮食发放员,每个月能赚到18韩元。对这份工作他十分珍惜,也很投入,就像给自己做事一样兢兢业业。

上班的当天,他就不用老板吩咐,主动地整理了杂乱无章的仓库,把米按十袋一组排列,堆放在一起。杂粮也一样,十袋一组放在一起,堆到另一处。让人对库里的粮食种类和数量一目了然,也便于老板掌握各种粮食出入库的情况。

从此他每天第一个来,把货摊打扫得干干净净,还学习升量法和斗量法。老板吩咐的要做,不吩咐的也主动做,任劳任怨,不计较得失,深得店主的喜欢和信任。

在工作期间,他是很细心的,时刻注意老板的言行,自己琢磨米行的经营之道。凡是在米行圈里工作的人,他都主动地去结识,向他们请教,与他们沟通,并与他们成为了朋友,在那个圈子里赢得了很好的口碑。

只要有准备,机会终究会来的。到1937年的时候,福兴商会的老板由于自己的儿子吃喝嫖赌,导致生意很难再维持下去了,不得不把自己的米行盘出去。

这对郑周永来说,是个绝好的机会。于是,他与一个好朋友合作,盘下了那家米行。三年的时间,他从一个打工者转而成为那家米行的小老板。郑永周充分利用三年来所建立的各种关系以及学到的经营经验,对前老板的经营方式进行了完善和补充,不仅留住了老客户,还发展了新客户,很快就在汉城的米行业占有了一席之地,拉开了他搏击商海的序幕。

没有父辈的江山可以继承的人不止郑周永一个,但是他没有放弃任何一个艰辛枯燥的机会,主动承担起打扫货摊、整理仓库的琐碎小事,并尽力做到最好。但是工作本身来讲没有卑微与伟大、重要与琐屑之分,无论什么时候,只要你肯付出心血,终将会有收获。成功也没有什么捷径可走,扫好了一间屋子才具有去扫天下的可能。

九层之台,起于垒土。无论做什么事情都是由点滴开始的,不积小流,无以成江海。琐碎的事情、点滴的积累,能构筑你成大事的基础。我们每个人都应该既有一步登天的雄心壮志,又要有步步登天的踏实态度。不要看不起那些不起眼的小事,这些都是你成就大事的基础和前提。

小心行事,得意不忘形

人们常说,小心无大错,小心驶得万年船。尤其是当一个人处于人生或者事业上的巅峰之时,更不应该得意忘形。哪怕是在取得一点成绩之后,也不能就因此而高兴得欢呼雀跃,忘乎所以。不知道什么时候,灾祸或失败就会袭来,给你当头一棒。

有一个这样的寓言故事是这样说的,以前有个农夫,他家的田地在芦苇旁边。那一片芦苇失常有野兽出没,他担心自己的庄稼被野兽毁坏,就来回巡视。

这天,农夫又来到田边看护庄稼。眼看着就到傍晚了,也没有什么事情发声。农夫觉得很安全,就想先找个地方休息一下。于是就爬到芦苇旁边的一棵大树上休息休息。

忽然,他发现苇丛中的芦花纷纷扬起,在空中飘来飘去。他不禁感到十分疑惑:"奇怪,我并没有靠在芦苇上摇晃它,这会儿也没有一丝风,芦花怎么会飞起来的呢? 也许是苇丛中来了什么野兽在活动吧。"

这么想着,农夫提高了警惕,站起身来一个劲地向苇丛中张望,观察是什么东西隐蔽在那里。过了好一会儿,他才看清原来是一只老虎,只见它蹦蹦跳跳的,时而摇摇脑袋,时而晃晃尾巴,看上去好像高兴得不得了。

老虎为什么这么撒欢呢?农夫想了想,认为它一定是捕捉到什么猎物了。老虎得意得简直忘了形，完全忘了注意周围会有什么危险，屡次从苇丛中跳起，将自己的身体暴露在农夫的视线里。

农夫悄悄地溜下大树，捡起一块石头，又爬上大树，趁老虎又一次跃起，飞快的扔出了石头，石头重重地砸在了老虎的头上，老虎被打懵了，还以为天兵降临，丢下猎物飞快地逃走了。

农夫过去一看，捡到了一只死獐子。

老虎捕到了獐子高兴万分，却没料到会横空飞出一块石头。人生在世，应该谨慎从事，不要被胜利冲昏了头脑。

"春风得意马蹄疾"。人生能够得意，是荣耀是精彩，但是要注意得意之时绝对不能忘形。一个在功名事业上处于蒸蒸日上亦或是高峰之时，周围的环境也会变得复杂。如果在兴盛之时不知检点，危机就会自动找上门来。

罗田安在上世纪 80 年代初期，靠倒卖牛仔裤赚取了人生的第一桶金。很快，他在台湾和大陆一口气开了十几家公司。服装、餐饮、学校、建筑、证券、运输、食品、煤矿等七八个行业都有涉及。上海的克莉丝汀蛋糕店，是他当时诸多投资中，最小的一笔。

那个时候，被学界称作"亚洲四小龙"之一的台湾，整个大的经济环境正处于腾飞时期。有幸踏着这个腾飞的浪潮和节拍，罗田安的财富和"事业"也演绎着加速度的膨胀和"腾飞"。他的资产迅速飙升到几个亿。

"我三十几岁就开凯迪拉克，有很多的助理、秘书。数不清的朋友围着我转，每天都有接不完的应酬，吃饭喝酒，一掷千金……"

罗田安一如皇帝出行般风光奢华，呼风唤雨，不可一世。只要听说某个东西赚钱，就潇洒地一昂头、一挥手：投！

"风光"使得罗田安有些飘飘然，自我感觉颇为良好，骄傲张狂、自信大胆。

可是，由于投资过于分散，1998 年亚洲金融风暴来临的时候，罗田安的资金链断裂，几乎所有的投资都打了水漂。一夜之间，罗田安被"打回原形"。全家每月开支不足几百元，沦落到在贫困线上挣扎的惨状。那些昔日的"朋友"们，

像躲瘟疫那样躲着罗田安。

从事业的高峰一下跌入人生的谷底，罗田安心情灰暗至极。他回头看走过的路，发现自己输就输在了大意与得意上。成功的光环让他一度失去了方向，荣耀的光环晃花了他的眼睛。穷困潦倒的他，痛定思痛，决定从头再来。孤身一人来到上海，一改往日的趾高气扬，小心谨慎地走好脚下的每一步。

几经周折和努力，曾经张狂骄傲，不可一世的罗田安，凭借着小小的蛋糕，缔造出了一个西点王国，再次演绎了人生舞台的高潮。

官爵不要太高，不一定要达到位极人臣，否则就容易陷入危险的境地；自己得意之时也不可过度，不能得意忘形，否则就会转为衰颓。

人生在世，谁都希望事情能顺着自己的想法一路发展下去。但是谁都无法预知未来，但是我们能够做到的就是能在成功之时克制住内心的狂傲和过分的得意。小心行事能让你少碰壁，得意不忘形保持清醒的头脑能让你走得更远，看到更多更美的风景。

羽翼不丰，绝不轻举妄动

自古以来，作战都讲究"天时地利人和"，如果不管条件是否具备，时机是否成熟，就贸然出动，则"虽胜犹殃"。对于每个人来说，做事情的时候又何尝不是如此呢?! 你准备得越充分，对周遭环境和事情本身越是了解，取胜的几率也就越大。

在清楚自己想要什么的同时，一定要弄清楚自己的实力，以及所面临的困境，然后去为之创造条件，抓住有利时机，方能成功摘取胜利果实。

在西汉末年平帝当政时，只有十几岁，还没有立皇后。大臣王莽属于太后一族，是势力强大的外戚，一直有篡位的意图。为了使自己的地位更为稳固，王莽想把自己的女儿配给平帝当皇后。

一天,他向太后建议说:"皇帝即位已经三年了,还没有立皇后,现在应该选一个贤淑的女子入主中宫。"太后哪有不允之理? 一时间,许多达官显贵争着把自己的女儿报到朝廷,王莽当然也不例外。然而王莽想到,报上来的女孩,有许多人比自己的女儿强,不耍花招,女儿未必能入选。于是他又去见太后,故作谦逊地说:"我无功无德,我的女儿也才貌平常,不敢与其他女子同时并举。请下令不要让我的女儿入选吧。"太后没有看出王莽的用心,反而相信了他的"至诚",马上下诏:"安汉公(王莽的爵号)之女乃是我娘家女儿,不用入选了。"

王莽如果真是有意避让,把自己的女儿撤回来就行了,但经他鼓动太后一下令,反而突出了他的女儿,引起了朝野的同情。每天都有上千人要求选王莽之女为皇后。朝中大臣也给说情,他们说:"安汉公德高望重,如今选立皇后,为什么单把安汉公的女儿排除在外? 这难道是顺从天意吗? 我们希望把安汉公之女立为皇后!"于是王莽又派人前去劝阻,结果是越劝阻说情的人越多。太后没有办法,只好同意王莽的女儿入选。

王莽抓住这个时机又假惺惺地说:"应该从所有被征招来的女子中,挑选最适合的人立为皇后。"朝中大臣们力争说:"立安汉公之女为皇后,是人心所向。难道还要违背天意人心,去选别的女子吗?"王莽看到自己的女儿被立为皇后已成定局,才没有表示推辞。不久,王莽的女儿就当上了皇后。

能让自己的女儿立为皇后,王莽的心情想必比任何一个人都急切,那可是关乎自己篡位夺权的大事啊! 但是他更清楚在当时的情况下,如果也像别人那样争先恐后将女儿送给朝廷,然后再按照今天选秀一样的程序走一遍,王莽的女儿在众多女子之中未必能够胜出。纵然秀色可餐,才貌俱佳,但在众多应征者之中,"泯然众花"也未可知啊! 他采取了以退为进的策略,巧妙地突出了自己的女儿,也为自己拉来了许多选票。后来立后之事也就水到渠成了。

做任何事情都是一样的道理。没有哪一个人在竞争中能有百分之百成功的把握,因此一定要学会韬光养晦,选择好出头的时机,这样才有助于保存现有的实力,不做无谓的角逐与牺牲。哪怕你是一只钢骨的苍鹰,也只有在羽毛

丰满之际才能展翅高飞,一飞冲天,搏击长空。

草船何以能借到箭?就是因为在准备充分的同时把握了时机,抢占先机,赢得了主动。或许你为某个目标也准备了相当长的时间,早已按捺不住内心的激动与狂热,跃跃欲试,期盼着能为之搏上一把,但是别忘了,在东风没有到来之前,切不可轻举妄动。

总而言之,我们在做任何一件事的时候,心里一定要多想几步棋,待到自己羽翼丰满时,后再确定自己的下一步计划。

欲望是动力,也是陷阱

欲望是对某一事物的强烈渴望,这种强烈的渴望能让人产生百折不挠的信念,坚定前行的脚步。最终让人力排千险到达成功顶峰。无欲无求不见得就是好事,有时欲望的确能给人的内心注入一股无可比拟的力量。但是事物都是具有两面性的,超出了分寸,不顾一切的疯狂渴求反而会葬送你的前程,甚至毁灭你的人生。

人类家园国际组织创始人富勒在创业之初,也曾有过一段难忘的岁月。那个时候,他从零开始积攒自己创业的资本。不管期间遇到什么困难,他都咬牙忍着,因为内心有梦想支撑着。到了30岁的时候,富勒终于赚到了百万美元。但是他的野心也更大了,一心想着有朝一日能走进千万富翁的行列。并且他始终坚信自己有能力做到。

为了这个目标,他不辞劳苦地工作着,脑子中只有一个不达目的不罢休的念头!正如他所想的那样,他的财富在急剧地增加。可是,过了一段时间,他感觉到胸口时常一阵阵地疼痛,并且妻子和两个孩子似乎也和自己越来越陌生。尤其是他的妻子受不了他对家人的态度,忍无可忍打算和他离婚。忽然有一天,富勒因为突发的心脏病而晕倒在了办公室。这个时候,他开始意识到自己对财富

的追求已经耗费了所有他真正珍惜的东西。

好在富勒能够悬崖勒马，最终挽救了自己和家庭。他还为此改变了自己的理想，那就是为 1000 万人甚至更多的人建设家园。

欲望能激发人无穷的潜力，也有不少的人为欲望所困，成了欲望的奴隶。欲望过盛则势必成贪。贪得无厌之人没见有好结果的。席勒说过"贪者终至一无所得"。

渔夫和金鱼的故事，让我们看到了渔夫老婆的永不满足。在金鱼的帮助下，老太婆住进了别墅，又拥有了富丽堂皇的宫殿，周围众多的仆人任凭她使唤，她还当上了女皇，还想着做太阳和月亮的主人。老太婆就这样任欲望驱使着，真是贪心不足蛇吞象……一切都如一场梦，梦醒之后发现自己又变回了原来的自己，生活也变成原来的样子。

其实类似的故事每天都在上演。历史上多少贪官污吏贪得无厌之人不都是毁在了欲望的手里。欲望就像一只气球，适度的吹气可以飞上高空，但是过度的膨胀换来的只是"砰"的一声巨响。欲望如心头豢养的野兽，如果失去理智终有一天会向你张开血盆大口。

有人曾这样说过，人不能没有欲望，不然就会失去前进的动力，但不可放纵欲望，任欲望牵着鼻子走，就会陷进无尽的深渊。古语说："人为财死，鸟为食亡。"一个人有欲望本是无可厚非之事，欲望是与生俱来的。关键是看你如何把握。

这天，一座寺院里来了一个客人。这个人衣着光鲜，气宇不凡，他向寺院的住持请教了一个问题："人怎样才能清除掉自己的欲望？"住持微微一笑，折身进内室拿来一把剪子，对客人说："施主，请随我来！"住持把来客带到寺院外的山坡。在那里，满山的灌木都被修剪得整整齐齐。住持把剪子交给客人，说道："您只要能经常反复修剪一棵树，您的欲望就会消除。"客人疑惑地接过剪子，走向一丛灌木，咔嚓咔嚓地剪了起来。

一壶茶的工夫过去了，住持问他感觉如何。客人笑笑："感觉身体倒是舒展轻松了许多，可是日常堵塞心头的那些欲望好像并没有放下。"

住持颔首说道："刚开始是这样的，经常修剪，就好了。"

客人走的时候，跟住持约定他十天后再来。

十天后，这个客人来了；十六天后，客人又来了……

三个月过去了，客人已经将那棵灌木修剪成了一只初具规模的"兔子"。客人告诉住持自己每次修剪的时候，都能够气定神闲，心无挂碍。

可是，一离开寺庙，所有欲望依然像往常那样冒出来。

住持笑而不言。

当客人的"兔子"完全成型之后，住持又向他问了同样的问题，得到了一样的回答。

这次，住持对客人说："施主，你知道为什么当初我建议你来修剪树木吗？我只是希望你每次修剪前，都能发现，原来剪去的部分，又会重新长出来。这就像我们的欲望，你别指望完全消除。我们能做的，就是尽力把它修剪得更美观。放任欲望，它就会像疯长的灌木，丑恶不堪。""但是，经常修剪，就能成为一道悦目的风景。对于名利，只要取之有道，用之有道，利己惠人，它就不应该被看作是心灵的枷锁。"

欲望还会以各种身份出现。所谓的理想和目标如果只是对功名的一味渴求，是欲望，对财富的永不满足，是欲望，对声色犬马的沉迷，也是欲望……欲望犹如一棵大树，常剪常新。欲望能让人成功，也能让人失败。欲望能带给你想要的东西，也能卷走所你拥有的一切！欲望是人类社会得以生存的基础也是毁灭人类社会的基础，因此每个人都要懂得控制自己的欲望，让你的生命之树因欲望而茂盛，也因控制而精彩。

能力7 竞争力

不畏惧竞争,
在竞争中培养你的"不可取代性"

竞争是这个社会的现状,竞争可以促进优胜劣汰。要想在竞争中胜出,你必须有靠得住的一技之长。如今早已经不是那种靠拼死命在战场上与人肉搏的时代了,要善于培养自己的核心竞争力,打造自己的独特优势,争取以最少的伤亡和付出收获最多最大的成就。

接受生活的各种挑战

在成长过程中,难免会遇到各样的挫折和困难,在困难面前跌倒是很正常的。关键是你能够重新从挫折中站起来,不被困难所击垮。能够承受一次次困难和挫折的人才能够坚持到底,取得胜利。

有的人先天缺陷,却身残志坚,勇敢面对生活中的各种困难,挑战自己,挑战生命的极限,有的人遭遇坎坷和辛酸,却仍然顽强地与命运抗争。这些人是我们的榜样,是我们的动力,是开放的最绚丽的生命之花。

伯格斯自幼十分喜爱篮球,但由于身材矮小,伙伴们瞧不起他。有一天,他很伤心地问妈妈："妈妈，我还能长高吗?"妈妈鼓励他："孩子，你能长高，长得很高很高，会成为人人都知道的大球星。"从此，长高的梦想像一粒种子在他心中生根发芽，变得越来越强烈，不可扼制。

"业余球星"的生活即将结束了，伯格斯面临着更严峻的考验——1.60米的身高能打好职业赛吗?

伯格斯横下心来，决定要凭自己1.60米的身高在高手如云的NBA赛场中闯出自己的一片天地。"别人说我矮，反倒成了我的动力，我偏要证明矮个子也能做大事情。"在威克·福莱斯特大学和华盛顿子弹队的赛场上，人们看到蒂尼·伯格斯简直就是个"地滚虎"，从下方来的球90%都被他收走……

后来，凭借精彩出众的表现，蒂尼·伯格斯加入了实力强大的夏洛特黄蜂队，在他的一份技术分析表上写着：投篮命中率50%，罚球命中率90%……

就是这样一位身高仅仅1.60米的运动员，却成了美国NBA最矮的球星。他没有被自身的缺憾吓倒，而是勇敢的挑战，在巨人如林的篮球场上竞技，跻身于大名鼎鼎的NBA球星之列呢!

不怕困难，勇于挑战自己的人，勇于挑战自己缺憾并取得成功的人，不胜枚举。

"我要扼住命运的咽喉，它决不能使我完全屈服。"贝多芬用自己的行动实践了这句生命的誓言! 26岁时候出现耳聋现象，内脏也受到剧烈疼痛的折磨。接着他的听觉也越来越差，而后，情感上的失意几乎把他推到了绝望边缘，然而，他还是顽强地活了下来，靠着坚强的意志和信念创作出很多传世之作。

温室里的花开不出灿烂的颜色，只有经过暴风雨的洗礼才能换来彩虹闪烁的时刻。我们在工作生活中难免遇到各样的困难和烦恼，要想出类拔萃，就要勇于拼搏，勇敢接受生活的各种挑战。宝剑锋从磨砺出，梅花香自苦寒来。工作的失意，生活的困顿，情感的折磨又算得了什么呢? 人生中每一个困难都是一份磨砺，每一次挑战都会让你更加成熟!

张海迪在轮椅上书写了生命奇迹;当你翻开《时间简史》，你能想象出来，这就是仅仅靠着三根手指和一个能思维的大脑的霍金,在电动轮椅上留给世人的财富吗?……

是的,缺憾、病痛并没有让他们感到自卑,反而锤炼了一颗颗坚强无比的心脏,靠着顽强的毅力与不屈的斗志,迎接生命的风风雨雨。

有谁说过,磨难是一笔财富。那么,不幸也是最好的大学。面对种种磨难和不幸,鼓起勇气,接受生活的各种挑战。

驴子不小心掉进枯井已够不幸,但对生的哀嚎却又换来掩埋的泥沙,在生命旅程中,我们也难免会陷入"枯井",会遭遇各样的"泥沙",但只要抖擞精神,顽强应战,借着冲过来的泥沙,重获新生!此刻,你也在"井"里吗?只要咬紧牙关,通过这段痛苦的逆流,就能走向更高的层次!

我们的生命本该具有顽强的生命力和无穷的潜能。面对压力和挫折,只要我们能够坚强面对,就一定能够克服前进的障碍。

学会化解竞争带来的压力

人们常说,没有压力就没有动力。这话自有一番道理,适度的压力确实能让人产生向上的动力,但是过度的压力则有可能将人压垮,不但解决不了相应的问题,还有可能使事情变得更加糟糕。

这是一个竞争的社会,人们面临着各方面的压力。学业上的困惑,同行之间的竞争,工作环境的变化,以及家庭和子女教育的问题等等都如一座座大山一样压在人们的心头,时不时让人感觉喘不过气来。

Tinna,刚过而立之年。她大学毕业之后,去了上海。第一份工作是在上海的一家药业公司做销售代表。后来由于丈夫工作调动,就跟随丈夫来了广州,并成功进入了广州一家医药公司做销售代表。因为她在销售方面已经拥有比较丰富的经验,很快就成了公司的销售精英。公司将她提拔为区域销售经理,负责管理一个十多人的销售团队。Tinna 是一个责任心特别强的人,对下属的要求特别高。由于公司每个月都要进行行业绩考核,她绝不允许自己团队的业绩比别的团队差。因此每当她看到下属对工作不负责或者不能按时完成任务时,她就感到特别生气。为了完成销售业绩,Tinna 常常加班加点,不能很好地照顾两岁多的儿子,对此,丈夫不时有一些抱怨。近两个月,Tinna 越来越觉得工作与家庭很难兼顾,感到压力越来越大。公司又不断地再提高销售任务,Tinna 更感到吃不消,工作的激情迅速地降温。她曾想辞掉工作,好好休整一下,但一想到儿子刚刚上幼儿园,家里积蓄不多,丈夫收入又不高,很快又打消了这个念头。

像 Tinna 这样面临着工作生活压力的人并不在少数。各个角落都充满着竞争,有竞争就会有压力。竞争是残酷的,如果不努力,就很可能被淘汰。

社会在不断发展,人们的生活、工作节奏也越来越快,竞争当然也日益激烈。由此产生的各种压力会迫使人们产生各种问题,情绪的过度紧张,身体素质的每况愈下,心理疾病的频发等等都严重困扰着在竞技场上奔跑的人们。

在充满竞争的社会里,每个人都会或多或少地遇到各种压力。既然压力是无法避免的,那么该如何化解压力,突出重围呢?

1. 学会放松

放松是忙碌的社会所必需的一种休闲艺术。不会休息的人就不会工作。在紧张的工作忙碌之余,何不给自己的心灵适度地放一个长假,放慢自己的节奏、懂得劳逸结合的人才能把工作生活安排得井井有条。

2. 学会说"不"

拒绝是一种勇气,也是一种智慧,更能省去很多麻烦和压力。对于别人的请求,不能碍于面子就照单全收,或者完全不考虑自己所处的环境和感受,这不是让人们学着自私。对于别人过分的请求,何必去理呢?如果你内心里并不真正愿意去做,或者会感到压力太大,那又干吗自寻烦恼呢?

学会说"不",是一种能够诚实表达自己想法和意见的方式,对于有些事情,没必要自欺欺人,否则反倒给自己徒增很多压力。

3. 学会放弃

有舍才有得。有时候放弃也是一种获得。如果事事都想争取,样样都有拥有,未免会觉得很累。并且这种坚持的结果有可能还会一事无成,一无所获。坚持那些该坚持的,放弃那些该放弃的,让自己轻松上阵。一味地占有就成了贪婪,不要被太多的占有或者选择加重了负担,拖累了自己。

4. 学会坦然处之,顺其自然

困难、挫折在所难免,突发情况也是人生常事。就算是天塌下来了,也要保持积极乐观的情绪,用一颗淡定的心坦然处之。

对于有些事情,经过几番努力仍无法改变,那就顺其自然吧。任何事情,努力了就好。尽自己所能,不要太在意结果。

对于那些已经过去的,就让它过去吧。要把眼光放得长远一些。不必固执于某一点,不必对某些事某些人耿耿于怀。

减压的方式有很多,有的人憋足了一股子劲,争取做出成绩,而后长叹一声告慰自己;有的人对着空旷山野大声吼出自己长期以来积压的不满、抑郁、愤慨!

人生短暂,时光如流水一去不返。如果经常被烦琐事务所累,那你的人生还有什么乐趣可言? 不管遭遇什么,不管环境如何,别忘记给自己的心灵找一个出口! 善待自己,化解压力,生命才能容纳和孕育出更多的硕果和精彩。

着力打造你的核心技能,提高竞争力

人才济济,精英众多,但是人无完人。再优秀的人也有自己的弱项。如果着力打造你的核心技能,那么在竞争中就能处于有利地位。

世界上有不少企业,就是靠着集中时间、精力、资金、技术做好一种产品,打造自己的核心竞争力,才长期立于不败之地的。

罗技电子(Logitech)是世界知名的电脑周边设备供应商,于1981年在瑞士Apples市成立。当初罗技只是依靠生产鼠标和键盘进入电脑周边设备行业的。众所周知,鼠标和键盘是电脑最基本、最不可缺少的外设配件,但同时也是价格较低获利较少的配件。但是这些对于电脑行业的巨头们并没有什么吸引力,这反倒给了罗技一个机会。罗技决定走出一条鼠标和键盘生产的专业化道路,经过了数年的努力之后,罗技在行业中站稳了脚跟,并且已经成为全球最大的鼠标和键盘的生成供应商。

还有,UPS发展到今天,也是靠着一件事,把业务做到了全世界,那就是用最快的速度把包裹送到客户手中。

这些都是着力打造核心技能,提高竞争力的最好证明。企业的发展是这样,对于每个人来说,也是如此。你有不如别人的地方,你肯定也有别人无法取代和超越的地方。如果你用自己的弱项去跟别人的强项竞争,谁输谁赢,自不必说。但是,在竞争激烈的社会中,你能找准自己的强项,并不断地去加强,去提高,你的竞争力就会自然而然地高人一等。

任多普达CEO兼总裁的李绍唐,在高中毕业后,考上了台湾淡江大学数学系,成绩名列前茅,但他觉得,这并不是自己的强项。李绍唐的父亲早逝,清贫的家境让逐渐懂事的李绍唐认为,只有充分发挥自己的优势,将来才能"赚大钱"。于是,第二年,李绍唐打算转入英文系,因为他觉得自己的英文水平还可以。系主任问他转系的原因,他非常坦白地说:"我以后要赚大钱。"系主任笑着对他说:"那你应该充分发挥自己的优势,去念国贸系。"此后,李绍唐果真转到国贸系,他觉得凭自己的性格,将来非常适合在商场上打拼。

大学毕业后,李绍唐把求职目标锁定在外企,因为"那里薪水高,工作也比较适合自己"。他做了20份履历表,都投向有名的美商公司。最后,他等到了IBM的录取通知书。

进入IBM后,每隔三个月,李绍唐就会主动去老板的办公室问老板:"我表现哪里不好?我怎么做才能做到甲等考绩?怎么做才能做到A+?"在李绍唐的主动沟通与交流下,老板开始留意这个土生土长在台湾的"穷小子",渐渐地放手交给他做一些重要的工作。李绍唐没有让老板失望,凭着自己的优势不久便被升任高管。

后来,李绍唐辞掉 IBM 高管的资深经理人职位,又担任了甲骨文(中国)华东区及华西区董事总经理,2005 年 10 月李绍唐加入多普达任 COO（首席运营官）,2006 年 3 月任多普达 CEO 兼总裁。

李绍唐的成功,与其着力打造自己的优势是密不可分的,能够找准自己的强项并不断加强的人,是聪明的。然而没有人是全面的天才,成功的人只是比别人更懂得强化自己的优势,利用好自己的优势。在实际工作生活中,核心竞争力又有着不一样的表现形式。

哲学家问船夫:"你懂哲学吗?"

"不懂。"船夫回答。

"那你至少失去了一半的生命。"哲学家说。

"你懂数学吗?"哲学家又问。

"不懂。"船夫回答。

"那你失去了百分之八十的生命。"

突然,一个巨浪把船打翻了,哲学家和船夫都掉到了水里。看着哲学家在水中胡乱挣扎。船夫问哲学家:"你会游泳吗?"

"不会。"哲学家回答。

"那你将失去整个生命。"船夫说。

哲学家和船夫都有其各自的核心竞争力,只是场合不同、表现方式不同而已。生活中,我们每个人都有各自不同的竞争力,不同类的人适合不同的行业。有的人适合于在商海打拼,有的人对做官情有独钟,有的人对学问精益求精,有的人……

所以,每个人最重要的是要明白自己适合做什么,在现有优势的基础上,着力打造自己的核心技能,最大限度地发挥自己的聪明才智,让你的地位无人能够取代,那么,你就是独特的!

扬长避短，不做木桶的短板

人无全能，金无足赤。每个人身上都有优势和劣势，田忌赛马的故事告诉我们以己之长攻人之短，就会占据有利地位，获得成功。

大象和蚂蚁在为谁的力气大而争论不休，这时候大象看到一棵树，于是指着那棵树说："那好，你既然你认为你的力气比我大，那咱们就好好比试一番。你能拔起这棵树吗？"蚂蚁用尽全身力气也没能让树干动摇一下。大象走上前去，伸出长长的鼻子，将树连根拔起。蚂蚁很不服气，走到一片草叶前，对大象说："你能搬动这片草叶吗？"大象无论如何也没能将叶子卷起，而蚂蚁很轻松地背起了草叶。最后，他们请天神来评判。天神听了他们各自诉说的理由，也无法判断谁的力气大。

不用说，大象和蚂蚁各有所长，对待别人的优缺点要取长补短。对待自己的优劣要懂得扬长补短，不做木桶的短板。优势要发挥，劣势要懂得弥补。大家都看过用多块木板做成的木桶，它盛水的多少不是由最长的那块木板决定的，而决定于最短的那块。将短板变长，是决定企业和个人进步的关键。只有发挥优势，弥补不足，才能在竞争中顺利胜出。

任何一个组织，都可能面临的一个共同问题，即构成组织的各个部分长短不一，优劣不齐，而劣势部分往往决定着整个组织的水平。

听朋友讲过这样一件事情：

公司为了组织一场座谈会，派我提前到酒店里为客户预定房间。正好有一家酒店的环境很好，住宿等各项条件也都不错。于是我就决定选择这家酒店，但是在查看房间的时候，无意中看到一个服务员没有敲门就进了一个房间。我以为房间是空的，于是当时就提出预定那间房间。可是，服务员却礼貌地回答："对不起，这个房间已经有客人了。"就因为这一句话，我当时就立即否定了选择这个酒店的决定。不管服务员后来解释了什么,不管这个房间的客人白天的时候在不在房间,对于已经有人入住的房间,服务员还这么随随便便地不敲门就进屋,就算是酒店的服务再好,我也不想选择这家酒店了。

可见,这个服务员就充当了木桶中的短板。其他的人素质不管有多高,但是这一个人的行为就已经为酒店的整体质量打了折扣。优势的存在虽然不能使劣势避免,但是劣势却能很轻易地否定优势,有时候劣势决定生死,任何一个薄弱环节,都有可能使你在竞争中处于劣势。

参加过研究生入学考试的人都知道,不但要一科突出,更需要均衡发展。有一科或几科成绩优异很容易让你与别人拉开距离,远远地跑在别人的前面,优势可以助你走向成功。但是如果只加强自己的长处,却忘记了弥补其中的弱项,就算是你的整体成绩再高,对于英语或政治这些公共课,如果没有达到划定的分数线,那么你也终将会被淘汰。只有扬长补短之人,才能在竞争中永远占据有利地位。

做人做事无不如此。一个本来很高尚的人,有可能会因为不小心的"短板"失误,而成终身的污点。一个人要全面发展,就要从各个方面加强、提高自己。发扬长处,增强优势,弥补不足,拉长自身短板,就能取得不同凡响的成就。

与对手周旋,有所为有所不为

有句话说,有所为有所不为,有所得就必有所失。如果什么都想争取,什么都想得到的话,最后很有可能一无所获。

戴尔的成功可以说是审时度势,有所为有所不为的结果。刚开始的时候,戴尔公司由于过度追求每一个机会,虽然业务并没有缩减,但却出现了现金周转危机。后来经过思考,戴尔公司搞清楚了什么事是应该做的,什么事是不必去做的,因为能够明白不做什么和该做什么是一样的重要。

之后，戴尔公司每年都以"资金流通·获利性·成长"的原则为基础，制定出几项"大而棘手且有胆略的目标"，然后依照实现这些目标的机会大小，以及公司实践能力高低来排定优先顺序。有一段时间公司把重点放在内部基础结构与市场机会两方面，不再像之前那样一头扎进机会的深渊，公司也在脚踏实地中快速成长。戴尔公司根据时局发展，不断调整出新的策略。确定该做什么，不该做什么。放弃那些不该做或者不必去做的，把精力集中到应该做的事情上面。

做到有所为有所不为，就要学会选择，懂得放弃。无数企业经营的经验无不告诉我们，成功的企业都是在不断地理性放弃中才获得了持久的成功。你放弃的可能是一款落后的产品，获得的可能就是更加先进的技术。你放弃的是旧有的经营理念，获得或许就是一种全新的管理体制。

对于企业管理者来说，审时度势，有所为有所不为，就要懂得适度放权，敢于放手。与其紧紧把权力抓在自己手里，盯着员工的一举一动，不如交代清楚之后，放手让员工去做。管理者在节省自己精力的同时也锻炼了员工的能力。

敢于放权的人，说明你对别人的信任，也证明了你有深深的自信，成竹在胸。好的管理者懂得放权，在竞争中更能将大家团结起来，以一种相互信任和昂扬的姿态向着目标冲刺。这种有所为有所不为不失为一种张弛有度的智慧。

人的精力和时间都是有限的，不可能对每一件事情都面面俱到。渴望着得到一切的人，最终可能什么也不会得到。因此在获得之前，学会放弃。放弃是为了更好地拥有，有舍才能有得，有所不为才能有所为。

如果你整天沉浸在曾经拥有的鲜花和掌声里，对曾经的名誉和地位耿耿于怀，那么你的内心就再也装不下别的东西，更别说有更大的进步了。要明白，放弃已有的成功才能更成功。如果整天背着沉重的欲望的包袱，盯着自己没有的东西，拼命地想去争取和占有，那么你就有可能很难达到目的。只有懂得放弃的人，才能有轻松的旅程。

追求过多，贪得无厌，终会害己害人。做到弱水三千只取一瓢饮。

人的一生如此短暂，匆匆几十年一闪而逝。在这有限的时间精力内，你不可能去做所有的事情,总要有舍弃,有放手。君子有所为有所不为。费尽心机去争取那些不必要的事物是浪费生命、折腾自己的愚蠢行为,从纷繁复杂之中,摒弃该摒弃的,集中精力和时间去做应该做的事情,正所谓,精力集中的焦点无坚不摧,人生努力的焦点定有小成。

能力 8   决断力

当断则断，
拖延和犹豫只能让人事事成空

常言说得好，当断不断，必受其乱。人生之路充满着选择也充满着机会，三思而后行固然不失为一种更稳妥的处事方式，但是如果什么事情都是优柔寡断，思前想后，前怕狼后怕虎的，那么所有的决定只不过是个决定是个设想罢了。看准了就要果断行动，不能在犹豫不决中贻误时机，断送了美好前程。

人生是一连串选择的过程

其实，人的一生就是一连串选择的过程。小到吃饭穿衣出行方式，大到选择一份什么样的工作，选择一条什么样的道路等，我们无时无刻不面临着选择。当走到人生终点的时候，回头望去，那深深浅浅的脚窝里，无不盛满着我们的每一个选择。你做出了什么样的选择，将来就会相应有什么样的结果。

古希腊哲学大师苏格拉底的三个弟子曾求教老师，怎样才能找到理想的伴侣。苏格拉底没有直接回答，却让他们走进玉米地，只许前进，且仅给一次机会选摘一支最好最大的玉米。

第一个弟子走几步看见一支又大又漂亮的玉米,高兴地摘下了。但他继续前进时,发现前面有许多比他摘的那支还要大还要漂亮,他遗憾地走完了全程。

第二个弟子吸取了教训,每当他要摘时,总是提醒自己,后面还有更好的。就这样一路向前走着,总以为前面才是自己最想要的。可是当他快到终点时才发现,就这么白白浪费掉了很多机会。

第三个弟子吸取了前两位的教训,当他走到三分之一时,即分出大、中、小三类,再走三分之一时验证是否正确,等到最后三分之一时,他选择了属于大类中的一支美丽的玉米。虽说,这不一定是最大最美的那一支,但他满意地走完了全程。

时光不会倒流,人生没有逆行道,每个人都只能买一张通向终点的单程车票。在这条路上,会有很多很多的事情需要我们做出选择。我们无时无刻不会遇到在玉米地中这样的处境。有的人匆忙决定,唯恐错过了最大最好的玉米,一踏进玉米地就急不可耐地摘下选中的目标。继续前行时却发现还有更多更好的玉米,叹息和遗憾充满了之后的道路。有的人每看到一个玉米,就要细细斟酌一番,心里还想着前面或许还有比这个更好更大的,以致将至终点才手忙脚乱地选了一个,看看手中的玉米又惦记着中途错过的机会。也有不少的人懂得珍惜,也懂得并不急于选择,冷静地观察和比较之后,采下自己最满意的玉米,哪怕前面还有更好的,但是他却不会感到遗憾。他选择的或许不是最好的,但却是自己最满意的。且行且珍惜的人,才能体会到生命的圆满与美丽。

那我们呢,在穿越人生玉米地的时候,又会做出什么样的选择呢? 人生是一串不断选择的过程,每个人都有可能面临金钱和地位的诱惑,有的人选择了努力拼搏,有的人选择了出卖自己的尊严和灵魂。或许他们最终都得到了一样的财富,达到了同样的目标,但是不同的选择将会在人生旅程中留下绝对不同的风景! 也有很多时候,面对同样的环境同样的风险,选择的结果可能也会不同。

有一次在课堂上,教授问学生:"假如你一个人外出旅行,来到了一个峡谷,发现几米深的地方有一个拉链开着的提包,里面装着一沓钞票。同时,悬崖边

有一些长得不是很牢固的树可以帮你拿到这笔意外的财富,当然,你更有可能因此而摔断脖子,那么你会选择离开还是靠近?"一半以上的学生选择了离开,毕竟,再多的财富也比不上可贵的生命。

老师没有发表意见,继续问:"如果那个装钱的提包换成一个失足落下的小男孩,他此时奄奄一息地发出求救的呼唤——你又会怎么选择呢?"学生们考虑了几秒钟后,全部选择了靠近。

面对相同的环境,相同的危机,相同的后果,学生们却做出了不同的选择。

在人生的每堂课中,都面临着如何选择的问题。当你不幸身处悬崖边上面临恶狼撕咬着自己的腿,是选择在惊恐中和狼一起掉进深渊,还是选择果敢地锯掉那只腿,让其和狼一起同归于尽,而自己得以保住了生命?

人生就是由一连串的选择组成的,我们要尽量让自己的选择充满智慧,学会智慧的选择,这样人生之途,就不会走得那么跌跌撞撞痛苦不堪。

开弓没有回头箭,人生不能重来。因此每一个选择都要认真对待。有人说过,现在的生活状况是由三五年前的一个选择决定的,现在的一个选择可以决定三五年后的生活状况。以后的路的轨迹,也许不能任由我们自己控制。但是不能忘记最初出发的理由,认真做好生命中的每一个选择。

风险和机遇往往是一起来的

有人说过,乐观主义者从每一个灾难中看到机遇,而悲观主义者都从每一个机遇中看到灾难。套用这句话,我们还可以这样认为,有的人从风险中看到了机遇,有的人在机遇来临时看到的却是风险。

人人都希望能够避免灾难,希望机遇能够光临自己。但是很多时候要想抓住机遇是需要冒风险的。风险和机遇是可以相互转化的,看你如何去把握。有风险的事情往往还潜藏着珍贵的机遇。

你不要以为机遇像一个到你家里来的客人,他在你门前敲着门,等待你开门把它迎接进来;很多时候,机遇是不可琢磨的,它会以各种形式出现;很多时候风险和机遇是相伴相生,一起来到你身边的。

奥纳西斯是著名的希腊船王。年轻的时候,他也是一个穷人,流落在阿根廷街头,过着穷困潦倒的日子。

1929 年,全世界范围内发生了经济危机,阿根廷自然也不能幸免,工厂倒闭,工人失业,海上运输业也受到了严重影响。一天,他听说加拿大铁路公司为了渡过经济危机,准备将 6 艘 10 年前价值 200 万美元的货船仅以 2 万美元的价格出售。奥纳西斯动心了。但是他所有的朋友都劝说他不要冲动,当时的海上运输业很不景气,海运方面的生意规模只有经济危机前的 1/3,许多老牌的海运企业家都纷纷转行了,谁还傻得想一头栽进去呢? 可是,奥纳西斯经过一番慎重思考之后,果断决定赶往加拿大,买下那 6 艘货船。

所有人都对奥纳西斯的决定感到震惊,他们都认为他实在是太冲动了,这就相当于把大把大把的钞票往海里扔啊! 不过奥纳西斯一点也不这么想,他之所以敢于做出这样的决定, 是经过认真分析的, 他认为经济萧条只是暂时现象,危机一旦过去,物价就会暴涨,海上运输事业也会很快复苏,如果能趁着便宜的时候把船买下来,等到经济好转的时候就会赚到一笔可观的利润。

事情果然和奥纳西斯料想的一样,经济危机很快结束了,海运业迅速复苏,他从加拿大买回来的 6 艘货船,一夜之间身价倍增,他一跃成为海上运输业的领军人物。大量的财富不断涌来,奥纳西斯的资产几十倍地激增。1945 年,奥纳西斯成为希腊海运业的巨头。

在当时的情况下,奥纳西斯做出那样的决定是冒着多大的风险啊。但是只有在风险面前保持清醒的头脑的人,才能透过风险的迷雾看到成功的曙光。

因为一个人的成功离不开一颗能够明智思考和果断决策的头脑,再靠着那股子冒险精神,在机遇到来之际,才能毫不犹豫地紧紧抓在手里。敢冒风险的人才能有机会成就大事。对那些随遇而安的人来说,机会在他面前出现时,

也把握不住。

"机不可失,时不再来。"有很多人等到机会从身边溜走之后,才恍然大悟,如梦方醒,后悔不迭。

事实上,不管是在商场还是战场上,所有的决策都带着一定程度的冒险,因为没有任何一个人可以预知未来的一切,没有人能够对未来的分分秒秒将要发生的事情能够有十足的把握,因此可以说风险是无处不在的。

但是每一种成功又离不开一双善于发现的眼睛。当你慨叹苍天对你不公,没有让机遇之神光顾你时,说不定,在你抱怨的瞬间,机遇已经从你身边溜走了。当你被眼前的险境和困难吓得不知所措时,说不定其中却蕴藏着巨大的机会。凡成大事者,都善于从危机中把握机会,从风险中抓住机遇的双手。

机遇无处不在,结伴而来的风险并没什么可怕。只要你有足够的勇气和果敢的决策,冒大风险的人才有可能获得最大的成功机会。

培养对于成败的敏锐直觉

所谓直觉就是指不以人类意志控制的特殊思维方式,是指对一个问题未经逐步分析,仅依据内因的感知迅速地对问题答案作出判断,猜想、设想,或者在对疑难百思不得其解之中,突然对问题有"灵感"和"顿悟",甚至对未来事物的结果有"预感""预言"等。

一个有着敏锐直觉的人,遇到问题的时候总能够在最短的时间内做出最优化的选择,并能找到解决问题的最妥善的办法;一个有着敏锐直觉的人,往往比常人更容易做出具有创造性的预见;一个具有敏锐直觉的人是一个独具慧眼的人,能够抓住有利时机,获得成功。

这种敏锐的直觉往往表现为对事物的感受能力,而很多时候你能否成功,关键就在于是否具备这种敏锐的感知力。漫不经心的溜达与用心寻找与发现

机会,哪一种人更容易接近成功,是不言而喻的。

纽约有一位富商叫吉姆·道格拉斯。他最初到纽约的时候,找了一份在商店里打扫卫生的工作维持自己的生活。在别人看来,他的工作既不挣钱还特别累,每天都要加班到很晚。就这样辛辛苦苦地一周下来才有 6 美元的报酬,似乎没有什么意义。但是道格拉斯自己却坚定地认为,任何一个工作都是一个学习的机会。即使在店里扫地的时候,他也在观察老板是怎样和客户打交道的。他总是在不断地观察、学习、总结,在不工作的时候,他也尝试着和客户交流,了解他们的消费观念和消费需求。有时他也会向老板请教一些经营方面的问题。时间久了,他也积累了许多经商的经验。虽然,当时只有 6 美元的薪酬,但他却学会了如何经商。他以后的成功,很大程度上得益于他在商店扫地时的自我训练。

道格拉斯是一个有心人,他时刻不忘记为自己的实力补充新的能源。这成为他日后发展事业的契机。

每个人的一生中都会经历这样那样的变化和转折,有人在关键时刻能够做出关键性的决定,从而走向关键性的成功。这些人都是有着敏锐直觉的人。他们轻易不放过生活中的任何一个机会。机运不会从天而降,机会只会垂青那些有准备的人。只有主动寻找机会,才能把握时机,获得成功。即便是处在不如意的阶段,他们都会尽心尽力去挖掘生活深处的财富。

成功的人似乎都有着敏锐的直觉、判断力以及独到的眼光,其实,这些并不是与生俱来的,是可以通过长期的工作生活的经验积累培养起来的。

除了上面所说的主动,还要敢于冒险。要知道高风险的背后都伴随着高收益。在不断地尝试中,可以锻炼你的胆识,增加你的经验,培养果敢和准确判断的做事方式。具备了这种素质,在机会到来之时,就能当机立断,避免了因犹豫不决而留下遗憾。

还有一条比较重要的就是善于学习。"活到老,学到老。"学习是没有止境的,知识的海洋是无边无际的。敏锐的直觉不但建立在丰富的生活经验之上,

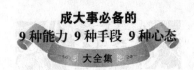

更需要知识的辅佐和验证。你拥有了广博的知识面,就能比别人更快更准地嗅到机会的气息。

在激烈的竞争中,一个人要想获得更大的成功,单纯依靠意志、体力是难以取胜的。一个有着灵活、敏锐头脑的人,往往会比别人发现更多的机遇,培养自己的这种敏锐直觉,是走向成功的一大法宝!

注重可持续发展,不能只看到眼前一点地方

目光短浅的人,看不到高远的天空,也定不会拥有宽阔的胸襟。他们只看到眼前的一点利益,或者急功近利,或者鼠目寸光。他们会在希望的田野上挖尽最后一根野草,或许只是为了一时的利欲熏心。等到最后,如梦方醒,悔恨莫及。

世间万事万物都是相联系而存在,相互作用而发展的,没有任何两种事物是绝对孤立的。就算是悬崖峭壁上的一棵古松,如果你只看到它的傲然独立,而没注意到它躯干下的石块,想着把它周围那些奇形怪状的石头采回家去,占为己有。说不定你毁坏的就是一株千年古松的生活来源!它生命的精彩就是源于那些扎根于其中的岩石。

上个世纪初,在美国西部的一座森林里,生活着很多美丽的鹿。但是随着狼的增加,对鹿群的捕捉也与日俱增。狼在人们的心中,一直被认为是凶残的,可恶的。看到这么美的鹿惨遭猎杀,同情和愤恨之心,不言而喻。大家都认为应该对鹿采取保护措施,以便让它们能够得到更快地繁殖壮大。后来经美国总统一声令下,就召集了很多猎人去这座森林里打狼。

狼眼看着一天天少了,最后几乎是被赶尽杀绝。敌人少了,森林里又出现了昔日鹿群撒欢追逐奔跑的快乐场面。可是,这样的日子并没有持续太长的时间,令人们意想不到的事情就发生了。这样的环境实在是太无忧无虑了。鹿群脱离了以往被狼群被追赶、捕捉的危险,小鹿们的身体也一天天肥胖了起来,

连跑动都成了困难。鹿的数量也在急速地增加。几万只在短时间内就繁衍到了十几万只。这么多鹿吃光了地上的小草，啃光了灌木树叶，到最后，食物实在跟不上越来越多的鹿的需求，树皮也成了每天的口粮。环境遭到了极大的破坏。

人们更想不到的是，一种怪病开始在鹿群中蔓延。一批一批的小鹿经不起病痛的折磨，纷纷倒下了，还有一些却被活活地饿死。

自然界中，狼和鹿的故事体现了可持续发展的重要性。狼虽是鹿的天敌，但是狼的存在也成了鹿群保持健康和活力的重要因素。虽然说，一些鹿逃脱不掉狼的追赶，最终成了狼的美食。但是正因为鹿群一定程度上的牺牲才有了良性循环的自然环境。人们在考虑问题的时候，被一时的"美丽"和现状所迷惑，虽然出于善良要拯救可爱的鹿群，但是实际上这种善良也把鹿群推向了死亡的边沿。最后，受影响的又何止是鹿群本身呢？茂密的森林、碧绿的草地何时能够恢复？

自然界中尚且注重这种可持续发展，不能局限于一时一地的利益。人在做事情的时候也有同样的道理。要把眼光放远一些，才不至于因为近视而忽略了很多东西，为日后埋下那么多的遗憾。

日本人大仓喜八郎 18 岁时，在东京当了一个小营业员，21 岁时自己开了一个小海产品商店，生意时好时坏。一年之后，日本发生了大饥荒，东京地区食品奇缺。政府在大仓所住地区设了一个救济站，大量市民争先恐后地排起长队等待领救济大米。

大仓看见灾民们个个面黄肌瘦，心情十分沉重。在和灾民交谈中，他得知许多人虽然得到了政府救济的米，但仍然由于没钱买菜，吃饭问题无法解决。

大仓看着长长的灾民队伍，暗自作出一个重大决定，他大声说："我店里的货物，全部送给你们了，你们请随便拿吧。"人们听了他的话都十分吃惊，在这个大饥荒的时候，许多商人都乘机抬高价格巧取豪夺，而他竟然要把自己的货物送给大家。群众都迟疑着，大仓又大声重复了自己的话，于是许多人都拥进大仓的小店，开始争抢他的货物。

有人问他:"小伙子,你是不是发疯了?"大仓笑着说:"我并没有发疯,你看,这些灾民连饭都吃不上,当然也没钱买我的货。他们需要这些东西,我能给他们帮助,为什么不这么做呢?"听的人都十分感动。

灾荒过后,大仓喜八郎重新开始了他的事业。由于他在灾荒时对大家的照顾,众人对他的为人十分敬佩,都愿意光顾他的店铺。他的生意前所未有地好,店铺也越来越大,很快,大仓就成了当地巨富。后来,他成了明治时代名重一时的大人物。

虽然商场如战场,战场上仁慈也会害死很多人。但是心里装着大义的商人,必定也能获得财富的大利。目光短浅的人,看不到环环相扣的琐碎世事。只盯着自己的鼻尖看的人,被脚下的石块绊倒也未可知。不能为了一些蝇头小利而毁了自己大好的前程。

作为个体的人来讲,也应该好好把握自己人生的每个阶段,不用透支生命、时间的方式去赚取一时的财富,要知道那样的财富不是真正的财富。只有在平衡中,寻求人生的可持续发展,才是每个人应该好好考虑的问题。在各种名利的诱惑下,拼了命地追求,虽然得到了一时满足,付出的代价却是惨重的。眼光放得远一些,你将看得见更加澄澈的蓝天!

把握机会,以进攻的姿态做事

机不可失,时不再来。很多时候,机会是转瞬即逝的。谁都不想因为错失良机而慨叹,那就不要有"花开堪折直须折,莫待无花空折枝"的遗憾。成功的人,往往在机会到来的时候犹如一个勇猛的战士冲锋上前,牢牢地把机会抓在手里。小脚女人般地亦步亦趋,只会眼睁睁地看着机会在别人的掌握里变成美好的事实。

兄弟俩上山打猎,来到一处草丛茂盛处,做好埋伏的准备。听老人说,那里有不少野兔出没，果不其然，过了不久就看到有两只兔子窸窸窣窣地在附近吃草。俩兄弟高兴万分，老大对老二说："今天晚上回去，把其中一只清炖了，另外一只送给邻居家的花姑。"老二说："清炖的多不好吃啊，还是在院子里架上火烤着吃吧。"两兄弟在为如何处理两只兔子的后事商量着，口角还不断留着口水，似乎香喷喷的兔子肉已经到了嘴边，老大还似乎看到心中暗恋的花姑看到自己的能干和殷勤露出花儿般的笑脸。

两兄弟商量之后达成协议，于是纷纷举枪对准目标。可是准星再也瞄不到可爱的兔子。原来两只兔子早就在兄弟俩商讨大计的时候跑远了。

现实生活中，这样的事情还少吗？看着机会远远地向着自己走来了，看着它就如看到期盼已久的曼妙女郎，一时高兴得手舞足蹈，却忘记了主动迎接，高兴劲还没过，却看到她已经远离自己而去，伸手一抓，如梦一场，只是激动的心跳还未平静，手心里只剩下空气。

或许你会仰天长啸，质问苍天，"把握机会就这么难吗？"殊不知，机会对每个人都是平等的。你应该低头看一下自己，你虽然抱着希望的幻想，却没有奋斗的姿态，看看你的双脚和双手，是否在为即将到来的机会忙碌地做着准备？或者是你有没有勇敢地去追寻过机会？收获和付出是成正比的，这话一点都不假。当你永葆一颗进取的心、一种向上的姿态，机会早晚是你的杯中之物，梦中鲜花也会从梦境开向现实。这所有的一切就看你如何去把握？！

被人们称为"打工皇后"的吴士宏，从1985年进入IBM打工，12年后已成功地出任IBM中国销售渠道的总经理。难道她的成功是从天而将的吗？其实，她所经历的病痛和折磨不会比任何一个不幸的人少！

不幸的降临是不会事先通知任何一个人的。一场奇怪的大病打乱了她原本计划好的一切。病床上的四年，是她与死神病痛搏斗的四年，是她身心备受折磨的四年，人的一生没有数不清的四年等着你！

病愈后的吴士宏，决定参加高等教育自学考试。她决心用自己的努力把耗费的四年光阴补回来。用自己不顾一切的努力去拼搏。她从头开始学英文，花一年半拿下了大专,吴士宏感觉最深的两个字是"真苦"!她每天挤出 10 个小时的时间用在学习上,自考文凭考下来了,她最得意的是"赚"回了点时间。

学业完成后的吴士宏因一个意外的机缘到了 IBM。其实,能够到 IBM 工作,跟她主动把握机会是分不开的。为了面试时的一个承诺,她自己花钱买了一台打字机,不分白天黑夜地去练习,用了短短一星期的时间,奇迹般地练出了专业打字员的水平!她如愿以偿地进入 IBM 之后,身处一群无比优秀的团队中间,感到了巨大的压力。但是吴士宏是一个进取心非常强的人。她不断地学习、充实、超越自己。她拼命努力学习一切相关的东西。她开始做销售的时候,感觉到专业知识是第一大障碍,"培训毕业只是个模子,要把客户的具体要求套进去再做出方案来,非常困难!"在这过程中,吴士宏给自己定下了要"领先半步"的目标,不把自己累到极点就觉得不够努力,对不住自己。她在办公室里晕倒过,吐过血,犯过心绞痛;还专门在抽屉里备着闹钟,一个星期总有几次熬到凌晨两三点。就这样,在付出了辛苦和心血之后,吴士宏终于发展了第一个大客户中远:中远的运输公司业务是 IBM 主机,外轮代理全部是 IBM 小型机系列。

1994 年,吴士宏去了 IBM 华南公司,她在那里带起了一支队伍,她与之一起成长,一起做出了辉煌的业绩。

不要只等着被别人选择,盲目地等待只会让你错失良机,勇敢地进取能让你收获更多。机会有时候像是悬在半空中的金苹果,你不主动伸出手,是不会够得到的。把握机会,以进攻的姿态做事。

有人说过,人在开始做事前要像千眼神那样察视时机,而在进行时要像千手神那样抓住时机。成功绝非偶然,但是如果不积极努力,只是坐等机遇,机会敲门时,又不好好把握,那么失败却是必然。一个能成大事的人,永远都不会停止自己追求的脚步,不会止息向上的动力。

能力 9　影响力

有权威、能服众,垫高走向成功的起点

影响力对一个人的成功有着至关重要的作用,一个有着深厚影响力的人往往能很容易得到大家的追捧,也能更快地接近成功。影响力不是一个很抽象很难解释的现象,其实影响力是可以培养的。所谓德高能服众,公道在人心,从一言一行开始,培养自己的权威性、公正感,自然可以获得越来越多的信服与支持。

影响力让个人的身价升值

所谓人微言轻,就是指一个人的社会地位低,他说的话或者提的意见不被人重视。这么看来,这样的人,他的影响力也就不言而喻了。从一个人影响力的大小可以判断一个人的身价高低。

一位势重权高的人,一句话可以掀起轩然大波,而同样的一句话如果出自一个普通人口里,可能会激不起半点涟漪,甚至很快就会随风而去。

人的影响力源自于人的思想与行为,同样企业的影响力也源自于企业的文化管理价值观与管理行为。什么样的价值观决定什么样的影响力。影响力和身价是可以相互转化相互促进的。善用影响力不但能创造价值还能提高自身

价值,关键时刻可以力挽狂澜。

杰克·韦尔奇是美国通用电气公司(GE)董事长兼首席执行官,是全球众多企业家心目中永远的偶像,在他领导 GE 的 20 年里,世界经济经历了诸多的风风雨雨,但韦尔奇却稳稳地将 GE 这样一家以传统产业为主的百年老店,改造成充满生机与活力的现代企业之王。

1981 年,当 45 岁的杰克·韦尔奇执掌 GE 时,这家已经有 117 年历史的公司机构臃肿,等级森严,对市场反应迟钝,在全球竞争中正走下坡路。按照韦尔奇的理念,在全球竞争激烈的市场中,只有在市场上领先对手的企业,才能立于不败之地。韦尔奇重整结构的衡量标准是:这个企业能否跻身于同行业的前两名,即任何事业部门存在的条件是在市场上"数一数二",否则就要被砍掉——整顿、关闭或出售。他首先着手改革内部管理体制,减少管理层次和冗员,将原来 8 个层次减到 4 个层次甚至 3 个层次,并撤换了部分高层管理人员。此后的几年间,砍掉了 25%的企业,削减了 10 多万份工作,将 350 个经营单位裁减合并成 13 个主要的业务部门,卖掉了价值近 100 亿美元的资产,并新添置了 180 亿美元的资产,将 29 个工资级别改为 5 个粗线条的等级。韦尔奇因此还得了"中子弹约翰"的绰号。

韦尔奇的变革精神、管理方法、领导才能等等都在商业界产生了深远的影响。对美国企业界产生了巨大的影响力。

如果说韦尔奇的成功是来自于领导者的权力影响力的话,那么与之相对的还有非权力影响力。但是不管是权力影响力还是非权力影响力,对于个人来讲,平时严格要求自己,树立好的形象,有利于对自己影响力的培养,这对一个人的成功和成长也起着至关重要的作用。

最近在热播的电视剧《雷哥老范》,一介平民的老范,热心而善良的老范,似乎总是跟各种各样的麻烦有着不解之缘。和一个醉酒的人撞个正着,打翻了给儿子买的早点,还因为误会进了不止一次的派出所,被一个易拉罐砸到,却费尽力气救出了一个要寻短见的姑娘,遭遇解雇,遭遇白眼,好心却总是招来不解……但是老范有自己的独门豆腐，一直用自己的豆腐哲学影响着周围越来越多的人。

正如他自己所说，"豆腐可以是皇上餐桌上的御膳，也可以是老百姓家中的粗茶淡饭，人家就是御膳也不得意忘形，就是粗茶淡饭豆腐也不觉得委屈。人家不光能上能下，而且还能随遇而安，水大了，可以做水豆腐、豆腐脑，甚至豆浆，水少了，豆腐干、豆腐皮，甚至腐竹，就是放臭了，一发酵，又成为百姓餐桌上的臭豆腐，这是多么的随遇而安啊。"

敦实淳朴的老范，此时此刻周身笼罩着的是闪亮无比的光环，他按照自己的哲学生活，也用这种哲学影响着周围的人，这种哲学也成就了他自身的人格魅力。老范或许永远都是这么朴实无华，或许这辈子都与高官厚禄无缘，但是他的自身的价值也远非三言两语所能概括！

利用一切机会，获得他人的关注和重视

这个世界没有谁会无缘无故地关注你，重视你，但是也没有哪一个人真正愿意就这样一直默默无闻下去！如果不改变现状，你是很难得到别人的关注和重视的。现在已经不是枪打出头鸟的时代了，那些善于利用机会出头的人，会得到命运之神的关注的。

燕子一直在公司做职员，她有着很强的语言天赋，会说多国语言，可是性格内向的她从来没有在任何人面前提过她的这个特长。就这样一年过去了，工资没见有什么动静，职位也是停留在原来的位置，她几乎有点失望了。

终于，一次机会给了她一个扭转的支点。公司要与一家中韩合资企业洽谈一项业务，老板带着几个员工赶到会晤地点才发现，对方都是韩国人，而且都不会说中文。老板对韩国人说的话只是点头应付，礼貌地微笑，其实根本就不知道对方在说什么，更不知道自己该怎么回答，局面很是尴尬。燕子看到这种

情况，觉得应该抓住这次时机，既能帮公司解围，也可以转变自己目前的局面。于是自告奋勇地对老板说："老板，让我去试试吧！"老板很惊讶地注视着她说："你去？""是的，我去。"燕子点头答道。在没有其他的办法下，老板将信将疑地让燕子去试试，并叮嘱她如果不行就不要硬撑，要赶快住口。因为他根本不敢相信，平时那么平凡的一个小职员会在这方面有才能。

只见燕子自信地走到客户面前，轻松自然地用韩语与对方交流着。客户对燕子一口流利的韩语点头称赞，合作的信任度也大大提升，很快就顺利签下了合同。老板悬在心中的大石头终于落了地。不仅千万的合同项目签下来了，还在身边发现了一个人才，真可算是双喜"临门"。第二天，燕子被调到外事部，不仅去做自己擅长的工作，而且还升了职。

人在职场，很多时候都是这样的，常言道，真金不怕火炼，只要你有真本事，说不定哪天你就得志了。关键的是，要懂得把握机会，善于利用机会，将自己的才能很好地激发出来，让别人对你刮目相看。像燕子一样，在老板犯愁的时候当一次救驾的功臣，是龙是凤就都凭老板的一句话了。在职场中，最不需要的就是无名英雄，要表现的大将都排队等候呢，谁会去挖掘你这个隐在"深山"中的才子呢。要学会为自己争取，让老板知道你在什么样的职位上才是最出色的，如果你是一张白纸，那么就要给自己涂上最绚丽的色彩，体现自己的魅力和才华，不要等待，更不要依赖。因为机会的到来首先是自己给的。

小姜所在的木器厂由于更新设备投入太大，造成资金周转不灵。又加上当时的市场走势很是低迷，因此亏损十分严重。于是，老板提出了充分利用新型设备寻找开发新产品的想法，并拟定好计划去北方引进一项"木制工艺品"的新技术。小姜做为中层领导主动请缨，要求自己到北方去恰谈这项业务。在老板的应允下，一个月的时间内，小姜不辞辛苦的往返于两地，终于将该技术成功地引进。而后回到厂里加班加点的制造加工。皇天不负有心人，新产品试销成功了，木器厂很快扭亏为盈。小姜也因此成为厂里的功臣，顺理成章地得以提升。

在别人看来,小姜的成功好像是很简单的事情,事实上这并不是一件容易的差事。很多人都慨叹机会难得,实际上,是他们不善于为自己创造机遇,不懂得抓住有利时机,用的实力和勇气向别人证明自己存在的价值。既然不甘心做一棵平庸的小草,那就利用一切机会,获得别人的关注和重视吧,也为自己的发展壮大添砖加瓦。

以诚待人,收服人心

在任何一个团体中,总有某一个人充当着核心的角色,他的言行能够被团体认可,并指引着团体的某一些决策和行动。我们可以把这种人所具备的人格魅力称为"领袖气质"。具有这种领袖气质的并不一定是高层的管理者,小到几个人组成的办公室,大到一个集团,总会有一个人具有说服他人、引导他人的能力。在某种意义上,"领袖气质"也可以被认为是人格魅力的一部分。

日趋激烈的社会竞争,要求我们要有超凡的领导能力和良好的协调能力。越来越多的人开始关注如何在团体中树立自己的权威形象,如何培养自己的"领袖气质"。那么,从哪里入手,才是正确的门径呢?

这个市场化的社会在权力、金钱等各种欲望的充斥下,变得尔虞我诈。"诚实"成了"老实"的代名词,而"老实"又似乎成了"无能"的标志。于是,刚从校园里面出来的书生,也会为找一份理想的工作,而演绎出在履历上出现了同一所大学有三个学生会主席的闹剧。可是这种欺骗带来的,只是对自己前途的阻碍。

试想,一个欺诈而不讲信用的人,连人格都让人产生怀疑,怎么可能在他人心里树立权威形象呢?所以诚实守信是培养"领袖气质"的基本条件。

墨家的开山鼻祖墨翟说:"言而不信者,行不果。"意思是一个人如果说话不诚实,不以信待人,那就休想得到别人的信任和帮助,也就办不成大事。以诚待人的人才有可能获得别人的真心,也才可能得到更多人的信服。

晚清一代名臣曾国藩一向主张礼貌对人,敬重别人,用真诚去沟通感情。他在与左宗棠交往的过程中,也曾有过合作和矛盾。两个人都有着鲜明的特征。曾国藩为人拙诚,语言迟讷,左宗棠则恃才傲物,并以当世诸葛良自命,说话还很尖刻,可谓是锋芒毕露。

在咸丰四年(1854 年),曾国藩初次出兵攻打太平军,败于靖港,自尽未遂,回到省城,垂头丧气。左宗棠到曾国藩的船中探视他,直言不讳,指责曾国藩临事退缩,非大丈夫之所为。曾国藩只是闭目不语。咸丰七年(1857 年)二月,曾国藩在江西瑞州营中闻老父去世,立即返乡。左宗棠认为他不待君命,舍弃部队奔丧,是绝不应该的。性情见解各异,再加上各自的地盘意识、战功的分配问题,遂使两个人断交,隐隐有种水火不相容之意。

第二年,曾国藩奉命率师援浙,路过长沙时,特地登门拜访,并集"敬胜怠,义胜欲;知其雄,守其雌"十二字,求左宗棠篆书,表示谦抑之意,使两人一度紧张的关系趋于缓和。

后来,左宗棠查办了一起贪污案,遭人陷害。左宗棠经此变故,但深感京中不可久住,不得已,沿江而下,投靠曾国藩。曾国藩宽宏大量,不计前嫌,热情接待左宗棠,并与他连日商谈战事。在左宗棠极其潦倒的时候,向他伸出了援助之手。曾国藩立即上奏朝廷举荐左宗棠,清廷接到曾国藩的奏章后,谕令左宗棠"以四品京堂候补,随同曾国藩襄办军务"。左宗棠因而正式成了曾国藩的一个幕僚。曾国藩立即让他回湖南募勇开赴江西战场。过了几个月,左宗棠军在江西连克德兴、婺源,曾国藩立即专折为他报功请赏,并追述他以前的战绩,左宗棠因此晋升为候补三品京堂。后曾国藩又恳请朝廷将左宗棠襄办军务改为帮办军务。同治二年(1863 年),左宗棠被授为闽浙总督,仍为浙江巡抚,从此与曾国藩平起平坐。三年之中,左宗棠由被人诬告、走投无路,一跃成为疆吏大臣,如此飞黄腾达,一则出于他的才能与战功,但同时也与曾国藩以诚相待,全力扶持分不开。

种下什么样的种子,就会发出什么样的根芽。后来曾国藩去世,左宗棠就曾这样用联挽曾国藩："谋国之忠，知人之明，自愧不如元辅；同心若金，攻错若石，相期无负平生。"像左宗棠这样志大才高、性气刚硬的人难得对他人如此推重，这也在另一个方面，印证了曾国藩的人格魅力。

现在有些人喜欢运用巧诈，其实，人际关系的基本原则，古今无多大差别。喜欢诈术的人，虽然能一时欺瞒别人，也能获得利益。但是，久而久之，就一定会露马脚，失去别人对你的信赖，最终不但获利不多，反而损失更大。而拙诚的人也许不会一下子就抓住人心，但是时间一久，他的诚意就会逐渐渗入人心，赢得大家的信赖，从而获得事业成功。正可谓"路遥知马力，日久见人心"。

高尚的品格，是人性最高形式的体现，同时也是最好的投资本钱，它能最大限度地展现人的价值。成功是由美誉度、人脉、金钱三个重要部分组成，一个人一旦拥有了好的个人形象"美誉度"，同时又有了良好的人际关系之后，想不成功都难。

保持公道正派的作风方能服众

有一只母蟹这样教育它的儿子："孩子，你怎么能横着向前走呢？向前直走多方便，改过来吧。"小蟹说："妈妈，您说的太有道理了，可是我不会，您能给我做个直走的样子吗？我将照着学习。"母蟹试了几次，都没有做到，对于儿子的不服气，也就无话可说了。

"其身正，不令而行；其身不正，虽令不从。"要明白身教永远胜于言传。以身作则，以自己的行动去引导别人，树立榜样，模范的力量是巨大的。

春秋时期，晋国赵简子率军攻打近邻卫国，很快包围了卫国的都城。在晋国的强攻面前，卫国城中百姓顽强抵抗，战斗十分激烈。卫国城中守军不停地向城外晋军射箭和掷石块，赵简子撑着一把巨大的皮盾，自己躲在盾的后面，用战鼓指挥将士攻城。

晋军士兵个个畏缩不前,赵简子很生气,他沮丧地将鼓槌掷在地上说:"没有想到昔日一往无前的晋国雄兵今天会没落到这种程度。"

看到这种情形,谋士独自过来开导赵简子说:"主公,要说有错,错应在您才对。不能埋怨我们晋国的三军将士。忆往昔我晋先主献公吞并 17 国,征服 30 国,8 战 12 胜,难道不是靠的这些晋国军队吗?献公去世,惠公即位,对国民横征暴敛,纵情声色,导致国力衰弱,强敌乘虚侵入我国,秦国铁蹄如入无人之境,直抵国都近郊,不也是晋国军队团结人民打退了侵略者吗?文公继立以后,国威复振,一战而取卫国之邺地,城濮之战,连败楚军,遂成霸业,用的不也是晋国军队吗?主公今天为何怨我们晋军士气衰微呢?现在的主要问题是您做得不够好,而不是将士们的士气不振。"

赵简子听了心里很惭愧,立刻扔了大盾,操起兵器,大声一呼,冲锋在前,将士很受鼓舞,人人奋勇争先,最后终于攻下了卫城。

开始赵简子躲在大盾后时,士气低落,而当他奋不顾身、冲锋在前时,士气顿时高涨,最后取得了战斗的胜利。

在硝烟滚滚的战场上,将军不顾自身安危,勇猛地冲锋陷阵,带给士兵的鼓舞远远胜过一千次一万次的口头打气;企业的领导能够言必行、行必果,严格地要求自己,给下属给员工起一个带头作用。

优秀的将领总是冲在最前面,常吃败仗的将领总是躲在后方最安全的地方,还要用各种手段去指责士兵的所作所为。

成功的领导者,不会滥用手中的权力,不会以强权代替管理。所制定的奖惩制度条条框框不但适用于别人也不会把自己排除在外。身先士卒的表率作用,会产生一种巨大的影响力,广大下属不由得生出一种敬佩与信赖。

美国第 34 任总统艾森豪威尔,在二战中担任欧洲战区最高统帅,巧妙地在丘吉尔与罗斯福之间周旋,并将英美两军糅合成一支无坚不摧的勇猛军团,最终击败了强敌,不愧为二战中伟大英雄的称号。

而就是这样一位外表憨厚和蔼可亲的人,领导的百万大军无不纪律严明,士气旺盛。他的成功来源于"以身作则"。

有一次谈到领导统帅的问题，他找来一根绳子摆在桌上。他用手推绳子，绳子未动；他改用手拉，整条绳子都动了。艾森豪威尔说："领导人就像这样，不能推，而要以身作则来拉动大家。"

他幽默风趣，懂得运用自嘲来鼓舞别人，处事公正严明，对人宽大仁厚。

二次大战期间，他到前线视察，并对官兵们演说，以鼓舞士气。不巧下雨路滑，讲完话要离去时摔了一跤。引得官兵哄堂大笑。

身旁的部队指挥官赶紧扶起他，并对官兵无礼的哄笑，郑重地向他致歉。艾森豪威尔对指挥官悄声说："没关系，我相信这一跤比刚刚所讲的话更能鼓舞士气。"

艾森豪威尔脾气暴烈，人人皆知。大战后期，美军因伤亡惨重，鼓励大家献血。艾森豪威尔以身作则，立刻以行动来响应这个号召。当他献完血要离开时，被一名士兵发现了，士兵立刻大声说："将军，我希望将来能输进您的血。"艾森豪威尔说："如果你输了我的血，希望你不要染上我的坏脾气。"

有一次他参加某聚会，会中有6位贵宾受邀演说，艾森豪威尔排在最后。当轮到他上台时，已近午夜，全场听众在前5人的疲劳轰炸之下，都疲惫不堪，昏昏欲睡。

艾森豪威尔知趣地说："演说中总有句号，就让我当那个句号吧！"他最短的演说赢得了满堂彩。

所谓正人先正己，做事先做人。对于每一个人来讲，平时也要严格要求自己，勇于承担责任，"己所不欲，勿施与人"。给自己一个标准，做个榜样给别人看，你的行为将如一面旗帜一样感化、指引着周围的人，越来越多的人将会以你为方向。

有主见，原则问题寸步不让

主见，就是对事物确定的意见或见解。没有主见的人就像墙上的草随风倒。要么总是顾虑别人的想法，做什么事情都想着取悦别人，为别人而活。没有主见的人也多半是没有原则或者原则性不强的人。遇到事情不加分析与思考，人云亦云，甚至一味盲目听从别人的建议和安排，这样的人终将会掉进命运的泥潭不可自拔。

鱼塘和水池是鱼鹰食宿的好地方，附近几乎所有的池塘都会有鱼鹰涉足。但是斗转星移，鱼鹰的年龄越来越大，体力和精力也愈加不支。年迈的鱼鹰常常因老眼昏花看不清水底的鱼虾，经常为找不到食物而忍受着饥饿的煎熬。无奈之下，它想出了一个好办法。

老鱼鹰踱到池塘边看到一只小鱼，假装友好地对它说："小伙计，我有一个非常重要的消息告诉大家，你们就要大祸临头了，三天之后这个池塘的主人就要下网捕鱼虾了。"

小鱼听说之后便急匆匆地告诉四处转告，一时间闹得满城风雨。惊慌失措的水族动物们纷纷跑了出来，最后选了代表谒见这只鱼鹰。

"鱼鹰大人，您这消息是打哪儿来的？您说的靠得住吗？您有解救的办法吗？我们应该怎么办才好呢？"

"换个地方。"鱼鹰毋庸置疑地答道。

"可我们怎么换呢？"

"你们不用操心，我可以把你们逐个带到我住处的附近，只有上帝才知道这条路，世界上没有比这更隐蔽的地方了。这是一个自然生成的鱼塘，是歹毒的人类所不知道的去处。这个鱼塘能使你们全体获得新生。"

大家全都相信了鱼鹰的话，于是水族被一一带到一块人迹罕见的岩石底下，在这里，鱼鹰这个伪君子把它们全都安置在一条狭长的水坑里，这里水浅见底，鱼鹰要逮住它们那真是唾手可得，随心所欲。

鱼虾轻易相信了捕食自己的鱼鹰，岂不悲哀？现实生活中不也是有很多人，在慌乱之中丧失了主见，动摇了自己的原则，任凭一个心怀鬼胎的人摆布自己的命运，期冀着他人能把自己引向光明和希望，殊不知前面有更大的危险在等着自己呢！

社会纷繁复杂，有的人刚刚走上领导岗位，就忘记了之前所发下的种种誓言和承诺，营私舞弊，无恶不作，大肆挥霍手中职权，为了一己私利，随波逐流，把做人的原则、立场统统抛之脑后。在这种人眼中，更大程度地把财富据为己有才是自己生活的目标，追求的动力，早已没了责任可言。所谓的地位，称号也不过只是掩盖自己作恶的幌子和护身符。

做人做事都要有主见，一旦我们认准了正确的目标，就要勇往直前，不能让别人的意见和看法左右自己前进的方向，缺乏主见的人只会活在别人的阴影里，一辈子都将一事无成。

人的一生，如白驹过隙般短暂易逝，按照自己的方式生活，忠实于内心的想法，做自己想做的事做自己应该做的事，对人对事有自己的立场、观点。坚持做人做事的原则，为自己的梦想而活。

犹豫不决、畏缩不前，凡事都要征求别人的意见之后，再按照别人的方法行事，这样的人永远都不会有自己的主见和坚定的原则。很可能，别人的一句话、一个眼神就能让他与良知和理想背道而驰。他人的意见只能作为一面镜子，不能因此就在别人的目光中去校对自己的人生坐标。

做一个有主见的人吧，坚持自己的原则去生活，原则问题寸步不让的人，灵魂将会高贵地飞翔永不坠落。

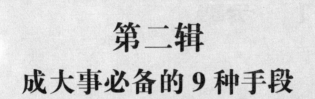

第二辑
成大事必备的9种手段

　　每个人都在为自己的生存空间和生存质量打拼，为了达到我们心中的理想，两条腿走路是必须的，既要有做事的实干精神，也要有做人的方圆艺术，这就是说，有能力，也要讲手段。手段不是厚黑，不是招摇撞骗，它包括了做人的态度、办事的策略和言辞的技巧等多方面的内容。处理任何一件缠手的事情，正确的方法都比执著的态度更重要。我们应该调整思维，通过对具体情况的分析判断，迅速拿出自己的对策来。

手段 1　示弱

保存实力，为自己的成长
赢得更多的空间和更充足的时间

示弱不是一种妥协，而是一种明智之举，聪明人在适当的时候示弱，不会减分，反而会给自己加分。示弱可以减少别人对你的戒心，从而可以提升你的人际关系，高高在上的人，不讨人喜欢，反而俯下身子入世才会赢得人心，为自己赢得一片大好的前景。

示弱可以减少很多不必要的麻烦

勇往直前的人常常会让人感到敬佩，可是不是事事都强出头的才叫好。很多时候示弱才是保全自己的最好方法。不要把示弱看成是不耻的行为。示弱不是一种妥协，关键时候懂得示弱，是一种理性的选择。是一种智慧的选择。

向人示威人人都会，可是向人示弱却不是每个人都可以做的，示弱更需要勇气。大多数的时间我们喜欢在别人面前展示我们最美最好最坚强的一面，而去掩饰自己最脆弱的一面。可是我们却忽略了，你总是显得很强势，就像一个刺猬，谁接近你都怕被你的刺碰到。所以我们不要去做那只人人都惧怕的刺猬,去做小白兔,大家都愿意亲近你,与你交往。在别人面前表现出脆弱的一面,可以拉近人与人的距离。示弱可以解除别人对你的后顾之忧,不会把你竖成劲敌,很自然地把你划到不具威胁的行列中去。有意识地在生活中示弱,你将会减少很多不必要的麻烦。

试想在生活中你处处都表现得很强势,那么处于劣势的大多数人就会对你心生妒忌,渐渐地将你孤立在外。但如果,你放下了你的强势,放下你的高姿态,会不会令对你眼红的人放下妒忌呢?所以适当的时候显示你的弱势,未尝不是一件好事。

张扬和李梦都是公司销售部的经理,表面上两个人的关系很和谐,可是在暗地里,两个人却你争我夺。两个人都想在公司获得晋升的机会。后来公司的销售总经理的身体出了些问题,不得不辞职。于是公司决定从他们二人中选择一个担任总经理。但是让领导为难的是他们两个人的实力相当,不知道让谁来任这一职位好。

张扬和李梦都明白自己是提升的候选人。张扬表现一如既往的好,不知道如何才能抓住这个好机会。李梦就不一样了,他除了工作积极外,还在领导面前把爱抽烟的习惯表现出来。有一次李梦抽烟的时候被领导逮个正着。当李梦把这件事告诉大家时,所有人都认为这次晋升他没有机会了,但是当李梦把自己晋升的事情告诉朋友时,大家感跟到很吃惊。

李梦告诉大家,每人都有自身的缺点,可是你要做得十分完美,就会被别人怀疑是在故意掩饰,所以李梦暴露出他爱抽烟的习惯,恰好领导也有爱抽烟的习惯,所以李梦就在无形中赢了张扬。所以在适当的时候暴露出自己的缺点才能得到别人的信任。

示弱可以让别人对你推心置腹的交谈,小小地暴露你的缺点,幽默地自嘲,使妒忌你的人在心理上得到抚慰和平衡,从而减少你前进道路上可能出现的屏障。事业上的强者都懂得示弱。

有一位管理学院的教授就很懂得示弱的方法。他初到学院的时候,对最新的理论有很深的研究,讲课颇受同学们的喜欢,引得一个很有才华的同事去找他的麻烦,与他争锋相对。他发觉以后,主动找到这位教授,很坦然地说出自己的劣势,缺乏教学经验,对学校和学生的情况很不了解。希望教授以后能多多指教。这些话语无疑淡化了他自身的优势,也让那位教授觉得平衡了许多,对他的态度也渐渐好了起来,之后两个人还成了无话不谈的好友。

示弱无疑会淡化自己的优势。其实在生活中这样的事情时常发生,每个人都有自己的长处,也必有短处,暴露你的短处并虚心向别人学习,未尝不是一个两全其美的方法,一方面可以减少别人对你的妒忌,另一方面可以完善自己。

要是示弱产生积极的效果,你一定要慎重的选择示弱的内容,在对手面前你可以示弱他的长处,让他感到自己的优越感。成功者应多在别人面前说自己的失败记录或者是自己成功遇到的挫折、现实的烦恼等等,对经济状况不如自己的人说说自己的苦衷,让对方感觉到你生活得也很不容易。

在你处于明显优势的时候淡出你的光芒,给别人留点光芒,这不仅仅可以赢得别人对你的尊重,还可以保持良好的人际关系。这样,你收获的将会更多。

千万别跟能决定你前程的人较劲

有些人喜欢抬杠,不管别人说什么他都喜欢插几句,搭上话就不停地抬杠。这是一种非常不好的习惯,这种习惯是万万要不得的。如果你有这样的习惯,千万不要把它带到你的工作中来。有些事情你非要整个清楚,非要死较这个劲,那么请你小心,你将有可能成为下一个被淘汰的对象。

不要较劲,不要抬杠,更不要和你的上司你的领导抬杠,这对你来说,没有一点好处,反而会断了你的前程。即使你的心里面不服气,嘴上也要表现出服气。

张新是一家公司的职员,来公司的时间还不长,一天他来到总经理的办公室,对总经理说:"您好,昨天我交给您的文件你签好了吗?"总经理想了一会,又在办公室里找了一遍，然后很抱歉地对张新说："对不起，我没有看见你的文件。"由于是新人，刚步入社会不久，张新有些生气，但还是压着怒火对经理说："我看着您的秘书将文件摆在桌上了，您可能不小心将它丢进纸篓里了。"

总经理是睁着眼睛说瞎话，张新觉得心里委屈。于是把这件事情说给一个前辈听。前辈笑着对张新说，以后不要再这样了，总经理是做事情有些糊涂，可能忘了也说不准，你这样说如果是其他的经理，你的前程可就堪忧了。这样的时候，你应该告诉他自己再回去找找文件，把文件再重新打印一遍叫总经理签了就好了。

张新明白了点点头。于是照着前辈说的办法，将文件重新打了一份，拿给总经理签字，说："对不起经理，是我记错了。"总经理对张新笑了笑。二话没说就签了字。

与上司发生冲突时，千万别跟他较劲，很多事情都有别的化解方法，发生冲突后一走了之，那是最愚蠢的做法，为了争一口气大闹一场，最后搞得两手空空。即使知道上司错了，也不要不给上司面子，开动脑筋给上司找一个台阶下他会记得你的功劳的。

何信是某电视台的主播，常常和经理对着干，人气很旺的他目中无人，把副台长也不放在眼里，副台长终于忍不住，生气地说让何信走人。主管告诉副台长说何信现在太红了，他一走我们的损失可能会不小啊。副台长想了一会，说，叫他走不行，那我就让他升职。公司新成立一个部门，由何信担任经理。消息传出，每个人都呆住了。

人人都称赞副台长不计前嫌，宽容大度。想到自己可以大展宏图，何信高兴极了。满腔热情，投入到新的工作中去，可是天不遂人愿，何信遇到了很多问题，自己又解决不了，当他去找大家帮忙的时候大家总是以各种理由推脱，冷眼旁观。部门成立了一年，可是却一点成绩也没有做出来，钱倒是花了不少。终于副台长把何信叫到跟前，告诉他："你还是回新闻部吧！""我希望回去播报新闻！"何信说，"那才是我的专长。"可是副台长说："这恐怕不行了，新的主播表现不错,观众的反映不比你当年的差。你还是先做做别的工作吧,慢慢来,看看编导给不给你机会。"

何信知道,编导不会再给他机会,绕了一大圈,终于自己还是什么都没有,当初要是自己能不那么张扬不和经理较劲,可能自己还是一个当红的主播。

何信离开了,久居"高位"的他不可能在回到同事面前担任一个幕后的小职员,他拉不下这个脸。副台长的这一仗打得非常精彩,恐怕连何信自己都没有想到,这是副台长一个迂回、高深的对策。一个领导要想除去一颗眼中钉,是易如反掌的事情,所以和领导较劲就是自寻死路,自毁前程。

做人,凡是都要动动脑筋,不要让愚蠢占据了你的思想,聪明的人是不会去得罪任何人,更何况那个还是决定你前程和命运的人。做一点退让,给对方一点面子,较劲对你绝对没有好处。改掉这个习惯,多动动脑筋,还要学会以德报怨。你的前程将会更加平坦。

不争闲气,退一步海阔天空

人活在社会上,难免会和别人发生摩擦、误会,甚至还要严重。但是你别总是把这样的怨恨装在脑子里,小的怨恨可能会误了你的前程。所以我们在装满怨恨的同时不妨也装点宽容在里面,那样你就会多一分机会少一分怨恨。否则你将永远被挡在成功的门外。

人们常说,宰相肚里能撑船,一个大度宽厚的人必定会有好的人缘,非凡的度量并定会伴你走向成功的道路。相反,如果你的度量小,嫉贤妒能眼中看不见别人容不得别人,那你将会失去人心。失去前程。

学会大度,对一些小小的冲突一笑而过。有的人认为宽容是一个人软弱的表现,只能让我们退让。如果我们做出退让那岂不是吃了大亏。其实抱有这样思想的人已经不宽容了,他们的理解只是片面的,极端的。摩擦是不可避免的,但是宽容却可以息事宁人，化解矛盾。

宽容并非是不讲原则的，面对一些不足挂齿的小事不如就睁一只眼闭一只眼让它过去。

有两个小朋友，甲借了乙的铅笔，结果乙不愿意借给甲，于是甲就把这件事情记在了心里，第二天乙没有带橡皮想问甲借来用用，没想到甲一口拒绝，说，上次我问你借铅笔，你不借给我，现在我也不借给你。结果两个好朋友就因为这一点小事谁也不理谁。

生活中这样的事情常常发生，假如我们总是为这样的小事情弄得脸红脖子粗，那么我们还会有朋友吗？社会因为宽容所以才会变得和谐。我们要在这样的时候不计前嫌，很乐意地借东西给他，下一次你再借东西的时候，他不会不乐意借给你，人的往来就是这样，应该时时宽容，事事宽容。

在某个高档餐厅里，坐着一位客人，他很生气地指着眼前的杯子，很气愤地说："小姐，你们这里怎么搞的，牛奶都是坏的，看看，我这一杯红茶都给糟蹋了。"

服务小姐很有礼貌的给客人陪着不是，笑着说，"我再给您换一杯。"

新的红茶很快就上来了，和前面的那杯一模一样，都放着柠檬和牛奶。服务小姐再放下杯子的时候，轻声地对客人说："先生，您好，我想告诉您，牛奶和柠檬放在一起的话，柠檬酸会导致牛奶结成块的，我建议您，不要这样喝。"

瞬间，客人的脸就红了，他很快地喝完桌上的饮料，走了出去。

有人笑着问这位小姐，为什么刚才的客人那么不友好对待，而且明明就是他自己的错，你怎么不给他一点颜色看看呢？

服务小姐笑着告诉那个人："为这点小事生什么闲气啊？正是因为他粗鲁所以我才更要用礼貌的方式对待他呀。退一步海阔天空，这里每天都有那么多的客人，要是每一个都生气的话，那我真的是要气死了。"

服务小姐的好态度，不光为餐厅赢回了面子，也给客人留了面子。这退一步的效果，可是比强出头生气的效果要好得多。何不用微笑的化解矛盾呢？

人们都喜欢按照自己的标准去看别人，所以我们看到社会到处都是不完美，这样的话对待别人就太不公平了。人与人相处其实很简单该让的地方让一点，该退的地方，就不要往前挤。人与人相处，应该少一点标准，多一分和谐，少一分争吵，多一些开心，少一些痛苦。我们何苦去争那些闲气，去给自己找不必要的麻烦呢？

用和睦的眼光看待社会社会就是和谐的，是美好的，可是你总是用一种狭隘的心去看待生活，那你的生活将污浊不堪。

挤公交车的时候，常常会出现这种事情，车子急刹车，或者急转弯，大家没有站好，挤着了碰着了，这些都是难免的事情，很多人说一句对不起，彼此微笑一下，这件事情就过去了。可是有的人却不是这样，小题大做，有的破口大骂，甚至出手伤人。造成不必要的麻烦。于人于己都不是很有利。

放下自己的标准，对别人多多包容，休要去争那些不必要的气。与人方便，于己也方便。

一定要有缺点，不当别人的"假想敌"

《菜根谭》说："鹰立如睡，虎行似病。"就是说老鹰站着的时候像是睡着了，老虎行走的时候好像有病的样子。这些样子就是它们即将捕食的样子。聪明人往往很会伪装，把自己伪装得很不起眼，有点呆呆的、笨笨的样子，这样才能让别人放下戒心。大诗人苏轼认为人应该大勇若怯，大智若愚，就是说本来有大勇，却装出怯懦的样子，本来很聪明，却装作愚笨的样子，才能很好地保护自己。

王强在一家百货公司工作时，曾经为了和某大企业家缔结合同拜访过好几次对方的府邸。虽然是万贯家财的大富翁，这个人却非常小气。别家百货公司也曾经试着和他打交道，都不得要领，大家认为要使他成为百货业的客户是不可能的。但是,既然公司老板下令"去看看!"王强也只好来回奔波。

某一天,不知道他吃了什么开心果:"嗯,上来吧!"终于可以登堂入室了。原以为这一次该有好的回音,事实却不是想的这样。

大概是穷极无聊吧,"当我还年轻的时候……"这个古怪的老头突然开始滔滔不绝地说起他如何从一介平民奋斗成为大富翁的经历。

这一番话足足说了两个多钟头,客房是日本榻榻米式格局,对方正襟危坐,王强当然也不能直膝或盘腿而坐,刚开始还能频频点头,注意地听,后来脚实在觉得酸疼,他的话已经变成耳旁风。30 分钟后脚已经麻痹,过了一个钟头,额头直冒冷汗。

"今天就到此为止吧!"

这个古怪的大富翁说完就站起来,王强也打算站起来,不料下半身整个麻痹,一不留神"砰"的一声跌得四脚朝天!

大概是发生相当大的碰撞声吧,女佣吓了一大跳,赶忙跑过来说:"发生了什么事?"

古怪富翁看见我这个大男人竟然跌地不起,"真是个没用的东西!"嘴上说着却笑得合不拢嘴。

古怪富翁终于成为我们公司的客户,这是因为怜惜我这个"没用的东西"的结果。

在生活中装傻其实是一个很好的生活方式,装傻其实不是真的傻,只是用隐蔽的方法,将你的光辉散发得不那么耀眼,这样也就没有人再把你当成敌人。即使你的成功很卓越,别人也不会很不客气地拿你去当敌人。

卧薪尝胆的故事大家都知道,越王勾践为了光复越国,白天笙歌艳舞,在吴王面前装巧卖乖,而深夜却卧薪尝胆,积蓄力量。与敌人相处,示弱是一种策略,所谓"大智若愚,大巧若拙"就是这个意思。灵巧的人显出愚笨,那只是一种迷惑对手的策略,让他觉得你是弱者,而放松警惕,而这时正是你励精图治、大谋发展的好时机。等兵强马壮了再反戈一击,让对手连反击的力量都没有。

木秀于林,风必摧之。弱姿态的你出现时,对方就不会把你放在眼里,对你减少了戒心,你将会处在相对安全的环境里。历史是这样,现实也是这样。你弱小的样子常会被别人忽略,满足了对方的虚荣心,不会被别人树立成假想敌。这样的人才能活得更长久。要学会掩饰自己身上的光芒,要知道有时候的光芒不是对你有好处,而是会给你添很多麻烦。人无完人,即使你很优秀很出色,你也要收起你的光辉,略显你的缺点,不要成为众人的眼中钉。

沈从文虽然小说写得很好,可他的授课技巧却很一般。他颇有自知之明,上课时开头就说:"我的课讲得不精彩,你们要睡觉,我不反对,但请不要打呼噜,以免影响别人。"这么"示弱"地一说,反而赢得满堂喝彩。

人的嫉妒心本就很强,嫉贤妒能,即使你有才干,众人的力量也可以使你的才干埋没掉。不要总是在别人面前展现自己最完美的一面,人都有短处,适当地展现自己的缺点,趋利避害,不做别人的假想敌。想要在事业上一展才华的人,要记住千万不要锋芒太露,该装傻时就要装傻。要做老虎和老鹰,藏起你的光辉,才能吃到最美味的食物。

用"对不起"化解争端

人与人交往的时候,会与形形色色的人接触,出现各种摩擦这是件很难免的事情。为了这交往能进行下去,人人都要学会说道歉的话。一句对不起,看似不起眼的话,可是却可以化解我们心中的怒火。诚挚的道歉不仅可以化解矛盾,还可以促进心灵上的沟通。增进感情使感情变得更加牢固。

在人与人的交往中,我们常常会在有意无意间做了一些错事,伤害了彼此之间的感情,也会因此造成不愉快,甚至产生感情上的结。俗话说:"冤家宜解不宜结。"有什么办法可以解决呢? 那就是要学会道歉。学会说:"对不起。"道歉,就是需要向对方表达出你内心深处真诚的歉意,这样才能求得别人真正的原谅。

人是有感情的动物,在愉快的场合做事情会事半功倍,可是当误会充斥着我们内心的时候我们心里的疙瘩会越结越大, 所以我们要用对不起来解开这个疙瘩。大家心里都痛快了,生活的气氛才会更和谐。

多说几个对不起,少一点纠纷,我们的社会将会更加和谐,和谐的社会,靠我们大家共同来完成,说句对不起,对我们来说并不是一件困难的事情。如果你做错了什么事情,那请你说一句对不起。

对熟悉的人要用对不起,对于陌生人我们更要用对不起,每天挤公交车地铁上班的人很多,我们都有这样的经验,车子运行的时候经常会遇到急转弯,急刹车的情况,站着的乘客会不小心踩脚,碰撞,这些都是难免的事情。这时候,要是你没有反应,踩了就踩了,撞了就撞了,你完全没有表示,不计较的人可能瞪你一眼就算了,可是有好事的人,可就没有那么简单了,一句话可能就会吵起来,骂起来,甚至大打出手。其实这只是一件小事,可能你说一句对不起,不是很无礼的人笑一笑就过去了,但是没有这句话,效果就完全不一样了。我常在车站看见有人因为坐车而打架,害人害己,给自己和别人都带来了不好的影响。其实打架只是为了争一口气,这一口气,就只是三个简单的字。大家请认真想一想,我们用三个字就能化解不必要的麻烦,何乐而不为呢?

曾子讲过:“吾日三省吾身。”一个人应当不断检讨自己的过失,努力提高个人修养,才能拥有好人缘,有了好人缘比什么都重要。

表达歉意也需要一些小的技巧,否则即使你道了歉也不会有很好的效果。那么,我们要怎么道歉才能显得真诚呢?

1. 道歉要有好态度

道歉要有诚意,能说出那几个字,不单单是要敷衍了事,如果很轻浮地说这几个字,会显得你不够真诚,所以道歉的时候一定要有很诚恳的态度。不然,即使你道了歉也起不到什么效果,对方感觉不到你的真诚。所以第一点就是道歉的时候一定要真诚。

2. 道歉一定要及时

很多事情需要立刻就道歉,时间拖延得长了,道歉仍然起不到效果,时间不及时就等于功夫白费。及时的道歉既可以体现你的诚意,还可以表现出你的态度。及时道歉,可以在很大程度上弥补自己言行不当而带来的不良后果。

3. 道歉的时候不要畏畏缩缩

道歉要堂堂正正,道歉应该光明正大,不要畏畏缩缩,躲躲闪闪。真诚地承认你的错误,说一句对不起,鼓起勇气,就不要羞羞答答,让人感觉你的道歉没有勇气,不够真诚,反而不会接受你的道歉。

4. 道歉的时候看着对方的眼睛

人人都说眼睛是心灵的窗户,当你给对方说对不起的时候,不要低着头,要抬着头,注视着对方,让对方看出你的诚意。接受你的道歉,眼神加上语言,再大的矛盾也会得到化解。

一句对不起,其实承载的分量很重,那一句话的关键点还是要靠我们自己去把握。道歉是一种美德,道歉不是一件丢人的事情。真诚的道歉还能体现出一个人的修养和品德。真诚的道歉是智者首选的方法。智者知道矛盾的最好的化解方法就是三个字:对不起。简短的话包含的意思,千千万万。要学会用这三个字来化解你所面临的争端。

手段 2   借势

能识时务，
整合一切可以借助的外部资源为己所用

即使有能力的人，光靠自己可能还有所欠缺，很多事情也是一个人做不了的，能医不自治的道理大家都懂。借别人的鸡，下自己的蛋，学会借力可谓是智者的上上之策。在关键的时刻，我们要学会巧妙地借助别人的力量，来实现我们的目标，取得最终的胜利。

有能力，也要懂得与外部力量配合

古人云："千里马常有，而伯乐不常有。"我们的生活中也是一样，一个人活在世界上，不能只靠自己的力量。有能力的人也不要想着仅凭自己的力量就可以完成大事，可是很多事情偏偏不是靠一个人的力量可以完成的，需要大家分工协作才可以完成。一个人的能力再高，也离不开别人的帮助。

有能力的人要学会与外部力量配合，想要成功，并且找到捷径，那么你就要学会借力。一个人的力量是单薄的，想要成功可能要花很多时间很多精力。可是你要借助外部力量，成功就会变得容易许多，不可能的事情就会变得有可能。

就像一支篮球队,一个再出色的队员都没有办法独自一人打比赛,这时候就必须学会配合,五个人都很强,但是不懂得配合,各打各的,结果只能以失败而告终。要知道1永远都是1,可是1+1的结果会大于2。

一块好的玉石不经过外力的加工雕琢,它就只是一块好一点的石头,变不成美丽的工艺品。一个有能力的人,如果长时间地故步自封,把自己封闭在自己的世界里,那么他也就只是一个能力高一点的普通人而已,变不成一个成功的人。

古往今来,哪一个成就大事的人不是靠着外部力量来取得成功的呢?外部力量就像是一个杠杆,只要找准支点,你就离成功更近一步。有能力的人靠自己固然很好,但是在适当的时候借点外力,你的路将会好走很多。

三国时期,被并称为卧龙和凤雏的诸葛亮、庞统都是著名的谋士,诸葛亮被刘备三顾茅庐请出山,然后委以重任,可是与诸葛亮齐名的凤雏庞统,他的仕途之路就要相对坎坷不少。赤壁之战后,东吴伤亡惨重,大都督周瑜也在此次战役中病亡,此时正是东吴缺人的时候,对于满腔抱负的庞统,无疑是一个好机会,可是庞统的出言不逊,自视清高的样子却让他失去了这次机会,孙权拒绝用他。

后来庞统又到刘备帐下谋职,初试后,刘备看了庞统的文章,又看了他的长相,并没有重用他,而是派他去了一个小地方当县令。庞统因自己的一腔报国情被埋没,于是他天天喝酒,不干正事,有一天,张飞来到此处视察,见到喝得醉醺醺的庞统,也没有处理公文,就要责罚他,庞统就用半天的时间就处理完了。随后张飞就在刘备面前推举了庞统,刘备听说庞统就是凤雏先生,亲自前往,请回了庞统,并且重用了他。

如果没有了张飞的到访,想必庞统还是默默无闻,过着闲云野鹤的生活,日日与酒为伴,一腔报国热情,无处施展,满身的才华,无用武之地。三国中这样的例子数不胜数。历史是这样,现代也同样是这样,千里马不能没有伯乐,更不能没有向伯乐举荐的人和渠道。

虽然俗话说"酒香不怕巷子深"，但这美酒就如有能力的人一样，酒香有时候也怕巷子深。国酒茅台远近闻名，可是另一个故事可能就有人不知道了。

一百多年前巴黎博览会上，茅台作为中国产品的代表参加比赛，可是三天过了，展台前依旧没有人光顾，所有人都很着急，一个机灵的工作人员将一坛酒故意打破，顿时酒香四溢，吸引了许多人，茅台酒顿时一展成名。如果没有工作人员的机智，茅台自始至终一直摆在那里，那么结果照样是无人问津，可是就那一破，瞬间扬名天下。酒香也怕巷子深。

在今天，我们也会面临这样的情况，即便我们是人才，也需要外力来发掘我们，借助别人的声望来提升我们自己的身份和地位。这样的做法在各个圈子里已经被广泛利用了，而且大有日趋扩展之势。

聪明人不会自己低着头蛮干，而是会巧妙地借助外部力量，来巩固自己的事业，你的成功往往需要这些外力来推你一把，你不出头的时候，正要借着这外力来给你加分。做人不要太固执，那样子其实很愚蠢，不要太自大，你终究不是最好的，人外有人天外有天。要圆滑一点，试着借助一些外力来帮助你，不管是人还是其他的物质或者是其他的一些无形的东西。

合理借用外部资源

有人说，你认识五个人，就可以认识全世界的人。这不是一个夸张的说法，第一次听的时候，感到很诧异，很惊讶，可是，事实就是这样的，每个人都有自己的人脉关系网，认识的人越多你的关系网也就越复杂，一个人是这样，两个人交换一下关系网你的关系网就会得到进一步的完善，认识的人越多，大家互相交换时间久了，大家都可以拥有更加丰富完美的人脉关系网了。

人脉关系其实很重要，一个人的人缘好不好，从他的人脉关系网上即可以看得出来，人脉关系也是极为重要的外部资源，你做不到的事情通过这个关系网说不定哪一个人就可以帮到你，人与人相处本来就是要互相扶持，互相帮助，合理地利用你的外部资源，你的成功才不会那么困难，在你遇到麻烦坎坷的时候，这些人中间，就会有人能出来拉你一把，帮你摆脱困境。

我们在社会中生活，大家来自五湖四海，天南地北，把各地的文化、习惯都带来了，社会才活了起来，丰富起来，我们要从事的行业也就多了起来，你成功的路也就多了起来。不至于种类单一，没有适合你发展的。在业务上，一个客人可能给你带来其他的客人，时间久了，你的客人就会随着你认识的人增多而增多，那你的财富，也会随着人脉的增多而增多。

其实你可以发现人脉积累成本是最低的而它的价值却是无限的。要学会借力来帮你完成你的目标。

秦越有一家自己的公司，在商界打拼了很多年，也算是交友广泛。但是由于自己公司经营项目的限制，自己结交的都是一些和公司开发项目有关的人士。最近秦越正为打通科技方面的人脉而发愁。因为公司新研发了一个项目，但有一环节却苦于没有人脉而不得不搁浅。正当发愁之际，王总给他打来电话，让他请广告界的一位老总来参加自己举办的宴会，原来王总公司要推出一个新的品牌，需要广告界的支持。在宴会中王总也给他介绍了几位科技方面的人士，对他的帮助简直是太大了。

一个人的才智再高，必也有他的知识与能力上的局限。事实上，仅凭一己之力，想要把事业做得风生水起几乎是不可能的。现代社会讲究分工与协作，一个人如果能在发挥了自己优长的基础上，又从其他人那里获得了有效的支持，那么他的力量无疑就会成倍增长，有实力面对任何一种挑战了。许多在某个领域赫赫有名的成功者，除了本身的能力之外，大都擅长借助外来的力量，达到自己人生的巅峰。

大英图书馆时间太久了，于是又重建了新的图书馆，图书馆建成了，可是那老馆的书成了最让人头疼的问题。那么多书要搬到新馆，是一个巨大的工程，馆员预算要 350 万英镑，那是一笔不小的花销，可是图书馆却又拿不出这么多钱。

雨季就要到了,不马上搬书的话,损失可就大了。正当大家都为这件事情感到很苦恼的时候,有一个馆员找到了馆长,告诉馆长一个省钱的好方法。

馆长十分高兴,叫馆员说来听听。

馆员说:"好主意也是商品,我有一个条件,搬书的计划是用150万英镑,如果这钱没有用完请把剩余的钱给我。

馆长很兴奋,一口答应了,只要能在雨季前搬完书,一切都好说。合同很快签好了,不久馆员提出的方案也实施了,效果很好。

原来,事情是这样的,馆员在报纸上刊登了一条消息,大英图书馆即日起借书免费,市民可以无限量地借书,还书时请到新馆。

就这样,大家没有费什么功夫就把几百万册的书搬到了新的图书馆。借助了大家的力量,即使每个人的力量很微弱,可是众人的力量是巨大的,凝聚的力量可以把不可能变得可能。

聪明人,不会单凭一己之力,而是要学会借力、借助外力、财力、物力、人力等等,只要可以帮你成事就可以了。我们在借助别人的智能做事的过程中,反过来也会为对方提供了支持,双方相互配合,就是相辅相成的效果。

重视"名声"和"场面"的效果

"势"是外界的影响力,但是光有顺风,没有好船也是走不远的。如何把自己手中的事业经营得红红火火、有声有色,这是每个做大事的人首先应当考虑的问题。

想让人们都来支持我们的事业,有名儿、有影儿是首要的条件。现代的广告,多是密集的立体轰炸法,耳中所听如是,眼中所见如是,定要把一个个名称灌输给我们。其实,在大众传媒不那么发达的年代,一种润物细无声,不动声色地提升自己身份的做法,在今天仍有其借鉴意义。

清末一代红顶商人胡雪岩做生意,特别注重做场面,以他的意思,做生意首先就要做出一个热闹的场面,而且,"场面总是越大越好"。因此,一项生意投入运作之前,他也总要在如何做出一个特别的场面动很多心思。

如何把场面做大,做热闹,不同的人当然有不同的招数。寻常做法,不过也就是装修剪彩、送花篮、放鞭炮、摆宴席、送礼品、请名人题字作画之类,敲锣打鼓地热闹一场。胡雪岩的阜康钱庄开业之时,这些场面上的事情他也是着实费了一番心思,比如他要人去选钱庄铺面,就要求房子轩敞气派,装修也要富丽堂皇,不能小家子气。甚至连堂上悬挂的字画,他都想到了,要求第一不能是赝品,惹行家笑话;第二名气不能太小,名气太小配不上"阜康"的招牌,撑不起场面。钱庄开业当天,阜康张灯结彩,柜台里四个伙计一律簇新蓝布长衫,笑脸迎人,请来了杭州城里官商两界几乎所有的名人。胡雪岩亲自接待,摆酒款客,直吃到午后三点多钟,也着实热闹了一把。

场面场面,首先自然是场上面上的事情要做好。生意场上,这些场面上的事情常常是必不可少的。堂皇的门面,不凡的气派,往往是赢得客户信赖的一个很重要的外部条件。一眼看去就给人一种小家子气的商家,一开始就不会被客户重视。从这一角度看,这些场面上的事,其实并不就是打肿脸充胖子地一味摆阔,它实际上也是在树立自我形象,在向公众显示自己的实力、优势,以吸引客户的注意,唤起客户的信任。

无论什么年代,做大事都需要信任感和知名度,若是悄无声息,无人关注,离坐以待毙已经不远了。

做事需要做场面,做人其实也一样。

大文豪巴尔扎克本是学法律的,他父亲想让他成为一名律师,但大学毕业后,他偏偏想当作家,因此弄得父子关系十分紧张。最后,父亲不再给他提供任何费用,巴尔扎克本来指望靠稿费养活自己,可是他的稿件又不断地被退回来,哪还有什么稿费呢?

巴尔扎克的生活陷入了困境,开始靠借债度日。尽管他的生活异常窘迫,可他居然花了700法郎买了一根镶嵌着玛瑙的粗大手杖。即使是对于有钱人来说，一根镶嵌玛瑙的手杖也是一件奢侈品，而一个连温饱都不能解决的人，花这么多钱买一根手杖，简直是疯了！可是巴尔扎克买手杖的目的不是炫耀，而是提醒自己不要放弃自己的目标。他在手杖上刻了一行字："我将粉碎一切障碍。"就是这句赌气般的豪言，使巴尔扎克在艰难困苦中仍坚持着自己的理想，最后终于取得了巨大的成功。

一根手杖里，包含的是巴尔扎克的生活宣言：虽然还在困窘之中，但是我是强大的，我相信自己，你必须也相信我。

一个人在别人眼里是不是一流人物，来自于他自己给自己贴上的标签。在现实生活中，我们从衣着、用品、言谈举止中打造自己，并不仅仅是为了虚荣好看。一种有档次、有实力的形象，可以吸引许多相同层次人的注意力，拓展关系，发掘机会，都是无可置疑的。"造势"造得再热闹，我们所关注的重点，还是它能带给我们的最终价值。

随风就势，舍小取大

人的一生会遇到很多个十字路口，当你站在路口的时候，你会感到很茫然，不知所从，这时候你一定要理智，保持清醒的头脑，不要被一点小利所诱惑。做事情要顾全大局，需要先暂时放下眼前的小利。放弃不是真的就放弃了，而是为了你可以大踏步地前进，放弃眼前的，看见更长远的。

当我们为生活付出惨痛代价的时候，放弃眼前的利益为长远的利益作打算，才可谓是明智的选择。正所谓"两弊相权取其轻，两利相权取其重"。

守株待兔的故事，就是一个很好的例子，农夫无意中捡到一只撞死在树上的兔子，于是就不再劳作，天天等着会有兔子再次撞死在树上，就是因为这样荒芜了田地，到了秋天颗粒无收。为了一只兔子而放弃了一年的收成，这样的小利,带来的结果就是这样。所以,我们生活中千万不要被小利给弄昏了头。

美国有一位农场主,勤奋又很聪明,他种的农作物每年都可以拿到当地的农产品竞赛奖。可是让大家奇怪的是,他每一年获奖后,都要把获奖的种子分给邻居。大家议论纷纷说他不怕别人用他的种子种的作物会得奖吗?

农场主乐呵呵地告诉大家,其实秘密就是每当起风时或者蜜蜂蝴蝶采蜜的时候难免会把花粉带到自己家的地里,不好的花粉就不能结出好的果实,只有我周围的花粉都是好的,才能保证我的果实长得好。即使对方的作物长得好,这不也激励了我精益求精吗。我一直在不断完善,不断进取,所以我才会年年都获奖啊。

许多时候,许多人都喜欢独占鳌头,不会把自己的劳动果实分给别人,恰恰相反,正是因为把种子分给大家才能保证自己的成果。小的舍弃才能保证大的收获。

小刘从小学习成绩就很优异,大学毕业后,,进入一家著名的企业。他工作非常努力,不到半年,就脱颖而出,被聘为项目经理。无论是领导、同事,还是朋友,都认为他前途一片光明。

就在这时发生了一件事情,彻底地改变了小刘的一生。

这天深夜,小刘驾车回到居住的小区,在车库捡到一个黑色钱包。回家后,他好奇地打开了这个钱包,见里面有一张中国银行卡、失主的身份证及名片。他想,明天再和失主联系吧。可这时电视正播放一期有关银行理财的节目,专家提醒广大持卡人不要将自己的生日设为密码,也不要将身份证与银行卡等存放在一处,以免遗失或被犯罪分子钻了空子……他不禁心里一动:"这个失主会不会也是把身份证上的生日设成密码呢?"

小刘的好奇心被勾了起来,第二天上午,他没有跟失主联系,而是带着银行卡和身份证来到取款机前,试探性地将失主身份证上显示的出生日期作为密码输入,结果显示密码正确。再一看金额:100533元。随后他又仔细地核对了一遍,不错,屏幕上显示的确实是 100533 元!

"是将这笔巨款占为己有,还是拾金不昧?"小刘踌躇了很久,是交公,还是留为己用?他犹豫了很久,是进还是退?全在他一念之间。犹豫了很久,终于,贪念战胜了理智。小刘当即取出了 5000 元。看到手中实实在在的人民币,他再也没有抑制住自己的贪念,全部攫为己有的想法一发而不可收拾。于是他前后分五次将卡里的 100533 元取出。

几天以后的一个早晨,当他打开房门准备上班时,几名民警冲过来,给他戴上了雪亮的手铐。最终,以涉嫌信用卡诈骗罪,小刘被判处有期徒刑三年。

荀子说,"人生而有欲。"每个人活在世上都有自己的欲望,也正是因为欲望,大家才会为之而奋斗。可是欲望面前也别为此而蒙蔽了双眼,不要利欲熏心,目光短浅,眼前小利可能会成为你的绊脚石。

要知道放弃是一种更深层次的进取,鱼和熊掌不可兼得,要得到熊掌,放下鱼又如何呢?有的人喜欢急功近利,只是眼前的一点小利,一点小小的好处就不择手段,但是心急吃不了热豆腐,只有放长线才能钓到大鱼。丢卒保车,有失才会有得。

将计就计,化不利为有利

在我们日常办事的过程中,顺势法是一种很重要的方法,它的外在表现也是各种各样的,其中借力打力,将计就计就是我们常用的方法。

那么面对勾心斗角你该怎么办呢?这个时候我们可以适当地采用将计就计的方法来化解这些争端。让对方的计谋表面看上去可以顺理成章地继续下去,实际上,你却在暗中扭转了形势,当他发现的时候已经追悔莫及,而此时的你,就不会被对方所嫉恨。这是他自己淘来的屈辱,就是想赖在你身上都不可以。最终只落得哑巴吃黄连有苦说不出了。

职场的竞争难免会碰到阴谋算计,就要斗智斗勇。有人为难你的时候,你一定要忍住心中的怒火,因为别人的目的就在于勾起你的怒火,让你在怒火中丧失理智。失去方寸,在竞争中失败。当你被别人排挤的时候,不理智的反抗是无意义的,一味的忍让只能让别人觉得你好欺负,可是站起来反抗的结果可能会更糟,会更容易让人排挤。

《红楼梦》中的刘姥姥,可谓是最能哄人的人了,也可以说刘姥姥是最会公关的一个老太太了,她一进荣国府就能打通关节,和名门望族攀上关系。第二次进荣国府,能和贾母等人一起畅游大观园,吃喝玩乐,醉卧怡红院,等等的事情都说明了刘姥姥是一个聪明的人,大观园里的人享尽了荣华富贵,偶然的机会碰到这么个老太太,可以找点笑料解解闷,刘姥姥,更是将计就计,反正我就是一个乡下来的老太太,和你们这些太太小姐自然是不一样的,我既然比不上你们,那我就不比,你们拿我开玩笑,我倒不如放下身段就当你们的笑料,在饭局上刘姥姥说道:"老刘!老刘!食量大如牛,吃个老母猪不抬头。"刘姥姥将计就计地当了大家的笑料,逗得大家合不拢嘴。这样一来,贾母对刘姥姥的态度就更是好了,刘姥姥还能抓住人心,王熙凤和贾宝玉是贾母最疼的人,刘姥姥又说了故事,把宝玉给逗开心了,贾母看到宝贝孙子开心了,自然也就开心了。刘姥姥离开贾府的时候,可谓是满载而归。刘姥姥将计就计的秘诀就是自嘲,把自己当成笑料,让大家都轻松不少。然后自圆其说,讨人欢心。

婷婷是某建材公司的负责人,年轻能干。公司业绩一直都很不错,随着社会的不断发展,生产地板的厂家也越来越多,这一行业的竞争也越来越激烈。

婷婷做的木地板价格不便宜,所以婷婷店里对客人的服务很周到,单凭这一点,就吸引了不少大客户,即便是买地板也要图享受。可是有一次,地板才铺到一半,客户就打来电话说,地板的色差很严重。地板的色差本来就是一件很平常的事情,可是客户有点小题大做,说什么也不愿意,还要求工人把地板拆了重新换,婷婷发愁了,这个地板本来就很贵,一旦涂上胶了,就不好再出售了。婷婷并没有慌张,她告诉客户不如先把地板铺完,看看效果再说,客人还是不同意,婷婷说,这样吧我会亲自带着新地板重新装好,客人这才同意。婷婷送走客人后就开始铺剩下来的地板。这一次没有打胶,只是铺着看一看效果。可是客人看过了以后还是不满意,坚决要换掉,于是婷婷又带人重铺了地板,可是色差的现象还是存在,她笑着说:你看,天然的木地板就是这样,您仔细看一下,其实这效果还是很好的。婷婷身为公司的负责人,再加上一番折腾,客人终于无话可说,不再提地板色差的事情了。

如果婷婷一开始就和客户争辩,不但解决不了问题,反倒会弄坏了店里的名声影响生意。有时候客户是不能用道理来说服的,尤其是那些本来就不讲道理的客户。所以你不得不将计就计,先顺从了他的想法,然后再想对策说服他。

其实将计就计就是换一个角度来思考问题,把原本不利于我们的优势,转化成为对于我们有利的优势。换个思路来想问题,先顺着他的思路来,在事态的发展中慢慢的扭转局势,相信你会赢得很精彩。

手段 3 布线

眼光放长远,把好处让给 对你很重要的人

对于要西瓜还是要芝麻的选择,相信谁都愿意要西瓜,可是又有多少人会为了眼前的芝麻而丢了西瓜?要想多打鱼,就要织大网,渔夫打鱼,总会网开一面,为的就是以后也有鱼可打,不至于赶尽杀绝,断了自己的后路。做人也要有长远的眼光,不能只看到眼前的小利,一叶障目不见泰山,要看到长远的利益,如此你才能保证你的将来也有路可以走。

要西瓜还是要芝麻

人世间的事情,有了付出才会有回报,以小换大,一本万利才是成功的,更是经典的。可话虽如此,又有几个人能做到,非绝大智慧者不可!要知道付出的越多,得到的才可能会更多。

你想要成为一个成功者,就一定要学会互惠的心理。你想要得到别人帮助的时候,之前你不妨先帮助别人,在你需要帮助的时候他才不好意思对你表示拒绝。当今社会,利益当先,我们要为自己争取更大的利益就必须学会舍掉一些东西。

不管你是在生意场上，还是在交朋友，都要有长远的眼光，急功近利的做法万万不可取。人气旺了，做什么事都会好办多了。

助人为乐本是件好事情，在别人困难的时候帮别人一把，你的恩情别人会记得的，就是这样的心理才会为你日后的发展带来无限的利益。

想要得到西瓜，就要先舍弃芝麻，不要为了芝麻而丢掉了西瓜。要知道舍弃芝麻是为了得到日后的西瓜而做出的付出。

董事长的交际高人一筹，他长期承包那些大电器公司的工程，对这些公司的重要人物常常给他们一些小的利益，这位董事长的交际方式的不同之处是：不仅奉承公司要人，对年轻的职员也殷勤款待。

谁都知道，这位董事长并非是愚蠢。事前，他总是想方设法将电器公司内各员工的学历、人际关系、工作能力和业绩作一次全面的调查和了解，认为这个人大有可为，以后会成为该公司的要员时，不管他有多年轻，都尽心款待。这位董事这样做的目的，是为日后获得更多的利益作准备。他明白，10 个欠他人情债的人当中有 9 个会给他带来意想不到的收益。他现在做了亏本生意，日后会利滚利地收回。

所以，当自己所看中的某位年轻职员晋升时，他会立即跑去庆祝，赠送礼物。年轻的领导，自然倍加感动，无形之中产生了感恩图报的意识。董事长却说："我们企业公司有今日，完全是靠贵公司的抬举，因此，我向你这位优秀的职员表示谢意，也是应该的。"

这样，当有朝一日这些职员晋升为要职时，还记着这位董事长的恩惠。因此在生意竞争十分激烈的时期，许多承包商倒闭的倒闭了，破产的破产了，而这位董事长的公司却仍旧生意兴隆，其原因是由于他平常关系投资多的结果。

可见，平时施以别人的小利，日后会成为自己很大的回报，人都有趋利的心理，不要怕他不会接受，就是拉拢人心也需要一定的技巧，巧妙的手法会做好一件事情，有时候，放弃你的芝麻，才有可能得到可口的西瓜。

主动掌握情感债权

现代社会是一个经济为上的社会,但是作为一个人,我们还是一个有感情的动物。人与人之间只要相处,时间长了就会有感情。人与人之间产生不了信任感,也就谈不上合作互助。

只有长期的相处,人与人之间才能产生一种信任感,一种默契度。

事实上越是感情好的人,越是要不断地对其进行感情投资。人与人之间都有一种感情上的依赖,就像一颗种子,要想长成参天大树就要不断用感情来悉心地照料浇灌。感情投资应该是经常性的,善待你的每一个伙伴,掌握住感情的债权。要把每一个小的细节都落在实处。

蒋介石有一个小本子,里面记载着国民党师以上官长的字号、籍贯、亲缘及一般人不大注意的细节。凡是少将以上的官长,他都要请到家里吃饭,每次都是四菜一汤,简朴之极,作陪的往往只有蒋经国。采用这种不请别人陪客的家宴方式显得更加亲热。同时,简单的饭菜给他的部下留下清廉的印象。

蒋介石请部属吃饭后,总要合一张影。他与孙中山有一张合影相片,孙中山先生坐着,他站在孙先生背后,他与部属合影也摆这个模式,其中的用意不讲自明。他常对部属说:

"叫我校长吧!你们都是我的学生。"

如果不是黄埔生,他也很慷慨:"哦,予以下期登记吧!"这样就提高了部属的身价,起到了收买拉拢的作用。

蒋介石给部属写信,除了一律称兄道弟外,还用字号,以示亲上加亲,可以说他很懂人情世故。

蒋介石不仅熟记部属的字号、生辰、籍贯,而且对其父母的生日也用心记得很准。有时,他与某将领谈话时,往往是在他提起某将领父母的生日时,使该将

领受宠若惊,十分激动,深为委员长的关切所震撼。

当杜聿明在徐州为蒋介石打仗卖命时,蒋介石从小本子上查到杜母的生日,他立即命令刘峙在徐州举行为杜母祝寿的仪式,同时又令蒋经国亲赴上海,为杜母送去 10 万元金圆的寿礼,并且在上每举行隆重的祝寿仪式。这个消息传到徐州,杜聿明十分吃惊,这不仅是因为蒋总统记得其母的生日并亲自派人祝寿,而且因为陈诚去台湾疗养,蒋介石才批 5 万元。

杜聿明自然死心塌地成了蒋的心腹。

人非草木,孰能无情?没有谁能逃脱一个情字,想要获得更多,就必须付出更多。现在社会的生活,人与人之间的感情较以前来说冷淡了许多,人与人的交往也少了很多,邻居与邻居之间互相都不认识,更别说是有感情,互相帮助了。可是人情生意却从来没有断过,要想办事顺利就必须提前为自己储备人情。

周平应聘进了一家合资饭店。周平的妻子分娩那天,他向朱老板请假半天,老板得知其请假的缘由后,再三表示,不必担心目前工作多人手少的问题,可以多放几天假,回家陪陪妻子和儿子。有一次,周平的妻子和儿子均生病住院,过度的劳累致使周平在一次工作时间内睡着了。朱老板为此十分生气,叫其卷铺盖回家。而当他得知周平睡觉的原因后,则自责不已:"我脾气不好,请您原谅我。"并让周平立刻放下所有的工作回家料理家务,照顾妻儿。三天后,周平来饭店工作时,朱老板送给他一辆漂亮的童车,惟恐不接受,还撒谎说:"这车是朋友送给我的,现转送给您,节假日里,希望您偕妻子一道,用这辆车带孩子出去玩玩,并请接受我这个老头子对您全家的良好祝愿。"周平闻之早已泪水盈眶。自此,他与朱老板的关系越处越好,工作中则更是"死心塌地"地干。

感情债就是这样的,作为一个领导者,对你的下属好一点,他们自然会记得你的好,死心塌地地为你效劳。

得道多助,失道寡助,这是自古以来就有的教训,是啊,得道者多助,所谓的得道者不正是很好地利用了人们的感情债吗?所以,在别人需要帮助的时候,尽一点绵薄之力,他日,必会收获别人对你的回报。

增强自己被利用的价值

我们所处的社会本就是一个互惠互利的社会，人们和你交往都是在看你的利用价值，一个人要是没有了利用价值，又是一件多么可怕的事情。人脉的最高境界就是互利。达到双赢，商场中职场中就是这样，与人相处，就是要达到双赢的效果。不怕被人利用，就怕你没有利用价值。

古诗云："天生我材必有用。"人生下来就是有自己的价值，要不断提高自身的价值，才能有立足之地，才能交往到形形色色的人。如果你只是腹中空空的草包，那么有谁还愿意与你这样一事无成的人做朋友呢？

人与人交往无论是什么关系，如果它是以利益为前提，就会对双方都有益处。所以一个聪明的人就不应该怕被别人利用，而是应该很乐意被别人利用，被利用就更充分地证明你是一个有用的人，有价值的人。

小美是一个小城的年轻女演员，人长得漂亮，演技也很好，在表演上很有天赋，刚刚在电视上崭露头角。为了增加自己的知名度，她需要一家公司为她在各种报刊上刊登宣传文章，但是她没有钱，也没有机会。

后来，经朋友介绍，她认识了陈经理。陈经理曾经在一家大的公关公司工作过许多年，不仅熟知业务，而且也有很好的人脉。几个月前，他自己开办了一家公关公司，并希望能够打入娱乐领域。但是到当时为止，一些比较出名的演员、歌手、夜总会的表演者都不愿与他合作。小美与陈经理相识后一拍即合，立即联手。小美成了陈经理新公司的形象代言人，而陈经理则为小美提供抛头露面所需要的经费。这样，小美不仅不必为自己的知名度花钱，而且随着名声的扩大，也使自己在业务活动中处于更有利的地位。而陈经理也借助小美的名气变得出名了，很快就有一些有名望的人找上门来。二人各取所需，合作达到了最高境界，他们的合作关系也因此变得更加牢固。

一个人要想成功,很多时候不是靠你一个人就可以完成的,你的能力再强,也还是会需要别人的帮助。成功需要去依赖别人。很多时候聪明的人很乐意被别人所利用,因为当别人利用你的时候,你的目的也可以达到。

我们不要去抱怨别人有多么势力,现在这个社会本来就很现实,处在一个现实的社会里,要想不被淘汰就要增加你自身的利用价值。没有一个老板会雇用一个没有价值的员工。只有增强了你自身的价值才能被人很好地利用。我们更不能去追求没有功利色彩的友情,这样只会让你越来越平庸。

严凯是个性格开朗的小伙子,很喜欢交友。大学毕业后找了一份机关单位的工作,还处于试用期。在工作中,他很佩服那些有能力的同事,而且也希望自己能融入对方的圈子,但是当自己靠近他们的时候,有些人对他似乎并不太热情,有的甚至对他不理不睬。

开始,他感到困惑。同事之间不是应该相互帮助吗?有一次,偶然间他听到有同事在背后议论他。"严凯对我那么好,估计是想从我这里学到一些东西,关键是他什么都不会啊。对我没任何帮助!""就是!"另一个同事随声附和道。

严凯听到这些对话后,非常生气。他气愤那些同事们都是些势利小人。同时他也明白了,同事并不欠你的,没有理由帮助你,有些人之所以对自己不感兴趣,是因为自己还不具备让人感兴趣的能力与条件。

于是,严凯在工作中非常努力,还利用假期参加职业进修班提高自己的职业技能。在工作中,他不断创造业绩,很快他受到了领导的器重。以前对他不感兴趣的同事们,也渐渐地开始对他表示好感,开始乐于和他交往。理所当然,试用期结束,他被留了下来。

正是因为功利色彩,才使得我们自己有了很大的提升。我们自身的价值才得以显现。所以我们不能怨恨这些利用我们的人,反倒要感谢这些让我们成长进步的人。社会的竞争日益激烈你只有发挥自己的长处,让别人充分利用自己,才能不断成长,不断升值。

不必锦上添花,但要雪中送炭

春天里给人一朵花,即使再鲜艳,也仅仅是一朵花。冬天里送人一片绿叶,即使再普通,却给了人整个春天。

与人成为莫逆之交的最好时机就是雪中送炭,在别人困难的时候,送去一丝关怀,在别人冷的时候送一丝温暖,在别人饿的时候送一碗饭,在别人口渴的时候,送一碗清水。你帮他解了燃眉之急,这要比他什么都不缺的时候你送他的东西将要好上千倍万倍。

雪中送炭,锦上添花,两者都有人情可以得,可是两者的本质、价值却有天壤之别。雪中送炭可以把你拖出困境,给快要饿死的人一碗粥救命。锦上添花的事情大家都会做,也都愿意做。但愿意雪中送炭的人是少之又少。

人都是自私的,利欲熏心。做很多事情都是从利益的角度出发,只是单纯地为了自己。一个成功的人,你此时去接近他,或多或少都是为了得到他的好处,众人自然是趋之若鹜,有谁又会去帮助那些需要帮助的人呢?答案是有的,有着长远目光的人,会去帮助那些需要帮助的人。人生在世,没有谁是一帆风顺的,谁都有需要帮助的时候,当你也遇到了紧急的状况时,你也会需要有人来雪中送炭,而不是在你成功的时候门庭若市,在你低迷的时候门可罗雀。所以在别人需要帮助的时候,你送去帮助,在你需要帮助的时候才有可能会有人来帮助你脱离困境。

艾伦和汤姆本是好朋友。他们在同一个杂技团工作,他们一直都是互相帮助、互相扶持的。可最近一段时间,他们的关系却闹得很僵。原因是他们同时喜欢上了一个女孩子,团里的人都认为他们永远不会再和好了。

一次演出轮到艾伦出场,这是最精彩的时刻,因为他将在没有任何保护的情况下高空走钢丝。这是难度非常大的。台下的观众对他报以最热烈的掌声,同时也引来了汤姆的嫉妒。

艾伦开始走向钢丝,钢丝微微颤动,但他却站得稳稳的。一步,两步……一切动作都如行云流水。

汤姆非常紧张,风头又让艾伦出了,最重要的是他心爱的女孩也在下面观看。汤姆不时地看一下简,简和其他人一样非常兴奋,甚至更兴奋。这一切都抽动着汤姆的心。

突然,艾伦停止了走动。刚才还异常兴奋的观众立即平静下来,以为他将有更精彩的表现。

但汤姆觉得极不正常,艾伦可能遇到了麻烦。汤姆心头闪过一丝得意,当他看到简天真可爱的面孔时,忽然觉得自己该做点什么了。汤姆认为现在最重要的是不能让他分心,他阻止了艾伦的助手想去帮艾伦的举动。此刻不能向他问话,否则后果不堪设想:他小心翼翼地走到离艾伦最近的地方,说:"往右转一点,集中精力,坚持!"艾伦听到了那是汤姆的声音。时间一秒一秒地过去,很快他又向钢丝另一头走了一步,然后又恢复了正常。

艾伦表演结束了,热情的观众欢迎着他回到了地面,发现他眼角有泪痕,他冲开人们的包围,也没有去拥抱简,他四处寻找,看见了同样也是热泪盈眶的汤姆,抱住了他,说道:"汤姆,太感谢你了。"汤姆紧紧地拉住了他的手:"兄弟,没事了。"演员和观众全都围了过来,祝贺他们重归于好,当然最高兴的肯定是他们喜欢的女孩子了。

赠人玫瑰手有余香,雪中送炭不单单是物质,可以是一句话可以是一个暗示,可以是无声的关怀。精神的关注,其实更加重要。可是当别人需要我们帮助的时候,我们却无视眼前的一切,当别人成功的时候你又会追悔莫及。一份绵薄之力对于你来说可能是举手之劳,但是对于需要帮助的人那可是意义重大。力所能及的事情他可能会感动我们一辈子。

与其做一些锦上添花的事情不被人注意,倒不如去帮助真正需要帮助的人。投资人情,要做到恰到好处,关键时刻雪中送炭要比锦上添花效果要好得多。你的投资才会变得更有价值。

下足功夫，用忠诚换取信任

忠诚原则在现代社会中已经成为一条最基本的原则，人越来越聪明，不能把这些原则抛之脑后。许多领导选择员工的时候首选的标准就是忠诚。一个对上司不忠诚的人，是一个不值得信任的人，如果领导对你没有了信赖感，怎么会把重要的任务交给你？唯有你的忠诚才能换取领导对你的信任，才会给你更好的发展平台。

忠诚是一种最简单的处世智慧，不管在你的工作还是生活当中，忠诚的处世态度都是不可缺少的，有了忠诚才能赢取更多的信任。

说一句谎言，你将需要用很多条谎言来维护它，顾此失彼，结果只能是谎言被揭穿。你的诚信，你的忠诚都将会失去，别人对你的信赖也就化成泡影。当你做了违背良心违背忠诚的事情后即使别人不知道，你也会心怀不安。

在你的身边不管别人怎么做，你做好自己就可以了，不要管别人的虚伪和面具，在领导面前做好你自己就可以了，领导会看到你的忠诚。作为一个领导，单纯地强调能力而忽视忠诚，结果是很危险的，他可能会背叛你，背叛你的公司团队，更有可能泄露你的商业秘密。忠诚远远胜于能力。但是这并不是对于能力的否定，只有忠诚而没有能力的人是一个无用的人，所以忠诚固然重要，能力也不可以少，二者缺一不可。

古时候，有一家金店在当地也是很有威望，金店的老师傅手艺很好，也颇受老板的称赞，有一次，对手家雇人拿了一块假的金子，说是这家金店铸成的，大家仔细的验证了，这块金饰确实是店里铸成的，一块金子是假的，大家怀疑其他的金子会不会也有问题呢？一传十十传百，金店的信誉没有了，客人也越来越少。在金店最困难的时候店里的伙计一个个都走了，只有金店师傅一直在这里一直暗地里调查假金子的事情，终于，事情水落石出，是对手眼红金店的生意好暗地里使了坏。老师傅的忠诚挽回了金店的名誉,也救活了即将关门的金店。老板十分感动,叫老师傅做了掌柜,店里的事情都交给老师傅处理。

忠诚要用业绩来证明,而不是嘴上说说就算了。忠诚不单单是一种品德,更是一种能力。作为一种能力,它是其他各种能力的核心。如果失去了忠诚,那其他能力就等于零。相信没有一个组织愿意使用一个缺乏忠诚的人。忠诚是一种义务,忠诚应该不求回报,不要把回报作为你忠诚的交换品,那么这样的忠诚也是要不得的。

在当今社会,忠诚已经变得越来越少了,许多公司花了大量的财力物力对员工进行培训,然而他们在拥有一定的经验以后就会选择一走了之。有的甚至会在离开以后出卖公司,泄露秘密。这样缺少忠诚度,对于任何企业都是一种不安全的隐患,损害到公司的利益。

在一个企业里,我们每个员工都要有与公司企业荣辱与共的精神,员工对公司的忠诚可以增强老板对员工的信任度,增强集体的竞争力,也可以共同赢得更高的利益。也许忠诚的员工能力并不强,但是他兢兢业业,踏踏实实,叫你用着也放心。

有家公司因一家对手公司业务的红火而心生妒忌,但想不出制伏对手的良策。终于,他们想方设法寻找关系,接近对手公司的一名仓库主管,让其暗中出卖商业机密。这个主管在利益的驱使下,利令智昏,把自己公司的库存数量、货品结构、价格策略一一泄露。几经交手,商界风向大变,原先生意红火的公司,节节败退,最后元气大伤而倒闭。另一家濒临倒闭的公司,却起死回生,反败为胜。一个不忠诚的蛀虫,股掌之间就将一个公司搞垮了。而反败为胜的这家公司也再没有向这位主管伸出邀请之手。

贪欲,是人失去忠诚的罪魁祸首,人们失去忠诚往往就是为了贪图一些小利开始的。不要让这些小利害得你失去别人的信任。一个有职业道德的人,绝不会失去自己的忠诚,让别人对自己失去信赖。都说商场如战场,你有一队忠诚的员工何愁你的公司发展得不好呢?

手段4 控局

探测对手的动向,守牢自己的底牌

大社会就是一个没有硝烟的战场,计谋也更是无处不在,要想在社会中站住脚,并且能很好地生存下去,一定要会做人做事。这其中最重要的一点就是要学会看清方向,做事情要小心谨慎,收敛自己的锋芒,不该露头的时候千万不要莽撞出头,以静制动,后发制人,这样你取得胜利几率就可能大大增加。

你可以不聪明,但不可以不小心

但丁说过:"走自己的,让别人说去吧。"很多人都喜欢这句名言,它可以彰显你的个性,生活中你或者可以这么想,但是在工作中,这样的想法,你最好不要有。我们生活在社会大家庭中,不是你想做什么就可以做什么呢,法律法规的出现就是为了规范人们的不好的行为。开车的时候有交通规则,红灯停,绿灯行,如果人人都由着自己的性子,那社会岂不是乱了套?

人活在社会中,可以不聪明,但是不得不处处留心处处小心。祸从口出,很多人都吃过这个亏,说话不注意,很容易得罪人。而且就是得罪了,你还不一定弄得清楚到底是怎么回事。一个大大咧咧的人,生活习惯不太注意,你见重要的人，或者出席重要的场合时，就可能把这些不好的习惯带到现场，即使你认为是无心之失，可是在别人眼中，可能就会放大数十倍，给别人带来不好的印象。所以好的生活习惯很重要，要想关键时刻不掉链子，平时就要加倍注意。养成处处小心时时小心的好习惯。

很多事情都是因为你一时的不小心而造成的，其结果会使你追悔莫及。一时的疏忽付出的代价可能是极其惨重的。

两百多年前，法国国王路易十六的王后玛丽到巴黎剧院看戏，全场起立鼓掌。放荡不羁的法国公爵奥古斯丁为了引起王后的注意，面向王后吹了两声很响的口哨。当时吹口哨被视为严重的调戏行为，国王大怒，把奥古斯丁投入监狱。而奥古斯丁入狱后似乎就被遗忘了，既不审讯，也不判刑，就日复一日地关押着。后因时局变化，曾有过两次出狱的机会，但阴差阳错，终究还是无人问津。直到 1836 年，老态龙钟的奥古斯丁才被释放，当时已经 72 岁。两声口哨换来50 年的牢狱之灾，实在是天大的代价。

一时的放肆，却换来一生的牢狱之灾，所以我们做事情一定要三思而后行，想想清楚其中的利弊然后再行动。说话前一定要考虑好了再说，什么话该说什么话不该说，这都是很重要的。不要为一时冲动惹出来的事情负罪一生。

经过激烈的选拔，陈燕和朱丹应聘到大家都很眼红的行政部门，陈燕自我感觉非常好，自己学历高，人缘好，口才和发挥能力都很不错，综合能力也是数一数二。再看陈燕一起进来的朱丹，不善言谈，其余能力都很普通。

陈燕的工作做得十分出色。领导也十分器重她。陈燕有时也会对领导的决策提出自己的看法，陈燕还特别喜欢对外联络工作和企业大型文体活动的组织工作，与其他部门混得很熟，可以说是在方方面面都很抢眼。朱丹的表现就比陈燕逊色多了，做事很低调，平时不声不响地就把事情做完了，安静得似乎感受不到她的存在。

一次，行政总监召集行政部门开会。会议过程中，当他问到企业年终大会活动的策划要点时，还没等主管发言，陈燕就忍不住把自己的想法和盘托出，

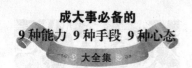
并说,这些想法已经和人事部门的负责人做了交流……

还有一次,陈燕了解到某部门对行政管理条例发布后的反馈信息时,主管不在,陈燕就径直把意见告诉给行政总监,然后由行政总监传达给主管。主管接到总监信息后,很恼火,责怪自己的助理没有及时将信息传达给他,陈燕坐在一边不敢说话。

三个月后,当领导最终宣布人事任命的时候,一直默默无闻的朱丹留下了,离开的却是一直很得意的陈燕。陈燕一直都没有弄明白自己怎么就被炒了呢?

良好的习惯在我们的生活中十分重要,看似很普通的人,其实他却处处小心,不要觉得自己很聪明,聪明常会被聪明所耽误。谨慎言行在我们的生活中非常重要,如果凡事都由着我们的性子来,那么你被炒是很正常的事情。做事不小心,大家都会容不下你,从小事开始,从小细节开始,培养出可以受用一生的严谨的品性。一滴水可以折射太阳的光辉,小处端正的人往往最能取得人们的信任。

声东击西,观察对方的反应

当我们不了解对方的时候,我们不要擅自妄下定论,要想知道对方在想什么,是怎么想的,这时候我们不妨先制造一些事情,来观察对方的动向。从古到今,声东击西的方法屡试不爽,而声东击西的方法,常常用于隐蔽之处。常常发生于巨大利益面前。一些人为了谋一己私利而使用,然后这些人在想办法和这件事情远远的撇清关系,以免背上不好的名声。

其实计谋是好计谋,可是用于不好的地方就会让人觉得有些可耻了。所以即使用这计谋,我们也不要违背自己的良心。可是在我们不了解别人的时候,不妨可以用用这条计谋,来达到自己想要达到的目的。

《班超列传》载:班超受命出使西域,仅带吏卒36人,他首先到了鄯善国,正好这时匈奴使者也带一百五六十人来到此地。一开始鄯善国王对班超的态度很不错,可是匈奴一来,国王的态度立刻就有了转变。班超当机立断,率兵乘夜用火攻匈奴使者营地,将匈奴使团全部消灭。鄯善国国王就与匈奴断交,归附了东汉。班超继续往西走,将于阗、疏勒、康居、拘弥等国相继收复归顺。后来,班超就和西域各国联合攻打与匈奴关系最密切的莎车国,开通了通往西域的南道。可是莎车国虽然战败,却不肯归降,于是又集结兵力,杀气腾腾地来了。班超听到这个消息以后,便召集所属将校商议:"敌军有五万杀来,而我们只有两万五千人,敌众我寡,只有智取不可强攻!"于是,班超在军中扬言:"这次是班超失策,敌人太多了,如不退就会全军覆没!"并有意放松看管所俘的莎车国士兵。黄昏时班超的各部人马纷纷撤退。莎车国俘虏回去报信后,龟兹国王果然中计,亲自带兵前往追击。当班超得知龟兹国王已经向西拦截时,以迅雷不及掩耳之势,将莎车国营地围得水泄不通。莎车国王还以为是自家的士兵战胜回来,却发现是班超的军队,于是只好投降。龟兹国见已上当,无法挽回,只好收兵回国。班超大获全胜。小小的一个计策,使不愿归降的莎车国归降,仅仅的几句话,对方就变得如此得意,从而失去了自己的主权。

"敌志乱萃,不虞。坤下兑上之象,利其不自主而取之。"运用声东击西的计谋,关键是在于,制造一些状况,让对方产生混乱,从而借着混乱,被我方牵制,我方才能有机可乘达到最终的目标。

在职场中,声东击西的计策也是屡见不鲜。老板发了封邮件,通知全公司,要亲自进行卫生大检查。大家一听,又可以放松了,于是都很高兴地拿着工具开始打扫,很快,整个公司被打扫得干干净净。终于老板在各部经理的陪同下很严肃地检查各部门多负责的区域。员工们都等着接受老板表扬,却没有想到老板脸色越来越难看。快结束时,老板突然问道:"灭火器都哪儿去了?"各经理你看我,我看你没人说话。生产部主管低声地说道:"我觉得灭火器放在这里不好看,就叫人收起来,也不知是谁收的。"老板又问:"消防通道哪儿去了?行政部主管迟疑了一下说:咱们公司车辆太多,没地儿存放,就将消防通道作为临时停车位了。"于是老板给全体员工开了一个现场会："：我本来是想检查消防情况的，但如果我提前通知，大家一定会有所准备，我就无法了解实际情况。看到没有？灭火器不知去向，消防通道停满了车，如果着火怎么办？因为我通知卫生检查，没有说消防检查，责任是不是应该在我？上次市里来检查，罚了多少钱你们知道吗？改正的措施提了没有？灭火器不要乱放，消防通道绝不能占用……消防应急预案制定了，演习我们也做了，大家心里都很清楚。可是就是没有人执行，非要等到检查的时候才应付一下差事！三天之内，一定要彻底整顿。以后不管做什么检查，我都不会通知，如果发现违反规定，不管是谁，是谁的责任谁走人。

表面工作我们谁都会做，可是有些事情平时不注意后悔起来就太晚了。所以声东击西，就可以帮助我们来完成我们想要知道的事情了。不告诉对方我们真实的想法，才能知道对方是怎么想的。

不仓促表态，看好了方向再说话

在社会上生存并不是一件容易的事情，我们更以该学会处世之道，说话前一定要看好事情发展的情况，做出正确的判断再表态。我们可以把社会当成是我们的课本，自己去实践，去体验，经过一番磨洗后，我们自然会成熟不少。社会中的每一个和我们相处的人都是我们的老师。孔子说过："三人行，必有吾师焉。"不管他的身份如何，地位高低，知识深浅，但他的专业经验总有可以让你去学习的。

刚走出校门的年轻人，总是会觉得自己很厉害，饱读诗书自信满满的样子，但是一进入社会办起事情来，就会处处碰壁，处处吃亏。其实，是我们过分信任书本的知识，以为到处可以通用，而忽略了社会的本质，把社会太理想化了，所以才会有种格格不入的感觉。所以，当我们进入社会的时候应该要学会重新认识社会,只要你虚心学习,处处留意,日积月累,积少成多,碰壁的事情自然就会减少很多,你的成功才来得更容易一些。

聪明的人步入社会的时候先学会沉默,沉默不是代表他没有想法,沉默的时候,其实是看清事情的始末,做出正确的判断,什么该做,什么不该做;什么该说,什么不该说这些都是很重要的。不是所有的事情都是别人可以教你的,有些事情还是要靠自己。在社会中一定要有一双慧眼,看好方向,看好风向,你才能扬起帆,继续前行。

在一个团队中,很多都有拉帮结派的事情,你和我好,他和他好,你看不惯他,他看不惯我。这个时候你作为一个新人一定要认清方向,既要做到两边都不得罪,还不能引火上身,独善其身固然很好,可是你要是没有看好方向说错了话,可能事情就没有这么简单了。初出茅庐的人,办事切勿急躁,应该多看多听少开口。对于同事还好,可是对于领导呢,两个领导之间面和心不和,你作为中间人,又该怎么办呢?这时候我们一定要沉着冷静下来,学会在领导的夹缝中生活,做到两边都不得罪,还要和两边都相处得好,不要做墙头草,哪边势力大就往哪边倒。这样的人最招人讨厌,反而会觉得你的德行有问题。招人烦,更有甚者你的工作会不保,前途渺茫。所以看清方向再说话做事情是很重要的。

新来的主管第一次主持会议,他很诚恳地对大家说希望以后大家可以多提意见,并且说:如果发现他自身的缺点也可以直言不讳。现场鸦雀无声,没有一个人说话。第二次会议,主管又一次重复那些话,才到职两个月的小张终于站起来提了一些工作上的建议。主管当场表示赞同,并且表扬了小张告诉大家以后要像小张学习。小张脸上洋溢着得意的笑容。他的动作有了示范的作用,于是又有好几位同事相继发言。

在以后的日子里,每次小张遇到会议,都不会放过提出建议的机会,除了工作上的建议之外,也针对主管个人的言行提出一些很中肯的建议。

大家都认为,小张在不久以后一定会升官,谁知小张却被调到底下部门任一个闲差,从此,再也没有机会在开会时向领导提建议了。

领导刚到任，难免会降低姿态，用以服众，塑造自己友善谦虚的形象，免得手下对他产生排斥。另外，也可以趁此机会，对手下人的性格和相互关系摸摸底。可是这是不是表面现象，不是一天两天就能看出来的，小张急性子，为了真的提出建议，没看准方向就上了领导的道了。结果倒霉的只是他自己。

不是每个领导之间都能和谐相处的，领导之间多多少少都存在着一些问题，在面对这样的问题时，你该怎样做呢？领导之间的矛盾就像是一道夹缝，深了浅了都不好，聪明人在这样的夹缝中也能活得很潇洒，不但不会得罪领导，还能把两边的领导都哄得很开心。学会做夹缝中的小草，稳住自己的阵脚，就要看清方向再说话。

熟悉带来轻视，有意与人保持一定的距离

古人常说，"君子之交淡如水。"好朋友天天腻在一起也会出现多多少少的问题。距离产生美，为了避免过分亲密带来的危机，最好保持一定的距离。每个人都有自己的私人空间，也不希望有人如影随形地待在你的身边，所以人与人相处一定要保持适当的距离。保持一种若即若离的状态。这样就可以避免很多不必要的麻烦，导致你们之间的关系破灭生恨。

交朋友是一件好事，可是你的过分关心，可能会导致别人的反感，对朋友的私事过问得太多，度没把握好，好事可能也会变成坏事，造成两个人之间的矛盾，使朋友变成敌人。这样的悲剧我们谁都不希望发生。

和朋友开玩笑的时候一定要注意分寸，更不要在他人面前对他的短处痛处取笑，不要因为你们的关系好而轻视了这些问题，让朋友觉得你看不起他。

人们常常会忽略一个"度"的问题，常常越过了那个度，跨过了与人相处的那一条线。越是亲密的关系就越是不要去问别人的隐私，别人内心的秘密，你去问这些问题，更容易遭到对方的排斥，无形中给对方造成了心理压力。

保持点距离,彼此的亲密感反倒会增加,与朋友几天不见,再次见面的时候可能会有很多心里话要说,两个人的感情反倒可以得到升华。每个人都有自己的小天地,这个小天地都不希望有别的人闯入,人与人的交往需要一点点的神秘,需要给彼此留下一个自由的空间。朋友之间的随便,就很容易踏入这小小的禁区,从而就会产生隔阂。

李珊和王梦洁是很好的朋友,两人同在一个公司工作,由于公司纪律非常严格,上班时交谈机会很少,但她们总能找到空闲时间聊上几句。

下班回到家,李珊的第一个任务就是给王梦洁打电话,一聊起来能达到饭不吃、觉不睡的地步,两家的父母都表示反对。星期天,李珊总有理由把王梦洁叫出来,陪她去买菜、购物、逛公园……王梦洁每次也能勉强同意。李珊可不在乎这些,每次都兴高采烈,不玩一整天是绝不回家。

王梦洁是个很上进的姑娘,她想在事业上有所发展,就偷偷地利用业余时间学习电脑。某个星期天,王梦洁刚背起书包要出门,李珊打来电话要她陪自己去买衣服,王梦洁解释了大半天,李珊才同意王梦洁去上电脑班。可是王梦洁赶到培训班,已迟到了很长时间,王梦洁心里很不是滋味。

第二个星期天,李珊说要给王梦洁介绍一个男朋友,非逼着王梦洁一定去相看,王梦洁说:"不行,我得去学习。"李珊怕王梦洁偷偷溜走,一大早就赶到王梦洁家死缠活磨,王梦洁没上成电脑班,最终男朋友也没谈成。王梦洁郑重声明,以后星期天要学习,不再参加李珊的各种活动。

李珊一如既往,满不在乎,她认为好朋友就应该天天在一起。有时星期天照样来找王梦洁,王梦洁为此躲到亲戚家去住。这下李珊可不高兴了,她认为王梦洁是有意疏远她。李珊说:"我很伤心,她是我生活中最重要的人,可她一点也觉察不到……"

想与朋友在一起其实是件好事,有空的时候一起逛街,购物聊天都是很好的事情,可是当你觉得自己方便的时候,有没有想过别人方不方便呢?

很多时候人与人相处就是要操持一点距离,给大家都留出一点做自己事情的时间,你这个时间想做这个事情,可是你有没有想过你的朋友会不会想做这些事情呢?每个人的想法不同,生活习惯也不一样,我们不能忽略这一些小的细节,不能不去在乎别人的想法,想法的分歧可能就是产生矛盾的根源。

大家可能都有一个体会,越是亲密的人中间起了摩擦,关系越是不容易缓和。你可以很轻易地原谅一个陌生人,却不容易原谅你的身边亲密的人,很多朋友都是因为一点小事反目成仇。大家都想,越是交往的密切就越是容易相处,可是恰恰相反,保持距离可能效果会更好。

守住自己的秘密,不过早暴露实力

人都有好奇心,越是隐秘的东西,就越是想弄清个究竟,人们窥探秘密的欲望可是很大的。每个人都有自己的秘密,一边不想让别人知道自己的秘密,一边又想知道别人的秘密是什么,对于未知的事情谁都有好奇心。摸清别人的底细,也是人们相处时最想知道的事情。越是隐藏的神秘的东西人们就越是想挖掘出来。

真正有实力的人,往往会真人不露相,藏起自己的实力,或者是留一手让人捉摸不透,可能他并没有这样的实力,但是他所隐藏起来的实力,才是我们真正害怕的东西。可是如果你是一个新人,你的同事、你的领导对你都不了解,这时候,你可以隐藏自己,不把自己几斤几两都暴露出来,即使你没有能力,你可以隐蔽起来去充实自己,到了该拿出来用的时候,你就有存货了,可是你要是将自己一无所知表现出来,别人一眼就可以看得出来你就是一张白纸,没有一点价值,即使你有提高,别人也会觉得你不起眼。

所以不管你是怎样,一定不能过早地暴露你的实力,尤其是在比赛场上,所有的参赛者都会保存实力,不去暴露自己的实力,让你的对手琢磨不清楚,可能这个人看起来很强壮,很厉害,其实他并没有什么本事,一个不起眼的人,看起来很弱小,可是大家还是不敢小瞧,能参赛必定不简单。

有时候我们真的应该学学南郭先生,滥竽充数,自己不行,也要装作很有本事,站在能人堆里,昂首挺胸,即使你没有什么能力,也不会让大家小看了。在滥竽充数的时候,给自己争取学习的时间。你就应该想办法,充实你自己,提升你自己,完善你自己,自己不足的地方就抓紧时间学会,就是轮到你的时候,现学现卖,也不至于被别人看扁,觉得你一事无成。

这是没有才能的人,有才能的人也不要过早的展现你的实力,到时候等到希望你大有作为的时候,你却江郎才尽,让人觉得白信任你一场了。人总是会抱着不满足的心理,这一次做得出色,下一次就要更出色,即使你已经力求完美了,可是对方却还觉得有瑕疵。所以保留实力对于每个人都很重要。

有位留美的计算机博士,回国后却一直没有找到工作。他有这样高的学历竟然找不到一个职位,连他自己都感到奇怪。无奈之中。朋友给他出了一个主意,让他收起自己所有的学位证书。以一种低姿态去求职。一段时间后,他终于在一家公司当上了程序输入员。没多久,老板发现这个程序员非同小可,竟能看出程序中的错误。这个时候他掏出了自己的学士证书,老板马上给他提升了一级。又过了一段时间,老板发现他时常能为公司提出许多独到的见解,这可不是一般大学生的水平。于是,博士又亮出了自己的硕士证书,老板又一次提升了他。博士在新的岗位上干得很出色,老板已对他的水平有了全面的认识并且很看好他。这时,他终于亮出了博士证书。这时的老板毫不犹豫地重用了他。

这个博士是很聪明的,如果一开始就让人觉得他多么的了不起,知道他就是一个博士,而对他寄予了种种厚望,可他随后的表现让人一次又一次地失望,结果是被人越来越看不起。这种反差我们应该引起注意。人家对你的期望值越高,你达不到目标时候也就对你的失望越大;相反,如果一开始别人没有对你抱有厚望,你的成绩总会容易被发现,甚至让人吃惊。在开始的时候不出风头,看似丧失了一些利益,其实都是为了今后的发展做打算。

章回小说中的每章结尾:"欲知后事如何,请看下回分解。"电视连续剧每集的结尾都会落在最引人注意的节骨眼上,将悬念留给观众,调动起观众的好奇心。保留着一点神秘感大家才会有兴趣去挖掘,你总是打开天窗,时间久了大家就会对你失去兴趣的。所以显露才华一定要在关键的时刻,那样才能更容易地得到别人的认同,才能使自己的形象逐渐变得高大,一次一次地让别人刮目相看。

手段5 捧哏

人抬人一起升高，
人踩人免不了一起下沉

一个人的独角戏演起来是有些困难，与人一起演，有捧有逗，有红脸有白脸，才能演绎出精彩的段子。生活中也是一样，有人要演戏，就有人要负责搭台子，有人要负责送掌声，人生的戏，缺了谁都不可以，独角戏唱起来困难，那么我们为什么不联合起众人的力量，演一出精彩的戏呢？

有实力，也要讨人喜欢

聪明是一笔财富，关键的问题是看你怎么使用这笔财富。俗话说得好，水能载舟，亦能覆舟。聪明就像水一样，可以帮助你，同时也可以毁了你。人生的事，就像是硬币，总有两面，好的坏的，各不相同。聪明人会利用好的一面，他们不会傲慢自大，反而会谦虚谨慎，处处小心，找机会多向别人学习，向别人求教，来丰富自己完善自己。

聪明的才智，和超人的能力不应该是你拿来炫耀的工具，越是有才能就应该越谨慎，不要让别人讨厌你，高傲的处世态度，终将会使你的关注者离你而去。对你产生厌倦,爱出风头的人谁都不喜欢。所以做人要低调一点,不要刻意地去炫耀自己的聪明才智。

一个非常著名的心理学教授做过这样一个试验,他把四段情节类似的访谈录像分别放给他要测试的对象:

第一段录像上接受主持人访谈的是个优秀的成功人士,他在自己所从事的领域里取得了很辉煌的成就。在接受主持人采访时,他的态度非常自然,谈吐不俗,表现得非常有自信,没有一点害羞的表情,他的精彩表现,赢得台下观众的阵阵掌声。

第二段录像上接受主持人访谈的也是个优秀的成功人士,不过他在台上的表现略有些羞涩,在主持人向观众介绍他所取得的成就时,他表现得非常紧张,竟把桌上的咖啡杯碰倒了,咖啡还将主持人的裤子淋湿了。

第三段录像上接受主持人访谈的是个普通人,他不像上面两位成功人士那样有着不俗的成绩,整个采访过程中,他虽然不太紧张,但也没有什么吸引人的发言,一点也不出彩。

第四段录像上接受主持人访谈的和第三段录像中所放的一样,也是个很普通的人,在采访的过程中,他表现得非常紧张,和第二段录像中一样,他也把身边的咖啡杯弄倒了,淋湿了主持人的衣服。

教授向他的测试对象放完这四段录像,让他们从上面的这四个人中选出一位他们最喜欢的,选出一位他们最不喜欢的。

想知道测试的结果吗?最不受被测试者们喜欢的当然是第四段录像中的那位先生了,几乎所有的被测试者都选择了他,可奇怪的是,测试者们最喜欢的不是第一段录像中的那位成功人士,而是第二段录像中打翻了咖啡杯的那位,有95%的被测试者选择了他。

一个人想要成功,就要以一种低姿态出现在别人面前,态度要谦和,朴实。使对方感觉到自己的优越感,放松对你的警惕,不会花过多的精力在你身上。当情况明显有利于你的时候,他也不会对你产生厌恶的感觉,而是会用一种高姿态来对待你。好像是自己让着你似的,也不会和你一争高下。适当地伪装自己,才能为自己赢得宝贵的一票。

徐沁和严琴是大学同班同学,毕业后又应聘到同一公司同一部门工作。每当徐沁向领导请示汇报工作时,总是面面俱到,生怕让领导看出问题,挑出毛病。而严琴却有的时候出一些小错误,且经常会让上司发现,因此导致上司对其进行一番具体指导。同一项工作,徐沁总是想方设法自己去独立完成,而部门的其他人总是非常愿意帮助严琴,甚至上司也经常对严琴的工作予以指点。徐沁与严琴大学一起住了四年,对她非常了解。在徐沁的印象中,严琴是一个非常细心的人,而且具有很强的独立完成工作的能力,真没想到一参加工作反而不如以前了。但同事们非常喜欢和严琴交往,上司也似乎并不因为严琴的粗心大意而不满,而且有什么问题还特别愿意找严琴商量,而对待徐沁却总是不冷不热的。时间一长,严琴在部门的地位不知不觉地有了提升。而徐沁呢,虽然工作依旧十分努力,却总是无法得到上司的青睐,徐沁对此十分困惑,因此陷入了深深的苦恼之中。

当一个人表现得比对方聪明和优越时,其他的人就会感到自卑和压抑,相反我们能表现得谦虚一点,让对方感觉到自己的和气,对你的喜欢也就增添一分,对你的嫉妒就减少一分。对有志于成就一番事业的人来说,你要时刻提醒自己,不要自作聪明,也不要恃才而骄。

"场面人"必须说好"场面话"

到什么山唱什么歌,见什么人说什么话。谁都爱听好听的话,重要的是会拣别人喜欢听的话说。语言本来就是一门艺术,话不投机半句多。说好话很容易,可是说到点子上就不是一件容易做的事情了。恭维的话说不好,就变成了打脸的话。拍马屁没有拍好,反倒会碰一鼻子灰。可是说得好这些话,办起事来

可能会事半功倍。会说话的人招人喜欢，不会说话的人，人见人厌。

《红楼梦》中的王熙凤，就是极会说话的人，说起话来很有分寸，办事很有力度。书里书外都是评论最多的一个。

第三回，林黛玉丧父后进京城，小心翼翼初登荣国府时，王熙凤的几段话就展现了她"会说话"的超凡才能。人未到，却先听其笑，先闻其声："我来迟了，不曾迎接远客!"尚未出场，就给人以热情的感觉。随后王熙凤拉过黛玉的手，上下细细打量了一回，仍送至贾母身边坐下，笑着说："天下竟有这样标致的人物，我今儿算见了! 况且这通身的气派，竟不像老祖宗的外孙女儿，竟是个嫡亲的孙女儿，怨不得老祖宗天天口头心头一时不忘。只可怜我这妹妹这样命苦，怎么姑妈偏就去世了! "一席话，既让老祖宗悲中含喜，心里舒坦，又叫林妹妹情动于衷，感激涕零。而当贾母半嗔半怪说不该再让她伤心时，王熙凤话头一转，又说："正是呢!我一见了妹妹，一心都在她身上了，又是喜欢，又是伤心，竟忘了老祖宗。该打，该打! "在现代社会里，还是有很多这样会说话的人，他们身处不同的社会环境，从事不同的职业，在这方面都有不俗的表现。那么，我们如何也做一个灵活变通的女人，来博得众人的喜爱?几句话说得人心理暖暖的，听话的人自然也就高兴。话不单单说给林黛玉，更是说给贾母听的，贾府中说话最有权威的人，把她哄开心了，事事都好做。

还有一个例子。邢夫人要讨鸳鸯给老爷做妾，鸳鸯不依，贾母气得浑身乱颤，简直就把谁都怪了，不仅怪邢夫人，还怪王夫人，怪宝玉，统统地怪，连凤姐都怪了，那么空气很紧张。在这种情况下，谁都不敢出声，只有凤姐开口了，她说："我倒不派老太太的不是，老太太倒寻上我了。"大家很奇怪，怎么老太太还有不是呢?那么凤姐就说出理由来，她说："谁叫老太太会调理人，调理得水葱儿似的，怎么怨得人要?我幸亏是孙子媳妇，如果我是孙子，我早要了，还等到这会子。"这话一说出口，贾母先是愣了，心想怎么还有我的不是呢? 这里就是凤姐语言的艺术了，表面上看起来，好像说是贾母的不是，其实她是夸奖贾母会调理人，像鸳鸯这样的调理得水葱儿似的。也给大家找了个台阶下。所以，贾母就转怒为喜,气也消了,心也开了,空气也缓解了,又有说有笑的了。

秦可卿在梦中对凤姐说:"婶婶你是脂粉堆里的英雄,连那些束带顶冠的男子也不能过你。""脂粉堆里的英雄"这又是何等的荣耀。确实,大观园上上下下多少人多少事,可是王熙凤打理起来真是井井有条滴水不漏。

办事严谨,成熟老练的人,喜欢听流利稳重的话,这时你的态度一定要很恭敬谦谨,给人以忠厚老实的印象。如果对方性格豪爽,那你说起话来也要豪爽一些,知无不言言无不尽。你的领导以他的儿子为荣,那你就应该巧妙地称赞他的儿子,聪明伶俐,虎父无犬子,你既夸赞了他的儿子,同时也夸赞了领导。他一定会很高兴。

说好话要说到位,什么场合适合说什么话,不要在一群学问低的人面前说一些高学问的话,那样会让人觉得你在卖弄。可是在高学问的人中间你再去说一些低俗的话,会让人觉得你格格不入。生活中的人形形色色,每个人的心理、脾气、语言习惯都不相同,所以每个人的语言的要求也是不同的。所以不能对每个人说话都用一种语言态度来表达。对语言的表达,你一定要拿捏准。

拉拢对手,进入自己的利益集团

在我们的生活中,其实没有永远的对手,即使现在你们是对手,那么下一刻,你们也可能是很亲密的同伴。人与人之间的关系是很不好说的。所以,做人不光靠原则,还要聪明。找机会把你的对手拉到你的身边成为你的助手,那你将会多一个帮手,而少一个对手。

其实我们人与人相处,并没有真正意义上的分歧,只要掌握好说话办事的分寸,就能有效的利用我们可利用的人际资源。只要你处事合适,掌握好分寸,不论是敌是友,你都可以为自己所用。

当人与人之间的争执,纠纷越来越少,人与人之间的隔阂也就越少。诚意越多的时候，你也就能取得越多人的认同。对手不一定永远的站在对立的一边，只要你能把握住资源，对手一样也可以拉到我们的圈子里来。

陈晔是一个房产部的售楼业务员。一次偶然的机会，陈晔结识了一位女士。陈晔同她就业务交谈了一次，她对陈晔经手出售的房子感到比较满意，问过价钱后，只留下一张名片。

看过名片，陈晔吃了一惊，原来这位女士是某知名企业的副总。第二天，陈晔就直接打电话过去回访，那位女士并没有特别表示愿意，只是简单地说了一句："价钱太贵了，如果能少算一点再谈。"女士的话不难听出她对房子很满意，就是对价钱不太满意。但是陈晔还是决定去公司找那位女士面谈。

一进入女士的办公室，陈晔被眼前豪华的气派惊呆了。一张大办公桌，一套精致的沙发，右边还有一张大型的会议桌，有七八位职员正在"小组讨论"，看来她正在开会。陈晔也没想太多，直接地说出第一句话："哇！您手下有这么多人啊！""是呀！这些都是我的公司下属。"女士得意地笑着说道。"哇！这七八个人都是主管，那下面还有更多人吧？"陈晔问道。陈晔既吃惊又羡慕地说道："哇！那您的权力一定很大吧！可以决定人员录取、人事升迁及薪资调整吧？"这只是一小部分而已！"女士自豪地说道。"这还只是一小部分啊！这么多男主管还得听您这位女副总经理的，您一定很能干，做事一定很痛快、干脆，真是巾帼不让须眉啊。"听了这番话，陈晔发现那位女士眼神变得亮了起来，不知道她是高兴还是生气，陈晔赶快把话题转到房子上："这房子真的很不错，您要不要带您先生来看过后再决定？"没想到，她对陈晔的提议很不以为然似的，故意提高了嗓门，大声说道："不用等我先生来看了，我决定就行了。"陈晔觉得她好像是讲给旁边的男部属们听的，就故意说："这个价钱绝对很便宜，若您能做决定，不必问过您先生，我可以立刻帮您去找屋主谈谈价格，否则的话，等到家人看过再说好了。"陈晔这一说奏了效，那位女士拿出支票，当场开了 70 万元给当订金。这时，全办公室的男主管都静寂无声，十几双眼睛都一起盯着女士看。女士很"严肃"地对陈晔说："好！我买了，就这个价钱，不必再带什么'人'去看了，

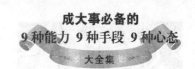

我们明天就签约。"

陈晔是一个聪明人，既然女士喜欢面子，那就给足她面子，既给她挣回了面子，还能帮自己达成目标，一举两得。所以说话做事是要讲究技巧的，要想达成目的，就要知道对方想要的是什么，这样才能把对手拉进自己的利益集团。

有些人觉得对别人赞美的话太过于虚假，觉得总是把这样的话挂在嘴边的人只会溜须拍马，不切实际。其实，这也是一种做人做事的方法，而且是大家都不会厌烦的，你想想，身边如果没有了这类人的话，是不是还缺少一点融洽的气氛呢？方法用得好，不仅对我们没有坏处，反而会增加我们成事的效率。

即使竞争也要照顾对方的利益

我们都知道在自然界的竞争中是弱肉强食，不是你死就是我活，这样的生活太残酷。事实上我们的生活中，这样的事情也不少，为了一己私利，为了自己的生存，出人头地的竞争，是不是也要把你踩下去，然后站在你的头顶才能继续往上爬呢？

现在社会竞争中讲究的是双赢，不再提倡过去的龙争虎斗，玉石俱焚，两败俱伤。良性的竞争对你对我都有益处，可以在竞争中不断的提升自我，还可以满足自己的利益，何乐而不为呢？

有三只老鼠去偷油喝，可是油缸很深，它们一个根本喝不到油。于是三只老鼠就想了办法，就一只咬着一只的尾巴，大家轮流下去喝油，谁都不可以有独享的想法。第一只老鼠最先吊下去喝油，看到缸底就这么一点油，心想就这么一点轮流喝一点都不过瘾。今天算我运气好，第一个下来喝油，不如自己痛快点喝个饱。中间的老鼠也在想，下面没有多少油了，万一让第一只老鼠喝完了，那我不是只有看着的份儿吗？我为什么要吊在这里看着第一只老鼠享受呢？我看还是把它放了，干脆自己跳下去喝吧。第三只老鼠在上面想，缸里的油那么少,等他们吃饱喝足那还有我的份儿呢?倒不如趁这个时候把它们放了,自己跳下去喝个够呢。于是第二只老鼠放开了第一只老鼠的尾巴,第三只老鼠放开了第二只老鼠的尾巴。他们争先恐后地跳到了缸里,浑身湿透,狼狈不堪,缸里沾了油,很滑,它们谁也上不去了。

如果它们不那么自私,三只老鼠都可以喝到油,也不会困死在缸底了。自私是人的天性,利益当前,很多人都克服不了这种劣根性。还有很多人见不得别人好,抱着一种我得不到你也别想得到,我过不好,你也别想过得舒坦的思想。其实你好我也好,这种双赢的精神,才能促进人与人之间的往来,才能促进大家的发展。别人好,自己的利益未必就蒙受损失,自己好的时候也应该想到尽量不要给别人造成伤害。这样的话,我们的相处竞争将会变得更有意义。

可是,把自己的成功建立在别人失利的基础上的人也有。他们只为了自己前进而去断了其他人的后路,获得一时之利。可是从长远的角度来看,这样的做法只能使自己的正面形象受损。

某单位要从一个部门中选一个人当干部,这些干部里面有两个各方面都很出色的年轻人备选在其行列中。由于两个人都出类拔萃,这让前去考察的人会感到十分头疼。这两个无话不谈的朋友表面上平静如初,暗地里却是展开了激烈的竞争。两个人都使出了非常之手段,分别到领导那里去说对方的不好,拆对方的台。领导在一怒之下在其他部门选拔了干部。这两个年轻人反目成仇,一蹶不振。

无论在什么场合,这样寸步不让,为了一点利益明争暗斗,结果只能落得两败俱伤的结局。俗话说得好,防人之心不可无,害人之心不可有。当嫉妒心占领高位时,竞争将会变得很危险。用损人利己的方法搞垮我们的对手,其实是下下之策。

对手其实是帮助我们提升自我的最好帮手,没有对手,没有竞争,那我们可能就要在原地踏步了。运动场上,没有对手,就没有我们更快更高更强的超越。你的光荣,完全依赖于你的对手。在商场中,没有对手就没有进步,你的成

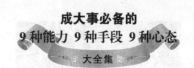
功依赖于对手的挑战。在政坛上也是如此，一个没有对手的政府将变得越来越腐败。对手其实是我们最好的帮手。

我们在竞争中成长，一定要学会建立共赢的心态，消灭掉对手其实对我们没有一点好处，对手的存在，才是我们提升自我的基础。只有鼠目寸光的人才会毁掉自己的对手，搞得两败俱伤。适当地照顾到对手的利益，让大家都有发展的空间，良性的竞争，让大家可以一起提高，一起进步。双赢的结果，才是最好，才是现代社会最好的提倡。

不独享荣耀，给人留点生存空间

如果你是月亮，光芒万丈，众星捧月，也不要忘记了，将你的光辉分给一边的星星。世间的事情没有绝对的，荣耀不一定就是好事，留下一点回旋的空间，容自己或别人转身。留下一点位置，可以让他人有容身之地。获得荣耀的时候，也不要忘记了别人的帮助。不要吃独食，你才能生活得更长久。你的光辉才能绽放更长的时间。

退让是一种艺术。表面上看起来，你做出了退让，对别人做出了善意的举动。其实那也是为自己铺一条大道。理智地退让，会让你的路更宽，更广。有花分着戴。做人就应该这样，你独占鳌头，未来就有可能成为众矢之的，何不在这个时候，把大家的关系打好呢？把自己的荣耀也分给别人，那样大家不单单觉得你很有能力，而且还很大度。这岂不是一举两得？可是，你若是有着好的人缘，但是一件事情的成功，受到奖励的时候，你一人独享成功的果实，反而容易引起别人的反感，渐渐地疏远你，给下一次的成功造成障碍。

中国人是极其爱面子的，在讲自己成绩的时候，总是会说一些客套话，成绩的取得，是领导和同志们帮助的结果，这些话听起来可能谁都会觉得很假，可是这些大俗话听起来却让人很舒服，至少那些帮助过你的人会觉得理所当然，不会

对你产生记恨。这些客套话你一定要学会用，它能带给你不一样的效果。

越是好的东西，就越是不舍得分给别人，这些都是人之常情，要是你胸怀远大的抱负，就不要为这点事情斤斤计较，大大方方地把你的功劳也分给身边其他的人，特别是你的上司。这样不仅可以感到喜悦，上司脸上也有了光彩，何乐而不为呢？

成大事的聪明人，他们获得成功的方法不完全是靠外部因素，大部分都是靠自己的研究学习方法，当他小有成就的时候，就会被成功冲昏了头脑，贪功的想法自然不会少，这是人的本性。可是，你贪功的结果又会是什么呢？只不过是一个花环罢了。你会失去下一次机会，但是你将这个花环大大方方地献给你的上司，那结果就大不相同了。即使你有千般万般的不愿意，好结果总比坏结果强许多吧。

年终总结会上，销售主管杨小姐取得了不错的成绩，老板很高兴，决定要她作为典范，在年会上演讲。在讲话中，杨小姐一再地吹捧自己，把功劳全部揽在自己一个人身上，自己是如何调配人员，处理大订单是如何的果断和聪明以及如何辛苦加班。她说的这些确实很对，可以说没有丝毫的夸张，她一直也都是这么做的。整场报告她就坦然地接受员工对她的祝贺和上司对她的表扬。从始至终，她没有对老板的信任表示感谢，更没有提及同级部门的合作和下属的努力。下属和同事们开玩笑要她请客庆祝一番的时候，她却一本正经地说："我得奖金，你们用得着这么起劲吗？下次我会拿更多，到时再考虑考虑……"很简单的几句话就能改变很多，可是杨小姐却没有这样做。第二个月，杨小姐不但没有拿到奖金，还因为没有完成任务，被扣掉当月的奖金。更可悲的是，她却没有发现大家对她态度的改变：下属变得慵懒，老板也开始变得冷漠。

利益当头，荣耀可能也会变成"毒药"。就是因为杨小姐犯了独享荣耀的错误，才导致她如今的结果。在功劳面前，只有最大的功臣，可是却不会认为某个人是唯一的功臣，很多人都会认为自己没有功劳，也有苦劳，有人独享荣耀，其他人自然会不舒服。

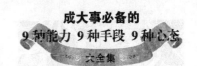

当你在工作上有了成绩的时候,千万记住不要独享荣耀,否则这份荣耀真的会让你'承受不起"。有花分着戴,你的成功和大家的支持鼓励都是分不开的,好大喜功,我行我素的人,人见人厌。小心大家会一起拆了你的台,那时候再摔下来,不过摔得更重,而且还会死得很难看。荣耀是好东西,可是过于贪恋荣耀,结果往往不那么美妙。

手段 6　包抄

猛打猛冲容易碰壁，
走迂回路线反而能到达目的地

做人不能一根肠子通到底，适当的时候也要懂得转个弯，迎难而上固然是好，可是也要先找准方向，要不是不光白忙活，还有可能撞得头破血流。面对困难我们不能不作考虑就往前冲，而是要懂得走迂回的路线，以退为进。曲则全，枉则直，很多时候，只有拐个弯才能更快更好地达到目的。

给自己留有回旋的余地

四大名著之一的《红楼梦》中有这样一句话："身后有余望缩手，眼前无路想回头。"人们在风光时候，凡事都要给自己留下点余地，否则，一旦你身陷困境，想回头就很难了。

人在社会上生存，无论是做人还是做事，都要学着给自己留点余地，给自己留一条退路。话不可以说得太满，事情不可以做得太绝。凡事留点余地，才能有回旋的空间，才不会使自己走上绝路。

批评人的时候留点余地，就是给人留下改过自新的机会；表扬人的时候留下点余地,就是给他留下继续前进的动力。

狡兔三窟,尚且知道给自己留点余地,在危机的时候可以逃生,可是兔子偷懒的时候,吃了窝边草,那么它的结局会是怎样呢?

小兔子三瓣嘴长大了,在离开家的时候,兔子妈妈对三瓣嘴反复叮嘱道:"无论如何,你都不要吃窝旁边的草。"三瓣嘴点着头,牢记着妈妈说的话。三瓣嘴在山坡上建造了自己的家。为了安全,为了在危急的时候可以从别的洞口逃出去,它的家有三个洞,三瓣嘴记得兔子妈妈的嘱咐,总是到离家很远的地方去吃草。秋天过去了,三瓣嘴很安全,一切安然无恙。

寒冷的冬天终于来了,天呼呼地刮着冷风,三瓣嘴走出洞口的时候不禁打了个冷颤,天气的寒冷让他不想再顶着寒风到远处去吃草。三瓣嘴看了看窝边的草,心想,我就吃一点好了,明天天气好了,我再去远一点的地方吃草。三瓣嘴自我安慰道。把肚子吃得饱饱的。

又过了几天,天下起了大雪,天气越来越冷,三瓣嘴又在家门口填饱了肚子,这一回,它换了个洞口。"我有三个洞口,每个洞口都有那么多的草,我不过是在天气不好的时候,在每个洞口吃一点点的草,应该没有问题的。"于是,每遇到一个寒冷的天气,三瓣嘴就到窝边解决吃饭的问题。

有一天,还在梦乡中的三瓣嘴突然感觉到有异样,它睁开眼睛,发现一只狼正堵在它家门口。正用爪子刨着土,试图把洞刨开。三瓣嘴赶忙跑到别的洞口,却发现,另外的两个洞已经被石头堵住了。这时,狼开口说话了:"从你第一次吃了窝边草,我就开始注意了,知道这里有兔子,可是我知道,狡兔三窟,只知道一个洞口,你还是会逃走的,知道你吃了其他洞口的草,我就知道了,这里有美食。"狼很得意地说着,这时候三瓣嘴才明白了兔子妈妈当初对自己说的话:"千万不要吃洞口的草。"

只是偷懒,却断了自己的后路,只是贪一点小便宜,就要在痛苦中度过余生。所以做事情一定要给自己留下点后路。正所谓:"花要半开,酒要半醉",凡是娇艳怒放的鲜花,不是立即被人踩了去,就是走向衰亡的开始。有些人不知

道收敛,自以为是,自作聪明,才落得惨败而终的下场。名利和地位固然很重要,能懂得收敛给自己留一条后路,获得圆满的成功,岂不是更好? 很多人在社会上活得如鱼得水,其实就是他们知道收敛的道理,做事情恰到好处,点到为止,事事给别人留一条后路,也给自己留一条后路。

在竞争激烈的今天,我们不得不提防别人,明枪暗箭你不得不防,有些人习惯背后捅刀子,这是你防不胜防的,所以在这样的时候,你就更应该给自己留一条后路,该争取的就争取,该退让的时候就不要再强求。守住自己的田地,掌握做事的力度,凡是留一手,就不怕别人对你赶尽杀绝。

有的时候,我们会为了一件没有意义的小事情而争得面红耳赤,这个时候只要有一个人做出退让,就完全可以减少不必要的麻烦。谁也不会受到伤害,大家的关系还是会和从前一样和和睦睦。不给别人留后路,也就是不给自己留后路。人生最大的智慧就是懂得凡事留一点余地。话不说完,事不做绝。即使处于两难之地,也不会觉得丢面子伤和气。如果能做到这些,大家心里面都不会为沉重的负担所累,从而轻轻松松地、坦坦荡荡地同别人相处。

只要有价值,就不怕吃回头草

我们常说,好马不吃回头草,可是,有时候这回头草,只要有价值,吃一下也未尝不可。对于我们来说,正式踏入社会后,就要属于一个组织,一个团队。得到领导的赏识,获得升迁的机会,巩固自己的地位,就将变成我们生活中的一个重点。所以在一个组织一个团体竞争是在所难免的事情。有人上台,就自然会有人下台。

权力的斗争,很多人都喜欢,并且对这样的事情乐此不疲,这样的时候要学会提升自己的价值,还要不忘发现他人的价值,谁上谁下这样的事情都不好说,今天你可能身居高位,可是明天呢? 你有可能屈居人下,但是只要你有价值,就不怕会没有从头再来的一天。百足大虫死死不僵。这个道理大家都懂的。只要你的价值存在,就会有人会用你。

在职场中,许多企业有一条规定,对离开的员工不再录用,对于打算离开的员工不再重用。而员工中间也流行着这样一句职场金句,叫作"好马不吃回头草"。其实在现在的职场中,这样的规则已经渐渐地开始改变,一些曾经离开的好马也回到了自己曾经的故土,一些大企业也很欣然地接受了这些吃回头草的好马。

不是所有的马回头都会被接受,好马是有资本的,不是好马,回头也未必会有人要,这就是优胜劣汰的生存原则。做一匹好马,要有自己的原则,经验、品德、技能、智慧都要有过人之处,才能被称之为一匹"好马"。只有经验和技能,但是品德不好,也不算是好马,这样的人回到原来的单位,即使你的业绩再出色,也不会有人再次用你。

企业愿意接受这些回头的好马,无疑是因为他们自身的优势,第一,他们对公司的环境人文比较熟悉,不需要过多的时间来和大家进行磨合,对于企业来说也较少了时间对新员工进行培训。对于企业,对于回头的好马都是一个有利的条件。

在很多人眼里,都觉得李杰的运气特别好,进入公司后短短的两年时间里,就在这个行业里做得有声有色,每一次调动都令人刮目相看。可是正当李杰的事业做得轰轰烈烈的时候,家里发生了一些事情,让李杰不得不辞去公司的职务。半年后李杰又重新找工作,找了很久却一直找不到合适的工作,想回到原来的单位,又听说一般的企业不愿意接受离开的员工。李杰一直很犹豫,可是他还是鼓足了勇气,回到原来的单位。

令他没有想到的是,原来的公司对他的回来欣然接受了,李杰的表现一直被大家看在眼里,领导也认为他能够创造出新的价值,一些老的员工也极力推荐他,于是李杰就成功地回到了原单位。

一次,总经理经过办公室,看见李杰正在处理一件小事,这件事情虽然很

小,但是处理起来又不太容易,处理得不得当会带来很不好的影响。可是李杰却将这件事情处理得很出色。总经理看了频频点头。

办事很讲分寸的李杰,很招人喜欢,做事勤勤恳恳,滴水不漏,有了他的加入,部门如虎添翼,连创佳绩。领导很高兴,这匹好马,没有要错。李杰很感激公司再一次地用他,做起事来比原来还要卖力,再加上技术方面的优势,李杰很快被部门提升。李杰自己的价值也得到了很大的提升,他一这很感谢领导能给他这个机会。

世事变幻无常,很多事情我们是做不了主的,那么我们只有不断提升自己的价值,有了价值,不论到哪里你都是会被人看中的。强与弱的掌握我们控制不了,改变自己就好了。要想在人生的舞台上立于不败之地,自己动手的武器才是最可靠的。

职场的事情谁都说不好,离开的时候不要太激动,太悲壮。重新选择是一种新的方向,而从内部发掘潜力,也别有洞天。要知道,是金子,总会发光的。

非常时刻,善意的谎言不可少

在我们的生活中有一句俗话,叫做"会做媳妇的两头瞒,不会做媳妇的两头传",生活中的琐事很多,居家过日子,难免会有些鸡毛蒜皮的小事,不能够用事情的本身去面对,在这样的时候,善意的谎言不可以少。在恰当的时候,善意的谎言就是人际关系中的维生素,虽然量不多,但是却起了决定性的作用,缺少了,可能会导致你的其他问题。

真诚应该是每个人都应该具有的美德,但是善意的谎言,不能算是违背了你的真诚原则,你的善意谎言会比你的真诚更能赢得人心。换言之,谎言有时候能促进人与人之间的交流,但是真实却不一定能赢得人心。

我们应该以诚待人,应该说真话,这是毫无疑问的,但是该讲假话的时候,你要坚持讲真话,可能会伤害到别人,而一句假话反倒可以救人,那样你还会坚持说真话吗?使用善意的谎言,并不是让你去说谎,而是告诉你,有的时候我们需要用善意的谎言来掩盖事实。与人交往要真诚,但是做人不能太死心眼,处事要灵活。实话可能会把大家的场面弄僵,这种情况下,你就不妨说句善意的谎言,这样一来大家皆大欢喜,这样不是会更好?

有一个刚做完眼部手术的小男孩。摸索的来到医院的后院,在一棵大树下坐下,一阵风吹过,有树叶落在男孩的头上,他拿下了树叶,用手摸着说:"这是杨树叶,还是……""是杨树叶。"接着小男孩感觉到一双温暖的大手摸到他的脸上。"小朋友,你几岁了?""12 岁。""你眼睛不好?""是啊,从小就有毛病。伯伯,您说这世界美丽吗?""美啊!你看,这天空是蓝色的,这远处的山很美丽,那朵云很可爱,像棉花糖。我们的面前不远处有一个美丽的湖,水面上浮着粉红的荷花,碧绿的荷叶。还有小鸭子在水中游过。"小孩子听见这些感觉到心情好了很多,突然,他抓住那个人的手,问道:"伯伯,我的眼睛能治好吗?""能,能!孩子,只要你听医生的话认真配合治疗,就会好的。""真的?"小男孩激动地说道。"真的!"

从此以后就常看到两个人坐在树下聊天的身影。

过了一段时间,小男孩的眼睛拆了线,眼睛恢复得很好,他看见了周围的东西,然后急忙跑向了后院,当他来到那个黑暗中给予他欢乐的地方,当他望向四周时,他愣住了。原来,这里没有花木,没有清水,没有大山,有的只是一堵冰冷的墙壁和一棵老树。在秋风落叶中坐着一个老人,他戴着一副墨镜,身边放着一根探盲棒。

一个谎言,打开了一个盲童的希望,他能重见光明,完全是因为老人对生活的精彩描述,对生活有了渴望让他捡起了恢复的信心。善意的谎言不是以利己为目的,在这样的时间说出的谎言,饱含真诚,可以让绝望的人重获希望,这谎言所散发的光辉,是真实所无法比拟的。

有一对夫妻,自己创业,刚开始的时候,他们的生意做得比较顺,赚了一些钱。有一次,生意上出现了一些麻烦,导致他们破了产。他们一无所有了,而且还要偿还银行贷款,妻子十分绝望,已经没有了活下去的信心,丈夫为了鼓励妻子的信心,就对她说:"你不要急,我还有一部分存款,只是现在不能花,不到万不得已时不拿出来用。"

妻子听了丈夫的话,心里得到了一丝安慰,不再绝望了,恢复了继续奋斗下去的信心和决心。其实,丈夫根本没有存款,只不过想通过这个善意的谎言来安慰妻子而已。

说谎是不好的,但是善意的谎言我们可以提倡。在我们的生活中,这样的谎言是不可缺少的。只要你用对地方,谎言有时候可以从毒药变成救人的良药。隐藏真实,不伤害对方,反而可以让你置之死地而后生。一句实话会让你陷入尴尬遭人厌恶,可是一句善意的谎话,反倒会给别人一个台阶下,保住别人的面子。他是不会怪你说了谎言欺骗了他,反倒会感谢你善意的谎言。

点破不说破,让对方知道自己错了

谁都知道,中国人最爱的就是面子,凡事给人留点面子,大家都好下台。人只要活着,说话做事就难免会犯错,但是人都有一种心理就是不想认错,明知道错了,可是认错就没有那么容易了,所以在这个时候最希望有人能给个台阶下。你只要点到为止让他自己明白自己错了就可以了。没有必要非要拆别人的台,这样他不仅面子挂不住,你们的关系也会出现裂缝。

一个周末,两位老战友在公园下棋,一旁围了不少人观战,一个年轻人也凑前去看热闹。老张走出一步暗藏杀机的狠招,大家静观其变,唯独这个年轻人开口说道:"好棋,当心!"老张瞪了年轻人一眼说:"观棋不语真君子!"对手老李本来没有看透这步棋意,但又不愿承认自己没有看出来,也责怪这人话太多! 多嘴的年轻人,落了个两头不讨好的结果。

一般这样的情况，没有谁会给你好脸色看，揭别人的短，谁都不会高兴，更何况还是在众人面前。

《水浒》中的吴用和李逵。吴用对宋江的招安之心看得一清二楚但从不说破，宋江很看好他；李逵则动不动就大叫："招什么鸟安！"结果老是遭宋江的指责。看破不说破，点到为止就已足够，没有必要自讨苦吃，出力不讨好的事情，多做无益，点破不说破，表面上看起来人就由冒失变得高明了，对方反而会很感谢你留的面子，人与人相处起来也会相安无事了，上下和睦，不要因为你的一时嘴快，换得别人的厌恶感。

在我们平时的生活中就应该养成个习惯，"洞察少言语"、"看破不说破"。不光是不在"大场合"言语或说破，甚至连在私下里倘若不是遇到个"合适"的人，也不会去过多言语或说破。现在的社会有不少人都非常忌讳和反感洞察和看破的人，反倒是少言语，不说破的人才更招人喜欢。不是你说出来才能证明你比别人聪明，凡事都应该给别人留一条退路，这也是一种生存之道。

直言不讳固然很好，可是要是直言说得婉转一点效果会更好，就比如你是一个领导，告诉你的下属说，这个事情你做错了。第一种说法是，这个事情你有没有能力做啊？这点小事情你都做不好。第二种说法是："其实你的表现一直都很好，对于问题的看法也很独到，做起事情来也很细致，只是你的这个地方是不是还欠缺点什么呢？同样是说的一个问题，第二种的手法就要比第一种好很多，大家普遍愿意接受第二种说法。很乐意地接受并且改正，但是第一种说法却会让人心里很不舒服甚至会对你怀恨在心，借机报复。

一个真正有素养的人，是不会这样直言地说出别人的错误的，而是会旁敲侧击委婉地告诉对方做事的不足之处。或者是当着大家的时候给你留足面子，在私底下给你细说问题出现的地方。

在交际中，如果不是为了某种特殊的需要，我们就应该尽量避免对方比较敏感的地方，避免使对方当众出丑。必要的时候可以委婉地暗示对方的错处或者隐私。但是说的时候不要过分，一定要点到为止。

何翔是一家工厂的主任。有一次经过他的钢铁厂，当时是中午休息时间，他看到几个人正在抽烟，而在他们的头上，正好有一块大招牌，上面清清楚楚地写着"严禁吸烟"。何翔笑着走过去，从口袋里掏出自己的烟分给那些人，然后说道："诸位，如果你们能到外面抽掉这些烟，那我真是感激不尽了。"吸烟的人这时立刻知道自己违反了一项规定，于是，大家就把烟头掐灭；同时对这个年轻的主任产生了好感和尊敬之情。因为何翔没有简单地斥责他们，而是使用了充满人情味的方式，使别人乐于接受这样的批评。这样的人，谁不乐于和他共事呢？

一句话能成事，一句话也能坏事，你的和蔼的态度，加上你和善的语言，还发愁什么？话说得太直白，只能让别人对你产生厌恶的感情，就是对方知道自己做错了，也会恨你不给他面子，"不就是一点小错嘛，犯得着一点面子都不给吗？"不要为了逞一时之快，误了别人，也误了自己。

遇到危险和麻烦学会绕着走

做人不能太固执，也不能太愚蠢，有些事情直着来不了，那就不妨试试换条路走，绕个弯子走。采用迂回的方法，条条大路通罗马，何必在一棵树上吊死，被一个困难给难倒？置之死地而后生，生活中的事情就像下跳棋一样，堵死的路，你只有转个弯才能到达目的地。

在生活中，我们会遇到很多问题，什么样的怪问题，什么样棘手的问题我们都有可能遇到，而对付这些问题最好的方法不是硬碰硬，而是先观察事情发展的情况，作出分析，分清事情的轻重缓急，做出灵巧的应对。切不可以被一件事情逼进了死胡同。自然这种把握局面，解决问题的能力也能使你走向成功。

有一天，乾隆和纪晓岚在河边喝酒，酒兴正浓，乾隆想开个玩笑难为一下纪晓岚，便问："纪爱卿，忠孝作何解释？"纪晓岚答道："君要臣死，臣不得不死，为忠;父要子亡,子不得不亡,为孝。"乾隆故作正经地说:"好,现在我以君的身份要你马上去死。"纪晓岚一听有些紧张,但是这是君命由不得不从,于是为难地回答道:"是,臣遵旨!"乾隆又问:"那你打算怎么个死法?"纪晓岚想了想说:"跳河。"乾隆扬扬手催促道:"那你快去跳呀!"纪晓岚离开了一会儿,又匆匆地跑了回来,乾隆问:"纪爱卿,你怎么没死呀!"纪晓岚说:"启禀皇上,臣刚才碰到了屈原,他说臣不能死!"'乾隆面带怒色:"此话怎讲?"纪晓岚说:"我正要跳河时,只见屈原大夫从水里走上河岸,对我说:"晓岚,你这就不对了,想当年,我跳江是因为楚王是个大昏君。现在你跳江,是不是应该回去问清楚乾隆皇帝,是不是昏君,如果是昏君,然后再来投江也不迟啊!如果不是昏君,你这样死了,不是让圣明的君主背上昏君的骂名吗?所以我又回来啦。"乾隆听了纪晓岚的一番话,哈哈大笑起来,然后给了他很多赏赐。

如果不是纪晓岚的脑子转得快,为自己找到了出路,那么他可能真的要听从君命死去了。遇到麻烦的时候,一定要冷静下来,为自己找到一条出路,峰回路转,你才能化险为夷。如果你的面前是一座险峻的高山,你想要到山的对面去,一般人都会选择从山下绕过去,只有愚蠢的人,才会选择翻山而行,成不成功暂且不说,还有可能失掉宝贵的生命。所以说,困难就像一座大山,既然我们上不去,那么我们为什么不绕着走呢?

武则天原名武媚娘,容貌出众,冰雪聪明,深得太宗皇帝的喜欢,唐太宗封她为才人,对于武媚娘也是极其的宠幸。公元 694 年,唐太宗因误服金石丹药,一病不起,他明白自己将不久于人世,但又舍不得才貌过人的武媚娘,于是便有了主意,叫武媚娘殉葬。这一天太宗皇帝对武媚娘说:"你侍候朕多年,朕也最宠爱你。朕想效法古代帝王的葬礼……"话没说完,太宗又咳嗽起来。聪明绝顶的武媚娘沉着冷静,思索了一会,立刻说:"万岁,安心养神吧!臣妾明白万岁的心情。只是万岁您思虑太多,万岁是英明君主,恩德好比太阳的光芒普照人间大地。古人云:大德之人,必得长寿。万岁的龙体目前虽有小恙,很快就会康复的,我根本没想到万岁会舍下臣妾。我生与万岁共享人间富贵,死与万岁同坟共穴。臣妾现已下决心,立即去感业寺削发为尼,念经拜佛,为万岁祈祷长生不老。"听到武媚娘这么说,太宗皇帝只得答应。

武媚娘凭借自己的聪明才智,顺利地绕过了殉葬的弯子,在生死边缘很巧妙地绕了过来。我们在力量和地位都微不足道的时候就应该有敏捷的思维,灵活的头脑,应变能力强,善于见风使舵,遇到困难和麻烦要绕着走,以卵击石是没有好结果的。

说话做事学会绕个弯,直着不行,弯路也可以,这样你才能保证可以以退为进,才能保证你能顺利地解决当下的困难。

手段 7 守成

如果你瞄准了"实利"，就不能
再贪图"虚名"

在我们的生活中，有的人追求事业与财富，有的人追求荣耀与虚名，这是人们与生俱来的本性。要成大事者，必须学会驾驭这种本性，与其为了一些虚幻的东西而枉费一生，不如追求点实际的东西来得踏实。如果你看准了实利，就不要在一些虚幻的事情上浪费时间和精力，瞄准了目标就一直走下去，你才能获得你想要的东西。

行事要符合自己的现实角色

我们每个人在社会中都充当一定的角色，在孩子面前你是父亲，在父母面前你是儿子，在妻子面前你是丈夫，在上司面前你是员工，在下属面前你是领导，每个角色都有着自己的位置，如果你越过了这个位置，你的生活将会变得混乱。在一个团体中，每个人也有自己的位置，我们应该身在其位，就做你该做的事情，不要有越权的行为，这是职场中最忌讳的事情。即使你处在得意的位置上，也不要忘形，这样难免会受到同事上司的排挤。该管的事情你可以管，不

该管的事情,还是少插手的好。

在职场中,你一定要知道什么事情该做,什么事情不该做,这也是一种智慧,一种气度。在一个团体之中,每一个人都有属于自己的位置。我们应该根据现实情况找准自己的位置,既不要越位,也不要让别人占了自己的位置,这样,才能够保证团体成员间的协调合作,推动共同的事业向前发展。假如一个球队,前锋跑到后卫的位置,中锋又跑到前锋的位置,那么这场球赛必输无疑。工作中也是一样,大家都找不准自己的位置,团体工作便无法协作进行。

Aim 是一家外企所辖分公司的员工,经过几年的奋斗,她现在已成为这家公司的公关部经理。

一次,总公司的几位高层领导在北京举行宴会,除了北京分公司的总经理及一些要员外,美国总部也来了不少要员,再加上一些大客户的参与,宴会的阵容显得非常盛大。

Aim 在商场中有着一定的声誉,平时也喜欢以女强人自居,让她引以为豪的是自己的业绩一直都非常出色。

正是因为自认为业绩卓越,她在一些宴会中,风头常常凌驾于北京分公司总经理之上。总经理是一位性格宽容的好好先生,一般也不会让她难堪。于是她更加有恃无恐,准备抓住这次宴会的时机,开拓新的职业生涯。

宴会当晚,Aim 周旋于宾客间,确实令宴会气氛甚为活跃。到总公司的高层和主管分公司的总经理致辞时,Aim 在旁一一介绍他们出场。轮到她的上司,即分公司的总经理时,她竟先说了一番感谢词,虽然只是三言两语,但已让总公司的主管皱眉,因为她当时只负责介绍上司出场,而无独立发言权力。

在宴会的过程中,总公司主管主动与她交谈了一番。发现她在提及公司的事务时,常以个人主见发表意见,全不提总经理的意志,给人的印象是,她才是这个分公司的总经理。

宴会后,分公司经理被上级邀请开会,研究他是否坚守自己的职位,是否能胜任自己的职务。后来,Aim 因越位,被他的上司找个借口炒了鱿鱼。

Aim 的错误之处,是她的手伸得太长了,不属于自己分内的事情,她却多做,多说了,把自己的上司晾在一边,反客为主,遭人排挤,造成不必要的麻烦,最终自己也没有好果子吃。

我们为人处世的时候,要想达到平衡发展的目的,就必须踏踏实实地做好我们的本职工作,不是自己权力范围内的工作,我们最好不要插手,这样你的上司才会觉得你尊重他,不会有想要越权,鸠占鹊巢的感觉。否则,你的光芒掩饰不住你的野心,你会受到同事的排挤,上司的防备和打击,会影响到你的个人工作顺利的开展和你无量的前途。

"不在其位,不谋其政。"聪明人应该知道什么事情该做,什么事情不该做。每件事情的是非因果轻重缓急都要有个认识,什么话该说,什么事情该做,手不要伸得太长,以免你的好心被别人误会。

有的时候你会觉得你的上司不如你,上司做的决定不如你自己做得好,这样的时候,你要是擅作主张的话你的上司会觉得你不把他放在眼里,从而对你心生厌倦,对你小心提防。可是你要是把好的建议向上司汇报,委婉地请示,那么你的上司也会觉得有面子,也就不会为难你。

把握好适度的原则,不越位,不越权,把你的野心藏起来,把你的光芒藏起来,不要让不分主次的失误害了你,把事情做过了头,你的前途必会坎坷。要与人和谐相处,就必须坚守自己的岗位,不要做过多的事情。

脾气永远大不过度量

人的一生中总会遇到让自己不顺心的事情,人际交往的不如意,事业上的不顺心,家庭邻里的不和睦等等,这些不如意需要我们用智慧和耐心去化解,而不是靠你一时的脾气和喜恶。人生不如意十之八九,如果我们天天为了这些小事情烦恼,使自己气坏了身体,不是到头来自己受罪吗?

发脾气不是一件好事情，我们常说宰相肚里能撑船，虽然我们不能做到那样的大度，但是我们也不应该为一些小事情去斤斤计较。

名将韩信年轻的时候家里很贫穷，他为人很正直，不会溜须拍马，为官从政，又不会投机取巧。由于整天只顾研读兵书，最后，连一天两顿饭都没有着落，他只好背上家传宝剑，沿街讨饭。在集市上，韩信遇到三个无赖，他们看不起寒酸的韩信，故意取笑他说："你虽然长得牛高马大，又好佩刀带剑，但只不过是个胆小鬼罢了。如果你肯服我们三个人，就从我们的裤裆底下钻过去，我们就不再为难你了。不然的话，就别怪我们不客气！"说完，三个人立了马步，围观的人又多了不少，大家都想看看韩信到底会怎么办。韩信认真地打量了这三个无赖，于是弯下腰，从无赖的胯下钻了过去，围观的众人哈哈大笑，嘲笑韩信是个胆小鬼。韩信忍气吞声，闭门苦读。几年后，各地爆发反抗秦王朝统治的起义，韩信闻风而起，拿起自己的宝剑，从了军，不久便威名四扬。

韩信忍胯下之辱而成就盖世功业，已经成为千秋佳话。假如，他当初争一时之气，一剑刺死羞辱他的无赖们，则无异于以盖世将才之名抵偿无知狂徒之身。假如，他当初图一时之快，与凌辱他的无赖斗殴拼打，也无异于弃鸿鹄之志而与燕雀论争。韩信深明此理，宁愿忍辱负重，也不愿争一时之短长而毁弃自己长远的前程。

这样的自我克制忍辱负重，不是屈服，而是大度，不能因为自己受辱而逞一时的英雄之气，因小失大。而是应该有非凡的度量，一笑而过，努力奋斗，建立自己的丰功伟业。

人在屋檐下，哪能不低头？在我们该低头的时候就低头，对我们没有坏处，这个时候你在使个性子，发点脾气，最终吃亏的还是你自己，所以说，做人一定要有度量，没有度量的话，让我们试想一下，君王没有了度量，他怎么去治理一个国家，怎么和他的大臣相处，怎么采纳逆耳的忠言，怎么去包容别人的错误？一个普通人没有了度量，他怎么去和身边的人相处？大家都是带着尖刺的刺猬，挨得近一点，就会扎着别人，那么社会岂不是变得很冷漠，很无情？所以我们一定要有一颗宽大的心。脾气就像是孙悟空,蛮横无礼,而宽大的度量,就像如来佛的掌心,可以将所有的脾气都握在手掌心里,化戾气为祥和。

有位先生想开一家餐馆,需要办一些手续,连跑了几个地方,可是有一些问题总是解决不了。有人说要送礼,这是形式上的事情,可是你不做又不行。他不懂送礼也不愿送礼,事情还是办不成,弄得自己很生气。他的一位朋友了解到这件事情以后,告诉他去直接找某主任。到办公室却扑了个空,追到家也没人。还被势利的保姆"挖苦"了几句。他很生气,却又不能说什么,于是带着满腔的怒火回到了家里,并且发誓宁愿不开餐馆也不要再受这个窝囊气了。那位朋友知道以后,笑他就这点度量,你是和别人闹脾气,还是和自己闹脾气呢?求人办事情总会有碰壁的时候,如果你一直生气,你的事情什么时候才能办得好呢?这位先生听了朋友的一席话,感觉到自己好像是不太对,于是第二天,他又"厚"了脸皮去找某主任。结果是出人意料地顺利,主任只照例问了一些问题便为他办了手续。

其实很多时候办不成事情的时候,你的脾气总是发给你自己,自己生闷气,可是你在生气,别人又不知道,所以做人大度一点,有点阿 Q 精神,也不是不好。

会哭的孩子有糖吃

很多人其实很有才华,但是总是会觉得自己怀才不遇,而那些还不如自己的人最终却爬得比自己都高。觉得自己哪里不如别人,甚至会怀疑自己的能力。其实他们的成功所有秘密,不是每个人都很有办事情的能力,可是他们为什么会站在我们的肩膀上呢?答案就是,他们懂得营销自己,懂得把自己推销给别人。

不管我们在生活中还是在工作中,我们都要学会营销自己,虽然说做人要

低调,可是我们该高调的时候,还是要学会高调一些,闷不吭声,即使你做了事情别人也不会知道事情是你做的,所以我们在做了事情以后还要学会吆喝,让别人知道我们做了事情。

我们出去逛街的时候可以看到,很多地方买东西都要大声的吆喝,吸引别人的注意,哪边会吆喝自然吸引的顾客也就多一些,他的效益也就会好很多,所以说,我们做事情一定要学会吆喝。光会吆喝还不行,你要看好了方向,看好了位置再吆喝,不要对谁都吆喝。有的人不喜欢别人这个习惯,所以你吆喝的时候也要放聪明些。看准了对象再吆喝,否则你吆喝也是白吆喝,还可能会遭人算计。

做事情不能一直低调,该吆喝的时候还是要吆喝,母鸡下蛋的时候还会"咯咯"的叫唤,我们做了事情的时候也要学会为自己邀功。做事情的时候,该高调的时候,就要高调一些,总是很低调,你做了什么事情你的领导却不知道,那你就等于白做。有些事情做的时候要默默无闻,可是做好了,就不能真的不让人知道。每个人都希望成为公众的焦点,和别人聊天的时候总是很自然地把话题转到自己的身上,让自己成为焦点。

在电影《飘》中扮演女主角郝斯佳的费雯丽,在出演该片前只是一个很不起眼的小角色,她之所以能够因此而一举成名,就是因为大胆地运用了"焦点效应"。把注意力都吸引过来,让别人来关注你。当《飘》已经开拍时,女主角的人选还没有确定下来。毕业于英国皇家戏剧学院的费雯丽,当即决定争取出演郝斯佳这一十分引诱人的角色。可是,此时的费雯丽还默默无闻,没有什么名气。想出演这一角色还是有很大的困难。怎样才能让导演知道她就是郝斯佳的最佳人选"呢?这个问题成为她思考解决的一大关键。经过一番深思熟虑后,费雯丽决定毛遂自荐,方法就是在导演面前展现自我。

一天晚上,刚拍完《飘》的外景,制片人大卫又愁眉不展了。突然,他看见一男一女走上楼梯,男的他认识,那女的是谁呢?只见她一手扶着男主角的扮演者,一手按住帽子,居然自己把自己扮作郝斯佳的模样。大卫正在纳闷时,突然

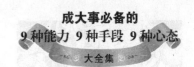

听见男主角大喊一声："喂！请看郝斯佳！"大卫一下子惊住了："天呀！真是踏破铁鞋无觅处，得来全不费工夫。这不就是活脱脱的郝斯佳吗？"于是费雯丽被选中了，担任了女主角实现了她的目标。

要知道，会哭的孩子才能有糖吃，不引起大人的注意，怎么样才能得到那诱人的糖果呢？费雯丽巧妙地推荐了自己，在导演面前崭露头角。从而实现了自己的目标。所以，想要实现自己的目标就要先引起别人的注意。

古往今来，不乏有超世之才的人物，埋没在茫茫人海中，他们扼腕叹息，自己为何怀才不遇，总是会怨天尤人，其实他们最应该责怪的就是他们自己，一个有才能的人不想被埋没，就一定要学会在伯乐面前把自己这匹千里马推销出去。现在的职场中也是一样，你没有机会的话，空有一腔热情，可是却报国无门，不能怪别人，更不能怪社会，只能怪你自己，沉默的态度，再愤世嫉俗，也无人知晓。你的卓越才能最终只能被埋没，而你也会带着深深的叹息遗憾地离开。想要改变你的命运吗？没有人想说不。所以我们一定要改变我们现有的心态，积极主动，走出这样悲哀的命运。

用热心肠去贴冷面孔

人不是冷血动物，就是再铁石心肠也经不住你的热心肠，冰冷的石头都可以被捂热，更何况是人的一颗火热的心呢？我们要相信冷漠只是暂时的，而只要我们付出努力，就是铁石心肠，也能被我们所感动。

在别人对我们冷漠的时候，我们不能同样用冷漠的态度去面对这些，大家都冷，那么久没有交界处了，人与人之间还怎么相处？不是每个人都是热情的，所以在遇到别人对我们冷漠的时候，我们就要用我们的热情去贴他的冷面孔，时间久了，再冷的面孔都不会再给我们颜色看。

俗话说得好，伸手不打笑脸人。他再怎么冷漠，都无法对你的笑脸你的热情发脾气,他也不能拒绝你的热情,最终他会被你所感染,接受你。不管是在生活中还是工作中,我们都渴望和别人建立和谐的关系。但是这并不是一件容易做的事情,在现实生活中,我们每个人也都尝过别人冷落的滋味,这样的滋味很不好受,尤其是你是一个很热情的人,人际关系也很不错,可是你到了一个新环境,总会有人对你不理不睬的,这样你心里的落差感就会产生,这样的时候,你千万不要灰心。继续用你的热情,去笼络他的心。

每个人对待冷落的方式都不一样,有的人不怕冷落,在冷落面前也能泰然处之,用宽阔的胸怀,去容纳别人的冷漠。可是有的人就不行,面对别人的冷落,就会觉得,你有什么了不起,用得着摆什么臭架子,成功就很了不起了吗,就可以无视别人了吗?这样的心理,也大有人在。但是其结果,只能让自己和他的关系一直保持着冷漠,甚至更差。只有你不畏惧这份冷漠,而知难而进的话,你才能取得进一步的成就,你的前途才会更辉煌。

张红和王婷是两位刚从师范大学毕业的女学生,从都市来到偏僻的乡村学校支教。来到这里却发现校长和同事们对她们并无多大的好感,对她们的态度也极其冷漠。她们很想和几位年龄相仿的女同事打成一片,可是大家却总是找借口回避她们,使她们显得格格不入。

在这种情况下,王婷并不灰心。她主动接近别人,寻找相互了解的机会。遇到不懂的地方,主动谦虚地向别人请教,在日常交往接触中,她注意真诚、平等地对待他人,热心地帮助有困难的同事,自己有困难时也同样求助于人;在合适的交谈机会中,她又使别人了解自己的抱负、心愿,用实际行动缩短了她与同事们的心理距离,使他们较全面地了解了她,并开始接受她。

人们说:"朋友的朋友就是自己的朋友。"王婷首先在那群年轻女教师中建立了较好的人际关系,进而通过她接近其他几位,很快就进入了这一圈子。这个圈子的同事对她的肯定评价,又影响了其他的同事。可是和王婷一起来的张红就不是这样,在学校她的成绩一直名列前茅,为人也很骄傲,她不肯放下她的架子,对于别人的冷漠,她看在眼里记在心里,并且以同样的方式回报于人,一段时间过去了,王婷已经和大家打成一片,而张红却是孤孤单单的一个人,前者大家给予肯定,用她的实际行动,用她的热情化解了对方的寒冷,后者,以冷对冷,结果,冰石头还是冰石头。

其实人与人是有差异的,不是每个人都一样的,每个人的待人接物的方式方法都不一样。有的人给人的第一印象就是冷冰冰的,可是一旦你露出了你的热情,他也会立刻用他的热情来对待你;对于陌生的人,一般人的态度都不会很热情,所以,作为一个新加入群体的成员来说,关键的问题就是看我们自己有没有诚心,想要真正的加入到这个团体中。我们的热情会给人带来好的印象,一个人能否招人喜爱,就看他能不能获得别人的认同,怎样恰到好处地处理好对方的情感需求,是得到对方认可和接纳的前提。用我们的热情去感化别人,即使再冷的冰块,我们也能把它暖化。

能当主角,也能跑龙套

人生就像一场戏,在人生的舞台上,没有谁可以一直处于高位,我们需要一点一点地往高处爬,这是从下往上的路,大家都可以很轻易地接受,由易到难。可是反过来呢,不是什么事情都可以如我们所愿,有的时候,你在高处呆久了,也要下得来才可以。其实这些都是很平常的个事情,关键是看你能不能想得通。主角当久了,就只能当主角做不了其他事情。

我们要学会能上能下,你下来了才能保证下一次能上得更高。

对于做大事的人,一定要有能屈能伸的精神。在生活中没有谁可以一直做主角,红花需要绿叶来陪衬,当然你要做得了红花,也要做得了绿叶。主角做久了,所有人都围着你转,你的优越感也就培养出来了,当你在跑龙套的时候自然就会觉得落寞了很多。

所以,我们在面对这种情况的时候一定要保持良好的心态,没有好的心

态,你下去了,难免会变得一蹶不振。

跑龙套其实是对主角是一种考验,考验我们的心态,考验我们的处世态度。有时候低头并不像我们想的那么简单,否则世上也就不会有那么多因为不愿低头而吃亏的人了。

台北是个包容失败的城市,这对于创业的年轻人来说,是很重要的。创业很少能一次成功,大家都是经历过很多次失败才取得成功。而成功率也是非常低的。有一个小故事,一天这个人在台北打了一辆车,这人是来台北出差办事的,路上和司机聊了起来,得知,司机师傅原来也是企业老板,做进出口贸易,这几年生意不好无奈之下只好关门大吉,改开出租车。司机说,开车是他的权宜之计,等找到新的合作伙伴,会再拼一次。这不是一件容易的事情,台北的地方本来就不大,如果哪一天遇到的乘客是自己的熟人,或者是自己以前的下属,他的面子又该往哪里搁呢?这人在台北有很多次类似的打车经历,听着这些出租车师傅,兴致勃勃地讲述着自己曾经的光荣历史,和对未来的美好憧憬。每一次都因为路程太短了,只听到一半。

不要小看了台北的出租车司机,那里一直有一种说法,台北市有3万名出租车司机,却有20多万名企业老板,一位出租车司机平均可管7位老板,这不是重点,关键是这些老板能在企业经营不下去的时候放下身份和面子开出租车,这是极少数的,也是极其难得的。大家都知道中国人最讲究的就是面子,没有钱可以,但是没有面子是不可以的。这些人的精神是可贵的。他们还可以想着有朝一日再重新回去创业。至于再创业是否成功,我们就不清楚了。

当不了主角,就认真地当好你的配角,潮起潮落是有规律可循的。做好跑龙套的工作,保持好的心态,不要因为下不来台而毁了你的一生。喜欢一句广告词,心有多大,舞台就有多大。你站在台上的时候,你的舞台很大,可是当你下台的时候,你的好心态,同样可以使你的舞台变得很大。

李蒙工作非常努力,年轻有为,在单位人缘很好。大家都知道他很想当科长,同时也都赞同他具备当科长的能力。后来他被提升了,每天的工作认真勤

奋,态度很积极。兴奋中难掩骄傲的神色。大家都替他高兴,也希望他能更进一步。可是过了一年,他"下台"了,被调到别的部门当了一名副职。据说,得知消息的那天,他锁上办公室的门,一整天没有出来。当了副职后,他无法忍受这种落寞,从此一蹶不振。

由主角变成配角之后的难过心情是可以被理解的,前一刻你还被众人捧在掌心,而这一刻,你却处在低谷,还有可能被人践踏,备受冷落,成为边缘人,这种天差地别,很难让人承受得起。这时候你不要去怪你的运气不好,更应该沉住气,跑好你的龙套。若是连这都做不好,怎么还能让别人再相信你能演好主角呢?

摆正心态,总有一天机会会再次到来,当时机一来你只要抓住机会,主角的位置就还是你的。坐冷板凳是对你意志力的考验,只要你调整好心态,强化自己的能力,总会有翻身的一天。

手段 8　攻心

处理好"感情"，
就不难成就你所要托请的"事情"

"感人心者,莫先乎情",人与人之间长时间地相处就会产生相应的好感,达到信赖的程度。人都过不了感情这一关,学会收买人心,让别人心甘情愿地为你做事情。这并不是非常困难的事情,先期的人情做足了,自然会赢得别人万分的感激,让对方记住你一辈子。

最有效的办事手段是打"感情牌"

任何一个人要想取得事业上的成功,都离不开良好的人脉关系。良好人脉关系的建立绝非一朝一夕之间就能得以完成的,需要经过一段时间相处的检验,而通过这项检验的法宝就是要融入个人的感情,只有融入了个人的感情才能获得对方的信任。

有句成语叫做"解衣衣之,推食食之",就是告诉我们,要把对方的需要当成自己的需要,多为别人做到无微不至的关心,只有这样,别人才会对你感恩戴德,在以后的办事过程中全身心地为你贡献自己的力量和才智。

我们中国传统的处世哲学就是讲究温情脉脉的人际关系，重视人与人之间的感情，讨厌赤裸裸的利益交往。在为人处世之中提倡变通，也就是说不能因为一些死板的规定而驳斥别人的面子，哪怕是因为原则性的问题而无法改变的事情，也会充分考虑到对方的感情承受，用比较委婉的方式表达出来。

李白去安徽泾县游玩的时候，当地村民汪伦想得到他的诗，就热情地用美酒佳肴来招待这他，用感情打动了这位桀骜不驯的旷世奇才，李白感动之余，写诗给汪伦，那句"桃花潭水深千尺，不及汪伦送我情"的句子也在中国的大地上流传了上千年。我们从中可以明白一个道理，把人情做足了，就会赢得别人的感激，在心里深深地记住你的名字，哪怕你是有求而来，也会十分痛快地答应。

春秋战国时，孟尝君派他的门客去替他收债。冯谖在临行前对孟尝君说："收完债之后我该给您买些什么回来呢？"孟尝君说："你看我们家缺少什么东西就买什么东西吧。

冯谖到了薛地，把那些欠债的人召集起来说："孟尝君已经把你们的债务全部免除了！"说完就当众将借据全部烧毁。薛地的老百姓看到之后都感动得流下了眼泪，十分感谢孟尝君的大恩大德。

冯谖很快就赶回了临淄，孟尝君感到非常奇怪。就问他："你把债都收完了吗？"冯谖回答说收完了。孟尝君又问："你买了什么东西回来了？"冯谖说："你告诉我家里缺少什么就买什么，我看你家里金银珠宝绫罗绸缎堆积如山，美女如云，马厩里的马匹也有很多，根本没有必要再添置这些东西，但是你却缺少义，因此我就自作主张把义给你买来了。"孟尝君对此感到不以为然就说："义有什么用啊？"

冯谖正色道："您现在只有薛这么一个小小的封地，但是却不知道珍惜薛地的老百姓，只知道尽情地压榨他们，只知道攫取物质利益，老百姓就会怨声载道。我去了之后烧掉了借据，老百姓们奔走相告，传播你的大仁大义，对你充满了感激。这样就把你缺少的义买到了。"孟尝君这才知道冯谖买的"义"竟然

是这么回事,心下感到十分不快。

一年之后,孟尝君得罪了刚刚继位的齐宣王,被免掉了相国的职务,只好从临淄回到自己的封地薛,结果薛地的老百姓听说他们的大恩人回来了,就扶老携幼跪在路旁迎接他。这时候,孟尝君终于明白了冯谖烧掉借据的深意。

俗话说:"得人心者得天下",要得到人心,取得别人的支持和爱戴,就要懂得俘获别人的感情,对你充满敬意心甘情愿地为你上刀山下火海。如果你是一个薄情寡义而又极端自私自利的人,人们对待你的态度绝对不会是善意的,甚至还会为你陷入困境而落井下石。因此,我们应该明白人心所向是关系到个人的前途和事业的道理。在日常的生活之中,不要吝啬自己的感情和物质,更不要自视清高忽略所谓小恩小惠的作用。往往是,不经意间的善举,能够换回来出乎意料的巨大收获。

在生活中,许多人持有一种"平时不烧香急来抱佛脚"的处世态度,这是十分错误的选择。懂得感情投资的人懂得"人情效应'的关系,在平日里会多结善缘,获得丰厚的人脉关系,从而培养了自己的人望,在别人心甘情愿的帮助下走向了事业的成功和辉煌。

先调动起别人心中的渴望

物以稀为贵。在我们的生活中,永远都有着这样的想法,什么东西越是少就越是觉得稀奇,可是这件东西很平常,那么我们就不会觉得它有多么好了,对于它的购买欲望也就不高了。

我们常常看到超市里有什么抢购,特价之类的活动,其实可能这些东西并不是那么好,但是它有亮点,就足以勾起人的购买欲。你的销售也就取得了成功。东西越少,大家就越是想得到,所以就变得抢手,即使不好卖的东西也会销售一空。

做事情也是一样,不管在我们的生活中,还是工作中,功利心始终占据着我们,人的欲望是无限的,只要你能勾起他的欲望,你就成功了一半。谈生意的时候你把最大的好处、利润都说给他听,说他所能得到的好处,你的合作伙伴不会不愿意跟你合作的。

调动起别人心中成事的欲望,第一点就是说好听的话。每个人都喜欢听好听的话,即使知道对方是有意奉承你,可是这些话你就是拒绝不了,还是会很乐意听。这些东西你可能不需要,可是对方的巧言慧语,会激起你的欲望,成事,就不在话下。卖方正是抓住了买方的这一心理弱点,予以强攻,用好听的话就将你拉入自己的利益集团。

有一年在贵阳举办的中国国际名酒节上,外省的一家经贸公司与贵州的一家酒厂谈判。该公司欲订购白酒 10 吨。但贵州的酒厂非常多,名酒更是不在话下,酒厂之间的竞争相当激烈。每家公司各有千秋,究竟订哪家的,确实不好做决定。

他们在与这家酒厂的洽谈间,对这么一宗大生意,厂家掩藏起内心的兴奋,平静而又抱歉地说:"对不起,我们今年的货早已订完了,已经开始订明年的了。如果你们需要,我们设法给你们安排明年早一些的。"听了这一席话,公司当然大感意外:"是吗?前天你们还在大拉客户呢!"厂家随即摆出一副赤诚的样子:"众所周知,我们的酒是根本用不着'拉'的;更何况过了一天,情况还不会变? 这不,今天一清早,广东一家公司才将今年的最后一批 10 吨全部订完。你们可以去问问他们嘛!"此一说果真有效,公司有些急了:"是的,听说你们的酒好,我们才慕名而来。我们来一趟也不容易,能不能通融一下,先挪给我们一些? "

公司更加着急,说了一大堆的好话。厂家这才松口说道:"既然你们要与我们长期合作,看到你们也很有诚心,也考虑到我们的长远利益,我们可以给其他客户做做工作,每家匀出一点,给你们凑足 10 吨。"公司很高兴。厂家更高兴了。

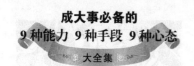

酒厂制造出货物短缺,使买家觉得是因为酒厂的酒好,所以预订的人才会多,好东西都会很抢手。厂家编造出来的谎言,成功地抓住了客户的这一心理,这样的谎言,有时候会比真实更容易说服人。无论在工作上,还是在生活上,不违背道德的谎言,其实也可以为你赢得很多的好处。

调动起别人心中的渴望,还有一个百试不爽的方法就是激将法。说好话,有时候有人就不吃这一套,说好话他会觉得你太虚伪了,反倒是巧言相激,他才能着你的道。借以语言加以刺激,激起对方按照说话人的意向说话或回答问题,也就是俗话所说的"请将不如激将"。在生活中,工作中,商场中,我们可以适当地用这种方法来刺激对方,激起对方成事的欲望。他越是避讳哪一点你就专攻他的痛处。比如一个人做事情,最不喜欢别人拿他和其他人比,他不愿意去做这件事情的时候,你就可以拿他这个不喜欢的人来激他,只要他一激动,就不怕他不上你的道。激将术主要是通过隐藏的各种手段,使对方激动,扰乱他正常的思绪,使他的情绪失去控制,然后在他无意识的时候再引导他去做你想让他做的事情。说到底,人是有感情的动物。所以在人际交往中,必须想方设法调动感情的力量,来激发人的积极性,调动其热情和干劲儿。

在求人的理由上做文章

我们每个人都有求人办事的时候,不是每件事情都可以自己解决,总会有需要别人的帮助的时候,可是不是我们每一次的要求,别人都会答应,所以,在求人这方面,也是一门语言的艺术。会说话的人,求人成功的可能性就大一些,所以,在求人的时候,我们一定要想好怎么去说服对方能答应我们的条件。

求人办事情,要想达到我们的目标,就必须激起对方的欲望,暗示对方只要能成事,利益就在后面,要让他相信你说的话不是假话空话,接着你在不断地刺激他,挑起他的欲望,这样你的条件他就能答应了。

再有就是利用对方的同情心，求人的人一般都有苦衷，你要把自己的事情说得很困难，非他帮忙不可，自己是多么的无能为力，多么的无助，多么的艰苦，把自己说得越可怜，就越能激起他的同情心，一旦同情心被激起，你成事的希望也就越大了。

求人办事还有一条规律，就是，央求别人答应你的条件，不如委婉地请求别人答应你的条件，这二者看似很接近，可是还是存在着本质的差别。前者有恳求的意思在，完全把自己的地位降得很低。而后者却只是委婉地请求，并没有降低身份的意思在里面。劝导不如诱导，很多人不愿意去听你解释那么多，劝说的难度要远远超过诱导。在运用这一策略的时候首先要引起别人的兴趣，才能一点一点地诱导别人做你想做的事情，帮你完成你的目标。求人办事的时候一定要把事情的理由想清楚，达到目的不是一件容易的事情，你大可不必有一种消极的想法，而应该利用问题本身的理由去吸引别人，用求人的理由打动他，这才是求人的高境界。也许你会说，我什么都没有，用什么去吸引他？其实，仅仅是语言就可以了，没有资本的时候，语言就是我们最好的工具，想清楚你要说什么，想清楚你的目标，在求人的理由上做文章，只要你的算盘打得好，就不怕他会不答应你的请求。

美国斯坦福大学社会心理学家弗利特曼和弗利哲两位教授，曾以学校附近一位家庭主妇亨利太太，做了个有趣的实验，他们打了个电话给她："这里是加州消费者联谊会，为具体了解消费者之实况，我们想请教几个关于家庭用品的问题。""好吧，请问吧！"亨利太太很有礼貌地说，教授们提出了一两个关于她经常使用哪一种肥皂等简单问题。当然，这个电话，不仅仅是打给了亨利太太，还打给了其他的像亨利太太一样的家庭主妇。

过了几天，他们又打电话了："对不起，又打扰你了，现在，为了扩大调查，这两天将有五六位调查员到您家当面请教，希望你多多支持这件事。"这实在是件不太礼貌的事，但也被同意，什么原因呢？只因为有了第一个电话的铺路。相反，他们在没有打过第一个电话，而直接有第二个电话要求时，却遭到了拒绝，他们最后以百分比作为结论。前一种答应他们的占52.8%,后一种只有22.2%。所以由此可知,向别人提出请求的时候,应由小到大,由浅入探,由轻加重才是。如果两位教授一开始就有大的请求,一定会遭受到对方断然拒绝。

所以我们可以得到一条结论,在你向别人提出请求的时候,不妨先说一些简单的事情,慢慢地引入话题。总之,就是要引起对方对你提出的要求的兴趣和好奇心。然后再引发他的激情,让他能热心地参与你的计划,你必须诱导他来做一下尝试,然后在量体裁衣,选好时机和话题,逐步地引导他朝你的方向过来。

求人办事的时候,我们不能很贸然地提出条件,这样对方可能接受不了,会很干脆地拒绝,所以我们应该循序渐进,由浅入深,可以先说一些客套话,然后在绕到你想说的话题上,最后顺势把你的要求全部说出来。一步一步,一点一点地完成你的目标。

充分利用对方的同情心

人心都是肉长的,仁慈心、同情心是我们每个人感情世界最基本的心理。巧用别人的同情心来为我们办事达成我们的目标。生活中,我们求人办事都是在所难免的,遭到别人的拒绝这是在所难免的事情了。可是一时的拒绝不代表事情就没有回转的余地,这时候事情能不能成功,就要看我们自己会不会运作了。我们不能在这样的时候因为拒绝而影响到我们的情绪,灰心、丧气、沮丧,这对事情的成功,只有害处而没有益处。

这时聪明人一定会静下心来,仔细地分析目前的状况,从而根据自己的分析,再采取相应的措施。这时,由于你的转变,可能事情就可能出现新的转机。苦肉计,无疑是对方产生同情心最好的方法。用自己坎坷遭遇的愁容和凄凉悲怆的眼泪,可以勾起对方的同情心。即便铁石心肠,也会对你网开一面,答应或者帮助你把事情办成。

一些出色的政治家就很巧妙地用眼泪换取对方的同情心，做出一副很诚恳的样子让人们同情他，对他产生怜悯之心，也就上了他提前铺好的道，顺利地利用别人的同情心来达到自己成事的目的。

在我们的生活中，说话办事，眼泪有时候是很重要的武器。也是达到目的的最佳手段。一般的人都是感情型动物，只要你能博得同情，你的目的就可达到。

日本人在创办啤酒厂之前，了解到丹麦酿制啤酒的技术属于在世界上名列前茅，于是便很想窃取丹麦的啤酒配方技术，可是当时丹麦的啤酒厂保密程度很高，根本不允许外人随便参观。

当时，日本有一个啤酒商远涉重洋，专程来到丹麦的一个知名的啤酒厂，在外面转了几天也没办法进去。后来，他看到每天都有一辆黑色的轿车进进出出，他找人一打听，得知，这辆车里坐的正是这家啤酒厂的老板，他思前想后，终于想出了一条苦肉计。一天，当老板的汽车开出来的时候，这个日本人装作失足，把一条腿伸到了车轮下。酒厂老板赶忙送他去了医院，日本人的性命保住了，可是腿却断了一条。酒厂老板听日本人说不找自己的麻烦，只想当个看门人，很过意不去，于是答应了他的要求，等伤好了以后到酒厂看门，混口饭吃。于是这个日本人的伤好了以后，就当上了这家啤酒厂的门卫。

这个日本人利用看门的方便，经过了三年的观察琢磨，终于找到了丹麦啤酒的秘方和生产工艺。三年后，日本人离开了酒厂，回到日本开了一家很有规模的啤酒厂，推出了一种可与丹麦啤酒相媲美的啤酒，并且成功地打进国际市场，和丹麦的啤酒相互竞争。

日本人巧妙地运用了苦肉计，装出了可怜的样子，成功地取得了丹麦啤酒厂老板的同情，历经三年的时间，成功地得到了啤酒的制作工艺。人们都有同情弱者的心，也都有在竞争中忽略弱者的心理，弱者赚取同情后达到征服人的目的。显示出自己弱于对方的一面，也能达到征服人的目的，这样就又能很有力地避免双方的争斗，强者看似胜于弱者，其实不然，弱者悄悄地利用强者的

同情来达到自己的目的。

在商场上也是一样,当你推销一样东西的时候,你的顾客可能购买的欲望不是很强烈,当你对他说起你生活上很困难,工作也很辛苦,赚钱不易等等事情,顾客可能就会冲着你的这些困难而伸出援手,帮你一把。这样你的目的就达到了。

我们也常在电视节目中看到选手拉票的时候会说起自己家的心酸往事,以赚取大家的同情,博得大家的喜爱,赢得较高的威望。要引起别人的同情,就必须在人之常情上下功夫,必须把自己所面临的困难说得痛彻心扉,感人肺腑,令人惋惜可怜。所以越是哪一点给自己带来不幸和痛苦的地方,就越是应该加大力度来渲染。这样对方对你的同情心也就越强烈,你要求他办事情也就不那么困难了。他就会觉得对你伸出援助之手,是理所应当的事情。而他在帮你之后还可以有极大的满足感,感觉自己帮助了别人。

给人更多的选择权,他才会信赖你

每个人都有一颗虚荣心,希望被对方认为是有能力、有创意、有思想的人。在我们处理事情的时候一定要注意这个最基本的知识,当自己有一个非常好的创意时,没有必要去得意洋洋地卖弄,而是应该用一种商议和请教的口吻来和对方交谈,给对方充分选择的余地,这样的话,就会给人一种被尊重的感觉,从而乐意为你做出贡献,逐渐地对你形成信任感,随着时间的推移,这种短时间的信任必将会变成长时间的信赖。

基辛格在美国是大名鼎鼎的人物,他曾经先后获得了三个总统的信任和尊重,成为美国政坛上为数不多的"不倒翁"。在纳尔逊·洛克菲勒任纽约州州长的时候,基辛格做了他的外交顾问。后来尼克松当选为美国总统,洛克菲勒竭力向他推荐基辛格,最后尼克松采纳了洛克菲勒的意见,让他做了国务卿。

尼克松之后,福特接任总统,他上任之后的第一件事就是让基辛格继续担任国务卿的职务。后来里根当选为总统之后,由于竞选期间向他的支持者许诺不会任用基辛格为新政府成员,也就没有办法让基辛格继续留任国务卿,但是在一些重大国际事务的处理上,他还是要倾听基辛格的意见。

基辛格之所以能够成为几任总统信任的助手,原因就是基辛格在一些重大的决策上能够让他们做出各种选择,而不是提出一个特定的政策或者是制定好了的行动方针要求总统去实施,这样的话,就不会让总统产生受制于人的想法。

在向总统提出建议之前,基辛格总是提供出各种可供选择的可行方案,并且认真地分析出它们的优点和缺点所在,从来没有过为推荐一个方案而做说服总统的举动。

基辛格的做法是十分聪明的,这样的做法能够保障各种事情的顺利解决,又不会给人带来负面的心理作用,既充分发挥了别人的聪明才智,又能减少自己意见得以实施过程中的阻力。

在交际之中,我们都懂得用一些小恩小惠来感动对方的心,在办事的时候也同样要用一些东西来和别人交换。只不过,给别人的绝不是一些外在的物质性的东西,而是包含尊重与请教式的选择,当别人能够拥有充足的选择权之后,心情上就会非常愉快,认为你是一个懂得他们心理需要的人,从而对你产生好感。

布鲁克林一家医院准备扩建,要建成全国最好的 X 光科。消息传出之后,那些个大生产 X 光机公司的推销员纷纷来到院长办公室门口,将他团团围住,使出浑身解数,滔滔不绝地介绍本公司生产的产品是多么的完美,希望医院能够买下他们的产品。

然而,一家制造商却并没有这样做,他给院长写了一封信:我们的工厂最近设计出了一套新型的 X 光设备。这批机器的第一部分刚刚运到我们的办公室来。但是,这些机器并不是十全十美的,我们将进行下一步的改进。但是由于我们的专业水平有限,希望您能在百忙之中来我们公司,提供一下宝贵的意见,从而对改进医疗设施行业能够有更多的帮助和贡献,如果您能帮忙的话,我们将感激不尽。我知道您现在是非常忙的,并不敢让您现在就来。如果您哪一天有时间请先打电话给我们,到时候我们派车去接您。

"接到那封信时,我感觉很惊讶",院长事后说,"既觉得惊讶,又觉得受到了很大的尊重。从前从来没有一个制造商向我请教过这些方面的问题,只有这家公司这样做了。那个星期我比较忙,但还是推掉了一些聚会,抽时间去看那一套设备。结果,我看得越仔细,对它也就越爱不释手。

"没有人试图把它推销给我。但是我却心甘情愿地为公司买下了这套设备,因为我觉得,这些机器的品质是十分优秀的,如果错过,就会给医院带来很大的损失。"

无论是大人物还是小人物,都十分重视自己的选择权和决策权,因为这一点关系到一个人的自尊和心情承受度。我们在事业中,应该牢记,和别人打交道,一定要尊重他们的尊严,给对方提供充足的选择权,让他有一种掌握事情的优越感,而不能颐指气使,指手画脚地去强迫他。只有做到了这一点,才能将你的事业向前推进很大一步。

手段 9　策应

别等着靠天吃饭，
好运气都是精心筹划的结果

坐享其成的人永远等不来好机遇，聪明人不会坐着傻等，他们时常要思考的是：怎样才能给自己制造机会，让自己达到目标，然后再一点一点地取得成功。那些能够成就一番事业的人，首先就在于，他从不苛求条件，而是竭力创造条件。调动一切可以利用的力量，把不可能经营成可能。

多想几个着，一盘棋就走活了

人生如棋局一样，决策的最终会产生两种结果，输或赢。举棋无悔真君子，人生就如这棋局一样，很多事情都没有反悔的余地。所以做决策之前一定要三思而后行。是输是赢，全要看你自己。大家常说，一着不慎满盘皆输。所以，高手下棋势必多看三步。可进可退，不至于你走出一步，被人拦截，而举手无错。

在生活中，我们做事情也应该这样，在做事之前要做好打算，不能只想一个方法，而且还要给自己留下后路，可进可退，不至于弄得自己进退两难。走一步看一步的思想是悲观的，很被动的，如果你的生活中一直抱有这样的生活态度,那么你的生活是很消极的,做一天和尚撞一天钟。山重水复疑无路,可是不是每个人都可以等来柳暗花明后的又一村。

人生就如棋盘一样,有横有竖,想要活得精彩,关键是看我们怎么区规划我们的生活,要想下一盘精彩的棋局,必定要多想几个高着。一盘棋才能走活。有些事情并不像你想象的那样顺利,你所走出的每一步,做的每一个决策,都决定着你的成功与否。所以我们做任何事情都不能盲目,不能太保守,总是一条路走到黑,我们要试着改变我们的想法。必须找一条新路,必须有一种站得高看得远的眼光,这样才能使你立于不败之地,如果你只是看见眼前的一步,终究会让你停止在那条水平线上。你的对手就会超越你。只有眼光放长远了,你才有赢的机会。

魏文帝曹丕,不只对待弟兄无情,对待大臣也是心胸狭窄。鲍勋在曹操时代,担任魏郡西部都尉的官职,负责邺城(今河北临漳县)西部的治安。那时,曹丕还是太子,他的夫人郭妃之弟有罪,被鲍勋收捕,曹丕出面求情,鲍勋不答应,依法给治了罪,曹丕因为这件事便对鲍勋耿耿于怀。

曹丕当皇帝后,鲍勋不但未避让一下风头,反而直言不讳,向曹丕提意见,曹丕更是生气,现在的他已经是大权在握,可以任意处置鲍勋了。

有一次行军宿营,鲍勋任营中执法官,他的一个朋友来军营探望他,从还没有建成的营垒中抄了近道,按照军规,军营内是不许抄近道的。军营令要以违反军规将他那朋友治罪,鲍勋以为,营垒尚未建成,才不过是刚刚打桩划线,抄近道算不了什么大错,无须处分。

这事让曹丕知道了,他可抓住了把柄,立即下令道:"鲍勋指鹿为马,应交办治罪!"

曹丕一下子便将性质定得如此严重,使执法大臣十分为难。鲍勋自己并没违反军规,只是徇私保了自己的友人,也不至于比成大奸臣赵高呀!曹丕大怒说:"鲍勋罪在必死,你们居然敢袒护他,我要将你们一并治罪!"

朝中一大批元老重臣都觉得曹丕太过分了,纷纷出面为鲍勋求情,主持司法的大臣高柔拒绝执行斩处鲍勋的诏命。曹丕更是怒火万丈,他将高柔召至朝堂软禁起来,由他亲自出面派遣使臣去杀了鲍勋,然后才将高柔放出。

鲍勋的错误在于,只看到眼前,而未考虑今后之事,做事情有欠考虑。可能他到死都不能明白这是为什么。所以做事情的时候一定要瞻前顾后,尤其是对自己的领导的时候一定要多想几招,给自己留足后路,也不至于最后朝不保夕。

做人的艺术,就是要讲究平衡,既要瞻前顾后,又要左顾右盼,做事之前就应该想好事情的前因后果,不要故步自封。

人无远虑必有近忧。可是我们只是一味地看着眼前的近忧而断了自己的后路,那我们在之后的时间将会有更多的近忧,所以我们做事情的时候,一定要有长远的目光,不单单要看到眼前的事情,更要为你的以后做长远的打算。

一个企业中,获得怎样的效益,关键是看决策者怎样思考,有没有长远的眼光,看到下一步该做什么,这些还不够,要想百战百胜,问题的关键点,还是要知己知彼。了解自己,了解对手,才能让你想出更好的应对方法,最终获得胜利。

做事之前要考虑到不利因素

有一只小鸟,经过了漫长的跋涉后停在一棵树上休息,树上结满了丰硕的果实,小鸟高兴极了,向那些有果实的树飞了过去,一边唱着欢快的歌曲。可是它的眼前只有那些果实,而没有注意到猎枪正在靠近它。就在小鸟得意的时候,一声枪响,就将快乐的小鸟送进了天堂。所以说,当我们看着眼前的利益的时候,不要忘记了也看看身后,是不是也有一杆猎枪对着我们呢?

好赌的人之所以好赌,就是因为他们只看到了眼前大堆的钱向自己招手,可是他们没有想到,赌博的时候赢的永远是设局的人。他们只想到自己如何翻身,却没有想过,自己会被弄得倾家荡产家破人亡。官场上的很多人一心只看

到权力,官职越高,越不满足,结果却弄得身败名裂。

没有一个人总是成功,所以在我们做事情之前还要考虑到我们可能会面临失败。防患于未然。万事多做一个打算对谁都没有坏处。

在一个叫恶狼谷的地方,生存着一群老弱病残的狼。这里的狼,都有一个共同的特点。那就是,无论谁抓到猎物都只会吃一半,而将剩下的一半埋在土里,等找不到食物吃的时候再拿出来吃。尽管条件艰苦,但它们却没有被饿死。如果它们吃光了全部的食物,今朝有酒今朝醉,那么明天呢,是不是要面临被饿死的可能呢?所以狼群看到了对于它们不利的因素,才得以生存下来。

只看到事情好的一面,看不见事情的不利的一面,这样的人其实有时候是在欺骗自己,希望自己的美梦能做得时间长一点。事情就像硬币一样总有两面,你不能永远让正面朝上,反面朝上的的机会其实是相同的。没有什么事情可以事事顺心,天遂人愿的时候,也不占少数。一个人生病有可能好转,也可能病情加重。春秋时期,《左传》里就记载:"居安思危,思则必备,有备无患。"在充满危机的时候人的神经总会处在警备状态,可是在安逸的环境里就会放松压力,懈怠下来。困难来临时,会打得你措手不及。因此,我们做事之前不能只想到事情好的一面,还要想到事情不利于我们的一面。

美丽的背后总是隐藏着邪恶。螳螂只看到眼前的蝉,而没有注意到身后是否还站着黄雀呢?做事情要思前想后,有利的一面我们自然会想到,不利的一面,我们也不要将他忘记了。

很多事情是我们所不能决定的,所以事先我们就应该做好心理准备,可以提前想办法,制作出方法一,方法二,以备不时之需。

易云来自一个双职工家庭,从小衣食无忧,正是因为这一点,他就有些好逸恶劳,毕业后通过父母的关系,便在一家单位谋了一职。工资待遇都很不错,易云过的更是酒足饭饱的生活。

对于生活的满足,使他不思进取,安于现状,别的同事都在为一张销售单子争得面红耳赤的时候,他却毫不在乎,一笑而过。可是近期他却面临着一些问题,叫他笑也笑不出来。公司里的一张"死单"落到了他的手里,这个死单就是基本没有希望谈成的单子。后来他就陆陆续续地接到这样的单子,这样一来,易云就乐不起来了。一天,一个老员工见到愁眉苦脸的易云,问了情况之后,老员工对他说,你知道别人为什么都那么拼命地抢单子吗,就是因为有些单子不一定谈得成,担心那些死单落在自己头上,像你这样每天不懂得居安思危的人背黑锅,是在所难免了。易云听了惭愧不已,从来没有想过事情不好的一面,只看到自己酒足饭饱的生活,却没有看到事情会发展到不利于自己的时候。

所以在我们做事情之前一定要看到事情可能不利于我们的一面。做人不能够太过于乐观,否则到了鸡飞蛋打的时候,你的美梦破灭的时候,你将承受多大的痛苦呢? 做事之前,要想到事情好的一面,同时也要考虑到事情不好的一面。太过于乐观,当你面对不利因素的时候,你将会束手无策,与其这样,不如提前做好打算为妙。

机遇是"运作"出来的

做事情要主动,你不主动,天上不会掉馅饼,天下也没有白吃的午餐,机会的出现还是要靠我们自己,出现在我们身上的机遇很少,当我们没有机遇的时候,我们要懂得在这个时候创造机遇,有条件要上,没有条件创造条件也要上。

坐享其成的人永远等不来成功, 机会是运作出来的, 而成功是创造出来的,试问一个连机遇都不会运作的人,何来成功可言? 在很多情况下,机遇并不是悬在树上的金苹果,人人都能看得到,只要跳起来就可以摸到。机会往往是藏在不可能的后面,只要你能慧眼识珠,它就存在,可是,你要是看不见它,它就是虚幻的,不存在的。我们一定要看准时机,看准机遇,然后经过我们的努力运作,自己做自己的伯乐。

人有的时候并不了解自己,在一项工作面前,很多人都不敢出来承担,觉得自己没有本事、没有能力去做这件事情,一直活在自卑的阴影里。可是大家恰恰没有看见的是,这就是机遇,机遇可能就在陷阱的后面,关键是看你敢不敢越过陷阱,抓住机遇。

吉米 12 岁的时候,想有一辆自己的自行车,可是当时他的爸爸正下岗在家,家庭的收入本来就不宽裕,没有多余的钱给他买自行车。于是吉米就利用了暑假出去打一份零工,情况好的话,还可以满足他的愿望。假期一开始,就有一家公司贴出了招工广告,这家公司需要兼职外卖人员,公司正在面试,所有的面试者都要填一份申请表,然后排着长长的队伍等待面试。吉米拿了登记表,然后很细心地填好,他站在队伍的最后面,耐心地随着队伍一点点向前移动,很长的时间过去了,可是吉米面前还是有很多人。

工作职位是有限的,待遇又很丰厚。吉米真的很想得到这份工作,可是前面的人这么多,万一还没有轮到自己就已经选定了人怎么办啊?吉米心里很着急,最后他想出了一个好办法。他找到一张白纸,写了一张小纸条,然后央求秘书递给面试官。面试官也很好奇,一个小男孩会在纸上写点什么?打开纸条,上面写着:"上午好,先生! 我不知道多久才能轮到我面试,不过在您看到我之前,请不要作决定。"面试官很欣赏小男孩的这份勇气和智慧,于是决定就用吉米,吉米也很高兴得到这份工作,自行车就不再是梦想了。

我们每个人在机会面前缺少的就是勇气,成功的人就是比我们多了这份把握机遇的勇气。很多事情其实我们也不知道自己行不行,可是我们宁愿相信自己没有能力去做好这件事情,也不愿意相信自己,把握住机遇。最后只有让机会白白从身边溜走。这样你永远不知道自己有多少潜力,到头来只会觉得自己一事无成,只有在一旁羡慕着别人,如果不尝试,你将永远没有机会大放光彩,世界上很多美好的东西,就是因为不经意的尝试。

人们都喜欢机遇,有人把机遇称为运气,成功的人会把不可能的事情经营成为可能,即使在荆棘丛生的地方也能靠自己抓住机遇,得以脱身。

美国汽车大王亨利·福特，有一次被别人问到，如果他失去了他的全部巨额财富的话，他将做些什么事情。他丝毫没有犹豫，很快说出了答案：他会想出另一种人类的基本需求，并迎合这种需求，提供出比别人能够提供的更为便宜和更有质量的服务。他说他完全有把握、有信心在五年之内重新成为一个千万富翁。

穷人总会说没有机会作为没有成功的借口，而富人则是不管在什么样的环境下都能找到让自己成功的机遇。机遇不是别人给的，而是靠我们用头脑去思考得来的结果。所有失败的人都会把失败的原因归咎于外因从不在自己的身上找原因，时间一久，就习惯于平平凡凡地度过余生，运作机遇那更是想都不会想的事情了。有这种心理的朋友，请记住一句话：世上没有等来的伯乐，最好的伯乐往往是你自己。

要得起价钱，我待价而沽

我们刚进入社会时，可能有人会告诉你："一定要锋芒毕露，这样才能在同辈中脱颖而出，是千里马就应该跑在最前头！"同时长者也会告诫你："年轻人切忌锋芒太盛，枪打出头鸟，所以应当藏而不露！"其实这两种方法都很极端，如果你能学会半藏半露就很让你更加出色。所以，在生活中，工作中，你一定要把握好露与不露的分寸。

就像一道美味的菜，做到几分熟最可口，要掌握好火候，菜的烹制方法，油的温度等等，加上一双巧手，一道美味的菜才能做出来。我们就好比这美味的菜，一定要掌握好火候，你才能被欣赏，被称赞。

锋芒不露的你，可能永远得不到重用，永远跟在别人后面，不会有人注意到你，时间一长你对自己这样的生活方式开始习惯，叫你再露锋芒的时候，你可能就露不出来了。可是，你的锋芒太露，就会遭人嫉妒遭人陷害，虽然是短暂的成功,却也为自己掘好了坟墓,下一步,你将会葬送自己的前程。所以才华的显露一定要适可而止。

一个有才能的人,不应该急着显露自己的才华,当别人为你做好铺垫的时候,你在出场,所带来的效果将会更加显著,众人会对你刮目相看。

三国演义中,十八路诸侯齐聚,公共商议讨伐国贼董卓,刘关张三人到访,先是被看门的小兵为难,后来,又被各路诸侯取笑。华雄前来挑战,这时的刘备手下只有关张二人,关羽张飞十分勇猛,华雄前来叫嚣的时候,袁绍问:"谁敢出战?"袁术背后身后的骁将俞涉说:"我愿意前往。"关羽准备出战华雄,却被刘备拦了下来,不久,便有人来报,不到三个回合,俞涉便被斩落马下。众人都很吃惊,太守韩馥说:"我手下有上将潘凤,可斩华雄。"潘凤手拿大斧上马出战华雄,不久,又有人来报:"潘凤也被斩落马下。"这时候众人的脸色都变了。袁绍说:"只可惜我的上将颜良、文丑不在啊,他们二人,一人在这里,必定能斩杀华雄。"就在这个时候,关羽站出来说:"小将愿意前往,斩下华雄的头颅。"袁绍问:"这人是谁?"公孙瓒说:"是刘备的义弟。在他手下当马弓手。"袁术大叫道:"你们是觉得我们没有上将了吗?小小的一个马弓手,竟敢口出狂言,给我打出去。"曹操连忙制止说:"大家请息怒,一个小小的马弓手能说出这样的话,可见他一定有勇有谋,不如给他一匹马叫他出战,不行了再说。"袁绍说:"叫一个马弓手出战,岂不是会让华雄耻笑?"曹操说:"马弓手又没有写在脸上,更何况关羽仪表不俗,华雄怎么会知道他是一个马弓手呢?"

关羽说:"如果我斩不下华雄的头,请斩我的头。"曹操叫人热酒,请关羽喝了酒再出战,关羽说:"酒先放着,我去去就回。"于是拿着刀出去了。不久,众诸侯听见外面的士兵又是擂鼓,又是呐喊,正准备去探个究竟时,就看见关羽提着华雄的头进来了。而放着的酒,还没有凉。这一件事情,让大家对刘关张三人刮目相看,大家也不再耻笑他们是织席贩履之徒了。

如果第一次华雄叫嚣的时候,关羽就出战,大家可能只是觉得董卓手下的大将不过如此,可是两战过后,大家对华雄的武艺都感到畏惧的时候,关羽出战,前人为他埋下了伏笔,才能凸显出关羽的英勇。在适当的时候显露你的锋芒,才能令人刮目相看。从而也就奠定了关羽在三国演义中,忠勇威武的形象地位。

作为一个有才华的人,要学会适当地藏身,这样既能有效地保护你自己,又能在适当的时候显示出你的才华。凡事不要太过张扬,这不仅是有修养的表现,更是生存发展的策略。可是,要想怀才而遇,就必须会在适当的时机显示你的才华,隐藏得太深会让人觉得你无所用,领导不了解你,也就没有办法重用你,所以,在适当的时候展示你的才华,才能被人所器重。

不要势利,但是要实际

自古就有陶渊明不为五斗米折腰,这种宁折不弯的态度,值得赞扬。可是这样的人活起来却有可能被人骂成蠢货,假清高,这样的人,在古代可能会被称之为清高之人,可是在现代的社会这样的人生活起来就欠缺些实际。

认识现实的什么人有价值,什么人没有价值,我们都应该清楚。好的人际关系对人们来说是很重要的,在关键的时刻,这些朋友是不是可以帮助我们呢?所以与其交一些没有价值的朋友,不如培养一些具有功利色彩的朋友。大家常说大树底下好乘凉,确实,你的身后要是有显赫的人为你撑腰,你的生活将会比别人过得轻松很多。

王维与陈强从小学到中学都是同班同学,虽然两人很早认识,但关系却很一般。高三毕业时,陈强得知王维考上了清华大学建筑系,就打听到了王维的联系方式,之后与王维保持了五年不间断的联系。因为陈强喜欢高楼、大桥等建筑,希望王维今后能在这方面帮助自己。

大学毕业后,王维凭自己的智慧与努力在当地创办了一家建筑设计公司,经过几十年拼搏,已成为同行业中的拔尖人物。从小喜爱高楼、大桥的陈强也

有一番作为,他经常带着一帮人马承包建筑,为此赚了不少钱。

一次,陈强的家乡需要修一座大桥,陈强抓住这个赚钱的机会承包了这个任务。然而不久,他就后悔了。因为地理位置比较特殊,这座大桥不能按以往的方案建造。如果请专家设计一个新的方案需要花费不少钱。正为难时,陈强想起了同学王维,他不正是学习建筑设计的吗?而且还有自己的设计公司。

陈强毫不犹豫拨通了王维的电话,希望他帮忙设计一个适合当地地形的方案。王维也没有在意一点设计费,全当是帮老同学一把。就这样新的设计图纸和建造方案很快出炉,这也为陈强按时完工奠定了基础。

一个人要想成功,仅靠自己的力量是不够的,如果你的身边有高人指点,那么你的成功之路将会轻松的很多。我们在与人交往的时候可以找一些有价值的人保持来往,有助于我们的事业和人生都推向一个新的起点。但是我们把时间都花费在那些没有任何价值的人际关系上,将会对我们的人生和事业产生消极作用和负面影响,最终,导致我们一事无成。

一旦你找到了可以助你一臂之力的贵人,不但能加速你的成功步伐,还能减少大量的人力财力。所以在人际交往的时候,一定要认清目标,找到对自己事业生活有帮助的人,最后可以得到他的帮助。

小高陪着男友参加了几次高中同学的聚会后,感到很失望。男友的朋友们看起来都过得诚实本分,而且每个人都没有什么雄心,观念十分保守。

他们之中没有一个人在公司里有较高的地位,而且很满意现在的生活。小高这才感觉到,原来男友身上的不足之处不是来自于他一个人,也同样表现在他的朋友身上。男友正是缺乏积极向上的交际圈。于是小高和男友进行沟通。

幸运的是,男友并不是一个固执的人,他很乐意地接受她的建议。从此,男友只选择那些有进取心、有活力的人参加的聚会,并努力结识公司内部有影响力的同事。刚开始的时候,他会觉得和成功人士相处会有些负担,不久之后,他便喜欢和这些人在一起了。在这样的过程中,男友也开始渐渐体会到他们的生活方式。

没过多久,男友在公司里开始有所成就,后来跳槽到另一家规模更大的公司。获得自信心的他,比从前更愉快也更勤奋了。在旁边一直支持他的小高,对于他的这种变化感到十分满意。

俗话说:"物以类聚,人以群分。"这句话不是没有道理的。你的朋友都是成功人士,你和他们呆在一起,别人就会觉得你也不简单,想要和你交往,可是你身边的人如果都是失败者,那么别人会认为你也好不到哪里去。对你也会产生负面的影响。所以你要想成功,不妨多交一些成功人士,借助这些人的力量,你才能成就你的一番事业。

第三辑
成大事必备的 9 种心态

决定人生成败的因素有很多，然而，心态却是串联在其中的一条主线，任何人的得失成败，都逃不脱心态的指引和支配。心态的力量是隐形的、软性的，然而却是全面的、强大的。我们所产生的行为，我们对别人的态度，我们所做的决定，都是自己的心态在作主，一个人如果心态好，积极、乐观地面对人生，乐于接受挑战也可以清醒睿智地应对暂时的失意，那么，他的成功就有了保障。

心态 1   坚定

毫不动摇的信念

信念,人生最大的精神动力,一个成功的人必定有一个坚定的信念支持着他屹立不倒。信念能让一个软弱的人变得坚强,它就像是一个风向标,引导我们通往成功的道路。信念是人生的支柱,失去它,人生就会倒塌。有了这根支柱,就是身处最困难的环境你也不会倒下。给自己树立起一个坚定的信念,即使再大的风雨,你也不会觉得害怕。

做人要有股屡败屡战的精神

山穷水尽的背水一战,常常是成功的必修课程,尽管人们清楚这种决断之后的道路会十分艰险,但是没有这一步,人生就是一潭死水,淹没的是一个人的挑战性和创造性。

行百里者半九十,不要害怕失败,可能下一次就会成功。成功者就是这样坚持下来的。

假如第一次失败,你就故步自封,止步不前,你还会有作为么?如果你一次就能成功,那么成功的意义又在什么地方呢?成功之所以可贵正是因为它的来之不易,正是因为它是经历过无数次挫折后的结果。

屡败屡战和屡战屡败，仅仅只是顺序的不同，从而导致整个词的意思大不相同。不怕屡战屡败，就怕你不敢再战，我们要学会在失败中越挫越勇。

不经历风雨，怎么见彩虹？没有人能随随便便成功。成功者之所以伟大，是因为他们比我们经历了更多的失败，并且还坚持了下来，所以他们成功了。没有一个成功者，不经历失败，而是在失败的打击中越挫越勇。成功才会来的如此可贵。

2007 年火爆一时的《士兵突击》，影响了很多 80 后。不抛弃，不放弃。这六个字贯穿了整部片子的始终。生长在下榕树的许家老三，被他爹一直骂成是龟儿子的许三多，若不是偶然的机会，史今带了他走出大山，进了部队，他恐怕还是一个一事无成的许三多。

在新兵连的时候他就是最差，站队列，踢正步，他是样样不行，分连队，他去了最差的地方：草原五班，他毫不气馁，在大家都松懈的情况下，只有许三多一个人练习，也是偶然的机会，他进了钢七连，这也是他人生的转折。失败一次次的到来，他总是人家眼里最差的，私底下他没有少练习，可是他就是不行，怎么也做不好，他想要放弃，可是他遇到了好班长，帮助他，鼓励他。他晕车，就叫他做单杠的腹部绕杠。最初他只能掉在单杠上，一个都做不了，掉下去了再爬起来，爬起来，又掉了下去，汗水一次一次打湿了他的衣服，他想过放弃，可是他还是坚持下来了，腹部绕杠打破了所有人的纪录。正是因为他的不放弃，许三多成功了。有无数次的失败后，他仍能屹立不倒，他仍能坚持到底，完成许多天才都不能完成的事。

从最差到最好，许三多的成功，不是偶然，他坚强的毅力一次次将我们折服。一个被放弃的兵，一个被认为是全连耻辱的人，最终成为一个人人都举手称赞的兵王。

面对失败我们不能认输，只要坚持，就会有奇迹出现。心理学家曾经做过一个有点残忍的实验。将小白鼠放到一个有门的笼子里，笼子的底是金属的，然后，给笼子底通低电流，使小白鼠受到虽然不致命，但是会引起相当痛楚的

电击。如果将笼子门打开，小白鼠会立刻跑出笼子以逃避电击。但如果用一个玻璃板将笼子门堵住，那么小白鼠在遇到电击往外跑的时候，就会在玻璃板上撞一下，然后被挡回来。重复给笼子底通电，使小白鼠一次又一次地在企图逃跑的时候受到玻璃板的阻碍。最终，小白鼠学会了屈服，它缩在笼子里，被动地忍受着电击的折磨，完全放弃了逃跑的企图。这时，即使笼子门上的玻璃板移走，而且让小白鼠的鼻子从门伸出笼外，它也不会主动逃出笼子，而是放弃所有努力，绝望而被动地忍受着痛苦。

人也是一样，在多次受到打击的时候所表现出的无助和绝望，从而选择放弃这种心态使人变得悲观，听天由命，一蹶不振。有人可能认为，人和小白鼠不一样，人如果看到有获救的希望，不会连试都不肯试一试。于是，那些人坚持了下来，也获得了成功。

命运之神也许可以像实验者对待小白鼠那样操纵着我们，然而人却不一定要像老鼠一样活着。人可以思考，更重要的，人可以通过驾驭自己的情感和意志来征服命运。这是人性光辉的地方，是人类英雄主义的根本特征之一。正是有这样的价值，"屡战屡败"和"屡败屡战"的含义才会有这样巨大的差别。

敬业，最大的受益者就是你自己

一份职业，一个工作岗位，都是一个人赖以生存和发展的基础保障。同时，一个工作岗位的存在，往往也是人类社会存在和发展的需要。所以，爱岗敬业不仅是个人生存和发展的需要，也是社会存在和发展的需要。爱岗敬业应是一种普遍的奉献精神。

干一行爱一行，这是敬业的前提；勤勉的工作态度，是敬业的基础；精益求精，是一个敬业者应有的品质。只有爱岗敬业的人，才会在自己的工作岗位上勤勤恳恳，不断地钻研学习，一丝不苟，精益求精，才有可能为社会为国家做出

崇高而伟大的奉献。

俗话说得好，三百六十行，行行出状元，很多岗位是平凡的，正是因为很多人敬业才会造就出现在稳定的社会大家庭。

张华高考落榜后就随李博去沿海的一个港口城市打工。那城市很美，张华的眼睛就不够用了。李博说，不赖吧！张华说，不赖。李博说，不赖是不赖，可总归不是自己的家，人家瞧不起咱。张华说，自己瞧得起自己就可以了。

张华和李博在码头的一个仓库给人家缝补篷布。张华很能干，做的活儿精细，看到丢弃的线头碎布也拾起来，留作备用。

那夜暴风雨骤起，张华从床上爬起来，冲到雨帘中。李博劝不住他，骂他是个憨蛋。在露天仓垛里，张华察看了一垛又一垛，加固被掀动的篷布。等老板驾车过来，他已成了个水人儿。老板见所储物资丝毫未损，当场要给他加薪，他就说不啦，我只是看看我修补的篷布牢不牢。

老板见他如此诚实，就想把另一个公司交给他，让他当经理。张华说，我不行，让文化高的人干吧。老板说我看你行——比文化高的人责任感强！张华就当了经理。

一个爱岗敬业的人，必然是一个有强烈事业心的人，必然是一个无私忘我的人，必然是一个忠于职守、持之以恒的人，也必然会是一个高尚的人。

当今时代是一个注重敬业的时代，无论做什么工作都要有一种敬业精神。敬业是一种习惯，尽管一开始不能为你带来可观的收益，但是可以肯定的是那些不敬业的人，是永远不能取得成功的。

汪涵的敬业在圈内有口皆碑，而"能者多劳"既形象地说明了汪涵在主持界的地位，也是他的无奈。粗略计算，某年上半年汪涵主持的节目就有《名声大震》、《音乐不断》、《快乐男声》、《越策越开心》、《超级英雄》(后为《五年级救助队》)五档，而且几乎都是每周一次；再加上湖南省消防形象大使、湖南省博物馆代言人、献血大使等多个公益头衔。汪涵称最忙的时候，据称三天才能睡不到十个小时，有时节目一录就是一个通宵，别人录砸的节目，台里一个电话就得去"救火"。如此繁重的工作量,尽管他在舞台上精神抖擞妙语连珠,但身体却是数次"报警"。5 月 10 日,汪涵主持当晚"快男"济南唱区十进一的比赛,当比赛结束后,体力不支的他就晕倒在台下,鼻血狂冒不止。而在"快男"总决赛当晚,他再次"血洒幕后",不过汪涵还是用卫生纸堵着鼻孔,参加了次日凌晨的庆功会。不过一向活跃的汪涵精神颇显低迷,打了一盘桌球后就消失在现场。汪涵的一位朋友说,"他的成功也是累出来的。"

坚守自己的岗位,守住这一份信念,那么,你的财富将是无比巨大的,你的成功将会是无法比拟的财富。认真对待自己的岗位,对自己的岗位职责负责到底,无论在任何时候,都尊重自己的岗位职责,对自己岗位勤奋有加。爱岗敬业是人类社会最为普遍的奉献精神,它看似平凡,实则伟大。

爱岗敬业是个人生存和发展的需要,同时更是社会存在和发展的需要,是社会对人的工作态度的一种道德要求。敬业精神是一种基于挚爱基础上的对工作、对事业全身心投入的忘我精神。

爱岗敬业是平凡的奉献精神,因为它是每个人都可以做到的,而且应该具备的;爱岗敬业又是伟大的奉献精神,因为伟大出自平凡,没有平凡的爱岗敬业,就没有伟大的奉献。

相信专注的力量,在一个时段做一件最重要的事

现实生活中,我们不能改变自己的生存状态,不在于你曾经做过了什么,尝试过什么而是在于你得到了什么掌握了什么。成功属于专注的人,不要想你比别人差在哪里,只要你专注,你将有可能超过他。

一个小男孩喜欢和爸爸比赛跑,结果每次都是自己输掉。大雪过后的一个晴天,父子俩又一次来到野外,孩子又向父亲提出想要比试。爸爸提出建议,说这次我们不跑了,我们比谁走的直。就走到前面的那棵树,谁走得直谁就赢。孩

子很高兴地答应了,心想,比快我赢不了你,可是要比走得直,我一定能赢你。爸爸很快就走到树下,孩子则是很用心地走,当他终于走到树前时,他很兴奋,心想我终于赢了。可是当他转过身的时候。看见爸爸的脚印是一条直线,而自己的脚印却是歪歪斜斜。孩子很不解。爸爸告诉他说,孩子,你不能一直看着脚下。你要看着前方,认准目标,然后相信专注的力量,你一样可以走得很直。孩子想了一会,然后飞快地跑回原处,又盯着大树很认真地走了一遍。脚印也成了一条笔直的线。人生的道路不是一样吗?是有许许多多条线组合而成的,每次完成一个目标,都应该把精力投入到这一次的任务上,做好一件事,才有勇气,有自信去做好下一件事。

人生本就是许许多多件事情组合起来的,我们不可能做好每一件事,因为我们不是神,那么我们就把精力集中在一件事上,把一件事做出彩。我们就可以把不可能变成可能。相信专注的力量,认准你的目标并向目标迈进你就会梦想成真。

周杰伦小的时候只是一个普通孩子,三岁起,母亲发现他对音乐很有天赋,于是叫周杰伦学了钢琴。童年的周杰伦被剥夺了玩的权利。别的小朋友在玩的时候,他只有钢琴做伴。每次练琴,听到小朋友们玩乐的声音,他就会心不在焉。于是母亲在他练琴的时候就会拿着一根棍子站在他后面,一直看着他认真地练完琴。不单单是母亲,周杰伦还有一个非常严厉的钢琴老师。只要一弹错,不专心,老师就会打他的手背,周杰伦那时的手上常常布满伤痕。有一段时间他有过想要放弃弹琴的念头。可是想了几天后,又忍不住弹琴。从此,开始周杰伦不但乖乖地弹琴,而且不再有想放弃音乐的念头了。

一次偶然的机会,周杰伦的学妹帮自己在一个叫超级新人王的节目中报了名,周杰伦不敢唱,他帮一位想当歌手的朋友钢琴伴奏,结果表演得很差,但是当时的主持人吴宗宪发现了周杰伦的创作才华,就决定聘周杰伦到自己的唱片公司当助理,周杰伦什么杂事都做,而且觉得很快乐。逐渐的,他的才华越来越亮眼,吴宗宪决定给他一次机会,让他拥有自己的舞台,当个创作歌手。有

一天吴宗宪对周杰伦说，我给你十天的时间，如果你能写五十首歌，我就帮你出唱片。周杰伦兴奋不已。紧张的十天后他终于出色地完成了任务，经过大半年的制作，周杰伦的第一张专辑制作出来了，一发行，便有了不菲的成绩，仿佛一夜之间，一个默默无闻的男孩就成了家喻户晓的大人物。周杰伦说："明星梦并不是遥不可及的，其实，任何人都可以做，只要你肯努力。我之所以能有今天，就是我不服输的结果。"是啊，成功就是要有一颗不服输的心，和专注做事的态度相加得来的结果，谁的成功都不是偶然。

成功者之所以会成功，原因在于他做事比我们更加专注，付出的比我们更多。把他的全部注意力都放在一件事情上，并且加倍努力。然后取得属于自己的成功。其实成功并没有想象中的那么困难，谁都可以成功，谁都可以找到成功的捷径。

专注的力量是伟大的，也无疑是我们成功道路上的基石，只要你专注做一件事，你的成功率就会明显地提高，小的成功积累起来才能取得更大的成功。

忍耐是应对困境的最佳手段

人生的道路漫长而又崎岖，没有忍耐的精神就不能成就一番大事业。一个人要想成功必须学会忍耐。面对困境的时候，我们必须要有忍耐的精神，一时的容忍并不是对困难的屈服，而是另一种意义上的坚强。

对成功者来说，任何委屈都不足以让他心灰意冷，相反却更能鼓足他的勇气。激发他做大事的欲望，在面对困境之时，忍耐往往是智者的想法，只有一时的忍耐才能促成今后的成功。忍耐往往是你反败为胜的关键法宝。

一天，某公司要裁员，名单中，有内勤部办公室的陈琳和王娟，按规定一个月之后她们必须离岗，当时她俩的眼圈都红了。

第二天上班，陈琳的情绪仍非常激动，跟谁都没有什么好声气，仿佛吃了枪药。她不敢找老总去发泄,于是就跟主任诉冤,找同事哭诉:"凭什么把我裁掉?我干得好好的……这对我来说太不公平了!"

她声泪俱下的样子,让人既同情,又不知该怎样劝慰她,而她也只顾着到处诉苦,以致于她的分内工作:订盒饭、传送文件、收发信件等都不再过问了。

她原本是个很讨人喜欢的人,但现在她整天气愤愤的,许多人都开始有些怕和她接触,躲着她,后来就有点厌烦她了。

王娟与她不同,在裁员名单公布后,虽然哭了一晚上,但第二天一上班,她就和以往一样地干开了。由于大伙不好意思再吩咐她做什么,她便主动向大家揽活,面对大家同情和惋惜的目光,她总是笑笑说:"是福不是祸,是祸躲不过。反正这样了,不如干好最后一个月,以后想干恐怕都没机会了。"每天,她仍然非常勤快地打字复印,随叫随到,坚守在自己的岗位上。

一个月后,陈琳如期下岗,而王娟却被从裁员名单中删除,留了下来。主管当众传达了老总的话:"王娟的岗位,谁也无可替代,王娟这样的员工,公司永远不会嫌多!"

当我们面对困境时,暂时的忍耐,可以为我们留一条"活路"。

失败往往是不可避免的,每个人都有失败的经历,关键是看面对失败的态度。在无数的选择上,默默地忍耐无疑是最为明智、最为理智的选择与做法。

我们不甘心被命运所愚弄,那就忍耐一时重新整装待发,不要在困难面前低头,更不能轻言放弃,不低头,不屈服,不气馁,努力地学习,充实自己,忍耐一时找到新的机会,然后把积蓄已久的力量全部释放出来。只要你耐住性子,成功的喜悦很快会降临在你的身边。到这个时候你会体验到忍耐一时的价值。才能体会到忍耐是另一种生存的方法。

有个年轻人去微软公司应聘,而微软公司并没有刊登过招聘广告。见总经理疑惑不解,年轻人用不太娴熟的英语解释说自己是碰巧路过这里,就贸然进来了。总经理感觉很新鲜,破例让他一试。面试的结果出人意料,年轻人表现糟糕。他对总经理的解释是事先没有准备,总经理以为他不过是找个托词下台

阶,就随口应道:"等你准备好了再来试吧。"

一周后,年轻人再次走进微软公司的大门,这次他依然没有成功。但与第一次相比,他的表现要好得多。而总经理给他的回答仍然同上次一样:"等你准备好了再来试吧。"就这样,这个青年先后五次踏进微软公司的大门,最终被公司录用,成为公司的重点培养对象。

每个人年轻的时候都有自己的梦想,心中都怀有远大的抱负。想要活得轰轰烈烈。当我们踏入社会时,才发现社会并没有我们想象的那么容易,前进的路上总是会遇到磨难挫折,硬碰硬不是可行的方法,我们要学会迂回的战略方法,收起我们的野心,忍耐着做好挑战困难的准备。只有愚蠢的人才会去撞墙,我们谁都不愿意去做那样的蠢人,把自己弄得头破血流。

忍耐是暂时容忍,最后必然会得到公平的待遇。忍耐是一件很不容易的事情,善于忍耐的人更容易取得飞跃式的进步。跌倒了,再爬起来,以极大的毅力忍受着困苦,在艰辛中一点点进步。总有一天,忍耐会带给你无穷的光辉。

正确地估价自己,不要在潮流中迷失方向

但丁有句很著名的话:"走自己的路,让别人说去吧。"在现代的社会中,我们往往喜欢随大流,总是认为大部分是对的那就是对的,可是要知道,真理往往是掌握在少数人的手中。

随波逐流,像是河里的浮萍,水流到哪里你就漂到哪里。我们要做水边的大树,把根基扎牢,只做你自己。

康德曾经说过:"天才是自创法则的人。"如果一个人随波逐流,也许能和众人打成一片,但永远无法取得与众不同的成功;相反,只有突破常规,自立法则,才有可能让自己出类拔萃,引导潮流。如果您想出色,请记住,千万不要和大多数人一样啊。

　　一位大学教授常在上课时提出一些不起眼的问题,有一天上课,教授突然问了一句,世界上第一高的山是什么? 大家都觉得很可笑,这是连小学生都会的问题,为什么还要问我们,所以底下只有几个很小的声音说道,珠穆朗玛峰。教授又问有谁知道,世界上第二高的山是什么? 大家你看着我我看着你,没有人答得出来,有人还小声地说,书上没有说过。教授接着问,第一个上太空的人是谁? 下面鸦雀无声,没有说话。大家只是在害怕,说的出第一,却说不出第二。教授说,其实这个道理很简单,第一永远是众人瞩目的,第二就等于零。没有谁会在意第二是谁。所以你们经常坐在前排的同学我可以记得住,坐在后排的,我都会觉得陌生。坐在前排的同学以后的成功率往往高于坐在后排的同学。所以我要告诉大家,不要随大流,要学会展现自我。

　　很多时候,我们做不了第一,那我们就做好自己,做独特的自己,每个人都有他独特的一面,那你为什么要把自己隐藏在众人之中,为什么要甘于平庸,甘于淹没在这大流之中? 你要选择自己的路找到适合自己的方式去取得成功。

　　很久以前,在一望无际的原野上生活着一群野牛。它们的性情及其温驯善良,和和睦睦地生活在一起。一起找寻美丽的地方生活着。每到一处,它们都会选择柔软细嫩的青草吃,饮用清凉的泉水解渴。它们惬意地生活在美丽的草原上,于是牛群越来越兴旺。

　　有一头驴,看着朝夕相处和睦幸福的牛群,非常羡慕。很久以来,它一直很向往像牛群一样悠然地吃着柔软鲜嫩的青草,饮那清凉的泉水解渴,自由自在安静地生活着。于是驴子决定效仿那群牛的生活。

　　一天,驴子跟着牛群迁徙到一处水草肥美、风和日丽的地方,驴子混在牛群中间左顾右盼,来回跑着。众牛也礼貌地对它谦让。于是驴子心中便得意起来,趾高气扬地跟在牛群的后面,俨然成了牛群中的一员。

　　但是驴子就是驴子,无论如何也改变不了驴的本性,变成一头牛。它根本不可能像牛一样安静地吃草饮水。总是禁不住用蹄子刨着青草把青草刨得稀烂,把泥土翻起来,好端端的一块草地,一会就被它弄得不成样子。然后它又不

安分地跑到河边去饮水,将清清的河水弄得浑浊不堪。接着驴子又模仿牛的吼叫,可是不管它怎么叫"我是牛,我是牛",都改变不了它难听的声音。

最后这群温顺谦让的牛再也无法忍受这头驴的拙劣的表演,感觉它破坏了大家的生活秩序,于是群起而攻之,用角攻击这头可恶愚蠢的驴子,不过几下驴子便倒在烂泥里奄奄一息了。

牛群将驴子丢弃在旷野上,迈着步子浩浩荡荡地继续寻找着新的栖息之地。

驴子就是驴子,永远都变不成牛,即使你随波逐流,你也掩饰不了自己的本性。正确地评价自己,找到什么才是适合自己的。不是一样东西都适合所有的人,你要找到适合你自己的。

我们要做最真实的自己,要把自己放在合适的位置上去创造你所应该创造的价值,人生来就是不一样的,正是因为这样世界才会多姿多彩美妙绝伦。让我们找回真正的自己,在大流中显示出你真正的个性。

心态 2 胆识

理性之上的气魄

墨守成规,在风险面前缺乏勇气的人,迟早会被时代所抛弃。这是一种看似安泰其实却充满潜在危机的心态。在现实中,没有谁是天生的强者或懦夫,胆识同样也来自于锻炼。如果我们能抱着失败无亏、大不了赤手空拳重新再来的态度,那么,不安和疑虑就会减至最低,就会拿出勇气继续奋斗下去,成功的机会就会大大提高。

缩手缩脚,永远难成大事

很多人喜欢跟在别人后面做事,他是在害怕枪打出头鸟,在别人身后永远会安全,不求有功,但求无过。这样的人注定只能平平淡淡地过一生。总是选择逃避,那么你面临的问题将会更多。畏首畏尾,缩手缩脚,你将一事无成。

寓言故事中,一个人在雨中走着,不小心摔了一跤,他爬了起来,刚爬起来没想到又摔倒了。第三次,他还是摔倒了,最终他决定一直趴在地上,别人问他为什么不起来,他说,这样就不会再摔倒了。

困难和挫折并不可怕,可怕的是你在跌倒后继而迷失了方向,将自己的信

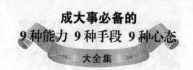

念丢掉。跌倒了，你选择不再站起来，那你将会永远止步不前，离成功永远都有距离。越是逃避就越是逃不开失败的命运，敢于迎头而上的人，才能看到成功的曙光，才能品尝到成功的果实。

小陈和小李新到一家速递公司，被分为工作搭档，他们工作一直都很认真努力。老板对他们很满意，然而一件事却改变了两个人的命运。一次，小陈和小李负责把一件大宗邮件送到码头。这个邮件很贵重，是一个古董，老板反复叮嘱他们要小心。

到了码头小陈把邮件递给小李的时候，小李却没接住，邮包掉在了地上，古董碎了。

老板对他俩进行了严厉的批评。"老板，这不是我的错，是小陈不小心弄坏的。"小李趁着小陈不注意，偷偷来到老板办公室对老板说。老板平静地说："谢谢你，小李，我知道了。"随后，老板把小陈叫到了办公室。"小陈，到底怎么回事？"小陈就把事情的原委告诉了老板，最后小陈说："这件事情是我们的失职，我愿意承担责任。"

小陈和小李一直等待处理的结果。老板把小陈和张明叫到了办公室，对他俩说："其实，古董的主人已经看见了你俩在递接古董时的动作，他跟我说了他看见的事实。还有，我也看到了问题出现后你们两个人的反应。我决定，小陈，留下继续工作，用你赚的钱来偿还客户。小李，明天你不用来工作了。"

面对错误时，要勇于承担责任，畏首畏尾不光离成功越来越远，可能连你的饭碗都保不住。小李在困难面前低了头，他在该去承担的时候选择了退缩，害怕承担将是他致命的缺点。

别说我不行，畏首畏尾也是缺乏自信的一种表现，你总是躲在人后，即使你再厉害，也没有人能看得见你。成功者总是会争着往前，让别人发现自己。

日本三洋电机的创始人是井植岁男，有一天，他家的园艺师对井植说："社长先生，我看您的事业越做越大，而我却像树上的蝉，一生都坐在树干上，太没出息了。您教我一点创业的秘诀吧！"井植点点头说："行！我看你比较适合园艺工作。这样吧,在我工厂旁有 2 万平方米空地,我们合作种树苗吧!""树苗 1 棵多少钱能买到呢?""40 日元。"井植又说:"好!以一平方米种两棵计算,扣除走道,2 万平方米大约种 2 万棵,树苗的成本不到 100 万日元。3 年后,1 棵可卖多少钱呢?""大约 3000 日元。""100 万日元的树苗成本与肥料费由我支付,以后 3 年,你负责除草和施肥工作。3 年后,我们就可以每棵获利 3000 日元,共 2 万棵,应为 6000 万日元!到时候我们每人一半利润。"听到这里,园艺师却拒绝说:"哇!我可不敢做那么大的生意!"最后,他还是在井植家中栽种树苗,按月拿取工资,白白失去了致富的良机。

在很多时候,一个人在成功路上的最大障碍恰恰就是自己。因而,我们应该努力学会清除前进路上的荆棘。贪图安逸、犹豫不决等都是阻止自己前进脚步的障碍;怯懦、怀疑和恐惧则是自己最大的敌人。所以,你要时时警惕自己身上的弱点,拥有了征服自己的勇气,就会征服一切困难。

心理障碍可能会成为你通往成功之路的绊脚石,只要你鼓足勇气,将这块石头搬开,那你的成功道路就会越走越畅通。

总是安于现状,生活就是死水一潭

现实生活中,有些人不愿意像老鹰那样展翅于天空,他们只愿做一只栖息于枝头的平庸的麻雀。向上或向下的道路都由我们自己选择。向下,我们只能看见平庸的生活,而向上,我们可以看到人生的美景。

伟大的人常常出自于平凡,正是他们有了这不安于现状的心,他们才看得更高。

不要做井底之蛙,放开我们的眼界,更大更广阔的天空在等着我们。我们有什么理由止步不前呢?我们要相信自己不平凡,才能最终到达不平凡之境。要相信自己是一个有用之才,就能够凭借着自己的能力打造出一片自己理想的天空。不要总是安于你的现状,不要让生活过的像死水一般。多一分信心,就离成功更近一点。

1981 年,潘石屹从北京培黎学校毕业,并以第一名的优异成绩被石油学院录取。1984 年,潘石屹毕业后被分派到河北廊坊石油部管道局经济改革研究室工作。在那里,他的聪明和对数字天生的敏感博得了领导的赏识,并被确定为"第三梯队"。

有一次,办公室新分配来一位女大学生,她对分配给自己的桌椅十分挑剔。当潘石屹劝她凑合着用时,对方非常认真地说:"小潘,你知道吗,这套桌椅可能要陪我一辈子的。"就是这不经意的一句话深深地触动了潘石屹:难道我这一生将与这套桌椅共同度过? 正在思变的时候,他遇见远在刚刚开放的深圳创业的一位老师。他决定改变自己的命运。

1987 年,潘石屹变卖了自己所有的家当,毅然辞职,揣着 80 元钱去广东打工,后来去了海南,与朋友开公司,自己做老板,开始了经商生涯。凭借着个人努力,潘石屹迅速完成了原始资本的积累。

1993 年,潘石屹在北京注册了北京万通实业股份有限公司,任法人代表兼总经理,开始了在北京房地产界的创新与创业,最终成为北京房地产业的一颗新星。

一句不经意的话,常常能打动我们的内心,激发我们的斗志,谁愿意与一套椅子度过一生呢? 我为什么要像现在这样,为什么要碌碌无为地度过一生,潘石屹之所以能取得今天的成就,成为万众瞩目的名人,这和他有一颗不安于现状的心有很大的关系。

成功的钥匙掌握在我们自己手中,能不能开启那扇大门,关键还是在我们,只要我们还有梦想,只要我们不甘平庸。成功就是属于我们自己的。

谢方是一个出生在北方小镇的男孩,气质很不错。高中毕业时,大学落了榜。不甘平庸的他决定到大城市里闯一闯。他想有一个自己的饭店,想要改变现在这样贫穷的生活。于是他便计划从服务生做起,用一年的时间学习然后再换其他的工作,用几年的时间基本掌握作为老板的知识与能力。他工作任劳任怨,虚心学习,一年下来深得老板的赏识,等他向老板提出换工作时,老板热情挽留。这时他犹豫了,便给自己找理由:再干一年吧,肯定还有很多东西要学的。做服务生第二年后,他察言观色的能力果然又提高了许多。但遗憾的是,他原来的气质却没有了,做服务生时习惯的谦卑已经定型,融入到他的每个动作中了。更严重的是,谢方的想法已经变了,觉得当服务生也不错,老板又要升他做前台领班,就这样,他由一个雄心勃勃的人变成了一个合格的饭店服务生。

满足心真的很可怕,接受了现实,告别梦想,你的生活也就注定不会有太大的改变了。就这样,他从一个胸怀大志的人,变成了一个碌碌无为的人,满足的心理让他告别了他自己的大饭店。从鸿鹄渐渐变成了一个平凡的燕雀了。

就像温水煮青蛙一样,把青蛙放在沸水中,青蛙会跳出锅来,可是温水一点点加热,直至死去,青蛙还是没有跳出来,你愿意做那样的青蛙吗?没有人愿意做青蛙。也没有人甘于平庸。那么我们为什么还不行动起来,还不跳出那个"锅"把那些属于自己的梦想找回来吧,让你的死水中也能注入一眼清泉。

不要让自卑的心理拖你的后腿

大诗人李白说过:"天生我材必有用,千金散尽还复来。"自卑的人永远活在阴影中,他们每天与黑暗为伴。所以他们也不会看到美丽的阳光。与金钱、出身、亲友相比,自信是更有力量的东西了,自信能催人奋进,帮助你勇敢地排除障碍,克服困难,使你的事业获得成功。爱迪生说过,自信是成功的第一秘诀。总是被自卑心理缠着的人,你怎么可能获得成功呢?

年轻人总是带着尖尖的棱角,困难却把这些棱角逐渐地磨平,当我们磨平棱角的时候,自信心往往也会一起被磨平,久而久之,就被自卑的心理取代了,这是万万要不得的,自卑的心理会成为你的绊脚石,唯有重拾自信,你才能被

拖回成功的岸边。

出生在亚拉巴马伯明翰种族隔离区的黑丫头，荣登"福布斯"杂志"2004 年全世界最有权势女人"宝座，她就是美国前国务卿赖斯。小时候的赖斯可没有这样自信。

有一次，母亲带着女儿来到伯明翰买衣服。一个白人店员挡在赖斯面前，不让她去试衣服，并提高腔调说："这个试衣间只有白人可以用，你去那边的储藏室，那是专供黑人用的试衣间。"可是赖斯的母亲却不理睬他。她沉着脸对店员说道："如果我的女儿不能进这间试衣间，那我就换一家店买衣服。"女店员为了生意，只好让赖斯进了试衣间。自己站在门口望风，生怕被别人看到。那个情景赖斯看了心里很不是滋味。

又一次，赖斯在一家店里看上了一条裙子，就用手摸了摸，一个白人店员看见了，将赖斯责骂了一顿，母亲再次挺身而出："请不要这样对我的女儿说话。"然后，她对女儿说："康蒂，你现在把这店里的每一条裙子都摸一下吧。"赖斯很高兴地把店里所有喜欢的裙子摸了一遍。那个白人女店员只有在一旁干瞪眼。

对于这种歧视和不公平，母亲对女儿说："孩子，这一切都不会改变的，这样的不公平并不是你的错，你的肤色和你的家庭是你不能选择的，没有任何不对。可是你不应该去为这些无法改变的事情而苦恼。我们不比那些白人差，他们能做的事情我们一样能做，而且还能做得比他们更好。"

从那一刻起，自信成了赖斯受用一生的财富，她彻底甩掉了自卑，她坚信只有教育才能让自己获得知识，做得比别人更好；教育不仅是她自身完善的手段，还是她捍卫尊严和超越平凡的法宝！

只要你想，并且为之奋斗你就能做成大事，你就有可能做成大事。摆脱掉自卑的心理，不要让这种心理拖了你的后腿。现实是无奈的，但这并不意味着，我们就丧失了一切选择的权利。因为，歧视和不公在制造了灰暗的同时，还催生了奋斗。

　　不管你怎样,都不能有自卑的心理,许多事情都是我们不可以选择的,我们不能让这样的心理拖我们的后腿,越是面对这些问题,我们就越是要自信,这样才能摆脱这些困扰我们的事情。自信能使一个平凡人变得不平凡,而自卑能使一个不平凡的人,变得更平凡。

　　一个自卑的人,缺乏上进心和勇气,本来可以干劲十足的,却因为自卑拖了后腿。力量也就只剩下五六分了。长时间这样,你就很难再振作下去了,将会成为一个被自卑感笼罩的人了。不但不会进步,恐怕想维持现状也很难了。

　　积极自信的心态,是力量的源泉,它能让你摆脱掉这一切,突破自我限制。创造出自我价值。事实的本质并不会改变可是你的心态改变了,你的结果,将会有天翻地覆的变化。当一个人有着与生俱来的缺陷时,你更不应该为之感到自卑,更应该有着比常人多的自信来面对生活。世界不是悲惨的,社会不是给悲观的人准备的,要摆脱这一切,你一定要有自信。

　　微笑能给你带来自信,自信的人总是会微笑,而自卑的人整天愁眉不展,做事情很被动,不积极,自信的人会对生活充满信心,充满激情,他才能够微笑的去面对生活,即使遇到困难和挫折,他也能够轻松地笑着摆平。要相信,没有什么可以压倒我们,只要你有一颗自信的心。

畏惧心理,只能使你噩梦成真

　　古代有一个将军,不喜欢打仗,但又不得不去打仗,一次和他一起的一个重要的伙伴战死了,他开始逃避,开始畏惧,精神一蹶不振,也不练兵。又一次的战事开始了,将军的逃避,使士兵士气低落,将军打了败仗,结果死了更多的兄弟。将军开始意识到,是自己的逃避,是自己的畏惧心理导致了惨剧的发生。

　　现实中,我们总会遇到一些困难,遇到自己不愿意去做的事情,成功者会知难而进,强迫自己去接受挑战,而更多的人会选择逃避,绕开圈子,就好比爬山。只有敢于拼搏的人才能看到山顶的美景,畏惧的人看见眼前的高山,腿就已经开始发抖了,更不要说爬上山了。

十几年前,他从一个只有20万人的北方小城考进了北京的大学。上学的第一天,邻桌的女孩对他说的第一句话就是:"你从哪里来?"这个问题,是他一直最害怕回答的,因为在他的脑子里,出生在小城的人就意味着小家子气,没见过世面,会被大城市里的同学看不起。

就因为这个女同学的话,他一个学期都不敢和同班的女同学说话,以至于一个学期过后,很多女同学都不认识他。

二十年前,她也在北京的一所大学里上学。

大部分日子,她也都在疑心、自卑中度过。她疑心同学们会在暗地里嘲笑她,嫌她肥胖的样子太难看。

她不敢穿裙子,不敢上体育课。大学结束的时候,她差点儿毕不了业,不是因为功课太差,而是因为她不敢参加体育长跑测试。老师说:"只要你跑了,不管多慢,都算你及格。"可她就是不跑。她想跟老师解释,她不是在抗拒,而是因为恐慌,恐惧自己肥胖的身体跑起步来一定非常的愚笨,一定会遭到同学们的嘲笑。可是,她连向老师解释的勇气也没有,茫然不知所措,只能傻乎乎地跟着老师走。老师回家做饭去了,她也跟着。最后老师烦了,勉强算她及格。

在曾经播出的一个电视晚会上,她对他说:"要是那时候我们是同学,可能是永远不会说话的两个人。你会认为,人家是北京城里的姑娘,怎么会瞧得起我呢?而我则会想,人家长得那么帅,怎么会瞧得上我呢?"

他,现在是中央电视台著名节目主持人,经常对着全国几亿电视观众侃侃而谈,他主持节目给人印象最深的特点就是从容自信。他的名字叫白岩松。

她,现在也是中央电视台著名节目主持人,而且是第一个完全依靠才气而丝毫没有凭借外貌走上中央电视台主持人岗位的。她的名字叫张越。

大家试想一下如果当年他们被自卑畏惧给击垮了,现在我们怎么会在电视上看见优秀自信的他们呢?

2006 年，卡勒德·胡赛尼编写的《追风筝的人》中写了一个阿富汗的小少爷阿米尔和他最忠诚的玩伴哈桑的故事，12 岁那年，阿米尔少爷斗风筝的比赛中获得胜利，哈桑去捡那只被斗下来的风筝时被其他的几个孩子欺负，阿米尔远远地看着，却因为害怕、恐惧而酿成了悲剧。他为自己的懦弱感到自责和痛苦，无法面对哈桑，于是用计逼走了哈桑。不久阿富汗爆发战争，阿米尔被迫与父亲逃亡美国。阿米尔在之后的生活里一直活在深深的自责中，希望能为不幸的好友尽最后一点心力，却发现一个惊天谎言，儿时好友竟然是和自己同父异母的兄弟，为了救赎，他把哈桑的儿子带到美国，在一次聚会上，阿米尔再次放起了风筝。

噩梦是无法挽回的，就是用一生去忏悔，去弥补，也无法改变那个悲惨的事实。

美国前总统罗斯福说过："我们唯一需要害怕的，是害怕本身。"因为心中的畏怯，使我们在做一些新事情的时候总是犹豫不决。人们往往会回忆过去的失败，从而花太多的时间往坏处想。世界上很多脑筋好的人，不一定万事皆成，因为他们都以理论来解释人生，在没有进行任何尝试之前，先被失败的阴影吓住了。

我们要学会克服这种心理。畏惧会彻底击垮一个人，相信谁都不想被这种无形的杀手给击垮。

不沉溺于过去，把注意力放在下一次考验上

子曰：逝者如斯夫，不舍昼夜。想一想在同一个地方，却取不到同一瓢水，时间如此，流水如此，我们的生活也是如此，你没有办法停留在同一个时间，过去的一秒，都叫过去，你何苦再沉迷于前一秒呢？你只看见了眼前的树叶而一直欣喜，你为何没有看见树叶后面的整座泰山呢？

有个泰国的企业家，他把自己所有的资金都投入到曼谷郊外的15栋别墅里。但是，让他没有想到的是，别墅刚刚盖好，倒霉的他却遇上了亚洲金融风暴。别墅一套也没有卖出去。连欠的贷款都没有办法还。企业家只好眼睁睁地看着别墅被银行拍卖出去。连自己的住所也被拿去作抵押还债了。

这一切的发生，对企业家来说就如一个美丽的肥皂泡破裂了一般。情绪低落的他完全失去了斗志而一蹶不振。他怎么也没有想到从未失败的他，竟然会输得如此惨。在他眼里，只能看到现在的失败，更不能忘记以前所拥有过的辉煌。

有一天，在吃早餐的时间，她发现太太做的三明治味道很不错，忽然他有了主意，与其这样下去，不如振作起来，改卖三明治。他向太太提出这个建议的时候，太太很高兴地答应了，从此，太太在家里做三明治，他就上街叫卖。

"一个昔日的亿万富翁，今日沿街叫卖三明治"的消息，很快地传播开来，购买三明治的人越来越多。这些人中有的是出于好奇，也有的是因为同情，更多人是因为三明治的独特口味，慕名而来。

从此，三明治的生意越做越大，企业家很快地走出了人生困境。从山顶跌落到低谷，在从低谷爬起来再次站在事业的顶峰。他之所以能失而复得一个如此明媚的今天，是因为，在曾经的失败向他挑战现在和未来时，他没忘记先将身上的灰尘拍落，然后再轻轻松松地与之应战。

这个企业家叫施利华。几年来他以不屈不挠的奋斗精神，获得全国人民的尊重，后来更被评为"泰国十大杰出企业家"之首。

企业家的故事告诉我们，只要忘记过从头再来，成功就还是会属于你。过去只代表过去不代表现在，更不能代表将来，如果你只是活在过去，那你怎么拥有现在，因而创造出将来的伟大成绩呢？

每一次的考试他都名列前茅，他是老师们的宠儿，说起刘同学，所有老师都会竖起大拇指称赞他几句。父母的同事们也常常在刘同学父母的面前夸奖他，他就是从小顶着这样的光环长大的，他的朋友很多，人缘很好，大家都喜欢很优秀的刘同学。高考时，刘同学被保送到清华大学。戏剧性的一幕就这样发生了,刘同学从一个优秀的学生,变成了门门红灯的差等生。从小生活在荣誉光环下的他,发现上了大学以后没有人再像从前一样称赞他,大学里的同学个个都是尖子生,自己很快被埋没其中,成为不起眼的小尘埃。看见别人的荣耀,他开始自卑,也交不到朋友。愿意和他说话的人很少,渐渐地他淡出了人群,独来独往。不去上课,不写作业。后来终于受不了这样的生活而结束了年轻的生命。当他死去的时候,大家竟然回忆不起来,这个同学到底是谁。

这样的例子很多很多,顶着过去荣耀生活的人,他永远只能停留在过去,而现实又是很残酷的,新的事物很快的取代了旧事物。你不去看明天,你何来的进步,你不去过今天,你又怎么才能取得明天的成功? 那么多条路,他偏偏选择了最窄的一条,越来越窄最后把自己困死在里面。

一个科学家只发明一种东西而永远活在这样的荣誉下, 那么他很快会被遗忘,会被淘汰出去。刘翔如果只看到 12 秒 91,又怎么会取得 12 秒 88 的世界纪录呢? 走出过去,无论是光明或者黑暗,你为何沉沦在黑暗中自暴自弃,又或者在光明中纸醉金迷。

向前看,前方的路途,还很精彩,为何你还要在一个小站逗留太久呢? 前方会有更加迷人的风景。明天会有新的曙光,明天的太阳会比昨天更加美丽。

心态 3　斗志

永不熄灭的激情

普通人和成功者的距离在于做事的激情，成功者对自己的事业永远精力充沛充满激情。在每个人打拼的过程中都难免遭遇失败，唯有做事有激情才能让你走出阴霾，激励起不灭的斗志，助你走向成功。在人的一生中，积极的态度是最有效的工具，你的热忱将会带给你战无不胜的能量。

成功者与普通大众的区别在于做事业的激情

没有经过失败的成功是不会长久的，成功之人也就享受不到成功的喜悦。可以说任何人的成功都不会是一帆风顺的，他们之所以成功，是因为他们能够把失败当成垫脚石踩在脚底下，也是因为他们要用比一般人多的激情来面对失败，面对困难，才会有所成就。

美国联合保险公司董事长克里蒙·斯通，是美国巨富之一，世界保险业巨子。

斯通生于1902年。父亲早逝，母亲把他抚养长大，母亲早在斯通十几岁时就把辛苦积攒下来的一点钱投到了底特律的一家小保险经纪社，这家小保险经纪社替底特律的美国伤损保险公司推销意外保险和健康保险，推销员仅一人，那就是斯通的母亲。每推出一笔保险他就会收到一笔佣金，这也是她唯一的收入。

斯通 16 岁时，念中学，那个夏天，母亲指导他去卖保险。他走到母亲指导给他的大楼前，犹豫不决，这时，他还默默地念着自己信奉的座右铭，如果你做了，没有损失，还可能有大收获，那就下手去做，马上去做。

于是他勇敢地走进大楼，逐门进行推销，结果只有两个人买了保险，但在了解自己和推销技术方面，他收获不小。第二天，他卖出了四份保险，第三天六份，假期快结束时，他居然创造了一天卖十份的好成绩，后来一天十份，二十份。

那时他发现，他的成功是与他有积极的心态，对做事的激情，并能积极的行动起来的缘故。20 岁时，他在芝加哥开了一家保险经纪社——联合登记保险公司，全公司只有他一个人，开头的一天销售 54 份保险，后来事业一天比一天兴旺。有一天居然创造出了 122 份的纪录。

后来，他在各州招人，在各处扩展他的事业，各州有一名推销主管，领导推销员，他自己管理各地总管。那时，斯通还不到 30 岁。

但那时候，整个美国笼罩在经济大恐慌之中，大家还没有钱来买健康和意外保险，真的有钱又宁愿把钱存下来以防万一。这时斯通给自己加了几条应付困难的座右铭："销售是否成功，决定于推销员，而不是顾客。如果你以坚定的乐观的心态面对艰难，你反而能从中间找到益处。"结果他每天成交的份数，竟与以前最好的时间相同。

1938 年底，斯通成了一名百万富翁，而他所领导的保险公司也成了美国保险业首屈一指的大企业。

斯通的成功不是偶然，没有汗水和努力，他可能还是一个极其平凡的人，名人之所以伟大，是因为他比普通人付出的更多，比普通人更有激情。想要得到掌声就要付出比别人多的努力，就要投入更多的激情。

梅西于 1882 年生于波士顿，年轻的时候出过海，以后开了一家小杂货铺，卖些针线。铺子很快就倒闭了。一年后，他开了另一家小杂货铺，最后还是以失败告终。

在淘金热袭卷美国时,梅西在加利福尼亚开了个小饭馆,本以为供应淘金客膳食是稳赚不赔的买卖,谁想到多数淘金者一无所获,什么也买不起,这样一来,小店又倒了台。

回到马萨诸塞州之后,梅西满怀信心地干起了布匹服装生意,可是这一回他不只是倒闭,简直是彻底破产,赔了个精光。

不死心的梅西又跑到英格兰做布匹服装生意,这一回,他时来运转,他的买卖做得很灵活,甚至把生意做到街上商店。头一天开张才收入 11.08 美元,而后来位于哈顿中心地区的梅西公司,成为世界上最大的百货商店之一,梅西成了美国的百货大王。

梅西不服输的精神,和他那对工作的激情,成就了他的事业。屡战屡败,屡败屡战,最终他的不服输,带给了他最好的礼物。

成功者在失败中积累经验,失败者在失败中自暴自弃,最终,他们的结果天壤之别。成功者以百分之一百二的激情来面对这些挫折和挑战,失败者可能连一小半都不到。

积极地态度就像茫茫大海上的灯塔,给我们指引着前进的方向,激情给船加满了油。通往成功的道路才会不那么艰难。

相信自己拥有沉睡着的潜力

著名心理学家奥托指出,一个人所发挥出来的能力,只占他全部能力的4%。也就是说,人类还有96%的能力尚未发挥出来。

世界上最困难的事情就是认识自己,有的人只看到自己的劣势,而看不到自己的长处,很多人认为我就是一个平庸的人,每天挤着公交和地铁,淹没在人群中。没有自信的人永远看不到自己的潜力。大家常说,潜力是靠挖掘出来的。

任何一个人,都存在着巨大的潜力,只要他的潜力能够发挥,就可以干一番事业,那些被人称为天才的人,为人类做出贡献的人,只不过是开发了他们的潜力罢了。

很多时候我们的潜力发挥不出来,正是因为我们自己内心的障碍,只要能除去这一道障碍,前面的道路会无比地宽广。把我不行的心态从我们的脑海中彻底地甩出去,随时要对自己说:"我可以。"

黑龙江省牡丹江市的一个小县城里,有一个叫林燕的女孩子,从小家境贫寒,初中毕业后,她辍学来到一个建筑工地当小工。有一天,工地上来了一群老外,随行的翻译用流利的俄语向老外介绍着什么,她举手投足间透露出的精明干练,高贵典雅的气质让林燕看呆了。

从此以后,林燕没有办法把那个女翻译的影子从脑海中抹去。她想,俄语不就是一门语言吗? 既然别人能学会,自己怎么会学不会呢? 于是,她悄悄托人从城里买了些俄语课本、词典和磁带,开始自学俄语。白天,她在工地上干活儿,晚上,她用冷水洗把脸,泡一壶浓茶,每天晚上都要学习到夜里 3 点左右。

像林燕这样的外语基础很差的人来说,最大的难题就是记单词和发音,而俄语中发音又非常难练。为了增强记忆,林燕在家里到处贴满了单词,吃饭、洗脸的时候都要念上几遍。在工地上,她一边做工,嘴里还不忘念着俄语的发音。

坚持自学一年后,林燕终于背下了不少俄语单词。但是仅仅只有词汇量是远远不够的,她无法将这些单词连成句子,俄语的语法又十分复杂。文化程度不高的她根本没有办法靠自己来掌握。于是,她决定去参加正规的培训班。可是培训班不高的学费对林燕来说也是不小的负担,她拿出所有的积蓄,又问大家借了 500 元,凑齐了学费。

培训班老师对他说,学语言的关键还是要与外国人多交流,她便每天到大街小巷找俄罗斯商人交流。因为她口语越来越熟练,那些俄罗斯商人往往怕她走开,拉着她一个劲地聊天,这让林燕学到了很多俄罗斯俗语、俚语和地方口音,她的俄语听说水平突飞猛进。

可是,不高的学历就像是一个巨大的屏障,多次的求职都失败了,一次她抱着试试看的心态,在一家公司里做了翻译,可是公司里还是不愿意把大业务交给她去做,一次偶然的机会,林燕促成了公司的一个大单。功夫不负有心人,林燕从一个"临时翻译"变成了名副其实的"金牌翻译"。大型商务谈判的翻译酬劳为每天 3000 元,以后的时间,林燕经常被客户点名邀请,她的薪酬一天至少也有 5000 元。最高的一次,她收到了 2 万元的酬劳。这样,不到两年,林燕就成了百万富姐。

如今从林燕身上,再也找不到当年那个建筑小工的影子,她已经成立了自己的大公司,成为众人羡慕的对象了。

成功不是梦想,只要你心怀这个梦想,相信自己的潜力,成功又算得了什么呢?竖在面前的厚墙,不论它多高,只要越过去不就可以了吗?从小工到金牌翻译,林燕一次次地想别人能做到的我为什么做不到呢?

成功其实很简单,只要你心中有个明确的目标,满怀信心,一点一点朝着那个目标努力。你的潜力终将会被发现。

只要你相信自己的潜力,只要你能发挥这潜力,那么一切的奇迹又算得了什么呢?滴水尚可以穿石,更何况是人呢?天行健,君子以自强不息,要相信天生我材必有用。冰是睡着的水,要相信冰融化会有无穷大的力量。

以积极心态应对外界的刺激

生命总是很美丽的,面对不幸,面对潦倒,我们不能自暴自弃,勇者无畏,面对生活中的不如意,你不能总是抱怨,想一想生活中还有很多美好。

在某一城市一家医院的同一间病房里,住着两位相同的绝症患者,不同的是,一个来自乡下农村,一个就生活在医院所在的城市。

生活在城市里的病人,每天都有亲朋好友和同事前来探望。家人前来时安慰他说:家里你就放心吧,还有我们呢,你就安心养病吧。朋友探望时劝他说:

现在你什么也别想,就一门心思养病就行。单位来人时开导说:你放心,单位上的事我们都替你安排好了,你现在的工作就是养病……可是住在城市的病人心里很害怕,怕自己再也好不起来。

来自乡下农村的患者,只有一位十二三岁的小男孩守护着。他的妻子十天半月才能来一次,给他送点钱送点衣服。妻子每次来,总是不停地说这说那,要丈夫为家里的事情拿主意:快要浸种了,今年是种"六四"还是"四六"? 村上的亲戚家嫁女儿了,你说送多少贺礼啊? 小芳说要跟她表姐去"出门",我还没有答应,你来拿主意吧。住在农村的患者想,家里没有我不行啊,我还要继续赚钱养活家里的人啊。

几个月后,情况发生了戏剧性的变化,住在城市的那位病人,病情恶化,不久就死去了,而住在农村的那个患者,病好了很多,已经出院了。

同样的病情一个好了,一个却死了。成天地活在担惊受怕里,最后他真的死去了,另一个,却能以积极的心态面对自己的病,病好了才能继续赚钱养家,所以他好了。在困难面前一定要摆正我们的心态,一念之差往往会让你蒙上不小的损失。

外界给你的刺激往往是促使你提高的因素。要学会感谢这些生活中带给你的不利条件。正是因为这些条件才能让你获得成功时感到从未感受到的喜悦。

《安徒生童话》中有一个叫汉斯的孩子。他在面对外界的刺激时又是如何做的呢?

有一年国王向全国发出通告,要为公主找一个丈夫。汉斯的两个哥哥打扮得很漂亮,骑着马去了王宫,准备向公主求婚,这时,汉斯从屋里跑了出来说,也想和公主结婚,并请求父亲也给他一匹马。大家听了汉斯的话,都忍不住大笑起来。汉斯父亲责骂他笨得连话都不会说,不让他去。哥哥们骑着马上路了。汉斯只好骑着公山羊追了上去。

一路上哥哥们都在想着怎么讨公主的欢心,而汉斯却开心地唱着歌,在路

上汉斯捡了只死乌鸦又拾起半截木鞋,最后又抓了一把泥巴装进口袋里。这些都受到了哥哥们的嘲笑。他们终于到了王宫,公主的屋子里,炉火烧得旺旺的。老大擦着汗说:"哦,这屋子可真是太热了!"公主说:"我正要烤笨鸡呢!"老大愣住了,一句话也说不出来了。公主说:"笨蛋,滚开!"老二也进来了,他的运气和大哥一样,也被赶了出来。这时,只见汉斯进了房间,他大声嚷嚷:"啊!这儿可真是太热了!"公主说:"是的,因为我正要烤鸡呢?"汉斯乐了,说:"太好了,我可以烤乌鸦了!"公主高兴地说:"欢迎你来烤,可是你要用什么来烤呢?"汉斯取出了半截木鞋,说:"瞧,这就是我的锅,上面还有把手呢!"公主摇着头说:"但还缺少黄油啊!"汉斯从口袋里掏出一把泥巴说:"我有的是!"公主拍着手,笑道:"你流利地回答了我所有的问题,你是个很聪明的人,我愿意嫁给你。"就这样笨蛋汉斯和公主结婚了,后来,汉斯还当上了国王。

汉斯从来没有在乎别人的耻笑,总是抱着热情积极的态度,最终他赢得了自己的幸福。

成功者面对外界舆论的压力,往往不是常人能接受得了的,要想在人前出头,你就得无视这一切,要以积极地态度笑看这一切,你才能立住脚,扎深根。用积极的心态去看待每一个问题,你会发现世界原来这样的美好。

善于推销自我者不能缺少热诚

当热诚变成习惯,恐惧和忧虑即无处容身。缺乏热诚的人也没有明确的目标。热诚使想象的轮子转动。一个人缺乏热诚就像汽车没有汽油。善于安排玩乐和工作,两者保持热诚,就是最快乐的人。热诚使平凡的话题变得生动。所以,一个真正善于推销自我的人不可能没有热诚。

他是海淀区的一个房地产公司的经纪人,短短两年的时间,他的业绩,已经是区域的第一名。他所做到的小区,不论是谁,到他身边时都会停下来和他打一个招呼，说两句话，很多人他都叫不上名字，但是大家却都知道他，一个年轻的小伙子。

两年前，他刚涉足房地产行业，一切对于他，都很茫然不知所措，他请教了前辈，知道了销售行业最最重要的就是人脉，客户是至关重要的，一个客户对你满意，才有可能给你带其他更多的客户。第二个重要的就是推销自己，让大家都认识你。于是他在小区挨家挨户地敲门，然后递上自己的名片，还有自购的一些小礼物。时常会有人骂他，给他脸色看，可是他总是笑脸相迎，谁能拒绝一个灿烂的微笑呢？他再三拜访小区的住户，也时常帮助一些需要帮助的人，时间长了，他就渐渐地和小区的业主熟悉起来，业绩也就提高了，再到最后大家买卖房屋都愿意交给这个年轻人。

成功的第一步：把握人生目标，做一个主动的人。当你没有对成功的热诚，你的成功几率就会大打折扣。

我们远观成功才获得成功的过程，总觉得他们占尽了天时、地利、人和，运气来时，挡都挡不住。但是不知你是否这样想过：成功为什么总是亲近他而不亲近你呢？你是否也拥有他们不停地寻找成功、接近成功的热情和主动？

张元从复旦大学毕业后，进入一家企业做财务工作，尽管赚钱很多，但张元很少有成就感，他不喜欢枯燥、单调、乏味的财务工作，他真正的兴趣在于投资，做投资基金经理人。

在一次旅途的飞机上，张元与邻座的一位先生攀谈起来，由于邻座的先生手中正拿着一本有关投资基金方面的书，双方很自然地就转入了有关投资的话题。张元特别开心，总算可以痛快地谈论自己感兴趣的投资，因此就把自己的想法以及现在的职业与理想都告诉了这位先生。这位先生静静地听着，时间过得飞快，飞机很快到达了目的地。临分手的时候，这位先生给了张元一张名片，并告诉张元，他欢迎张元随时给他打电话。

回到家里，张元整理物品的时候，发现了那张名片，仔细一看，张元大吃一惊，飞机上邻座的先生居然是著名的投资基金管理人！自己居然与著名的投资

基金管理人谈了两个小时的话,并互相留下了良好的印象。张元毫不犹豫,马上给他打电话。一年之后,张元成为一名小有成就的投资基金的新秀。

张元成功的例子并非偶然,他不仅善于营销自己,更是充满了热诚,热诚的心往往会打动别人,也是你崭露头角的得力助手。如果张元不是那样的充满热诚,只是和邻座先生闲聊几句,那么他还会给那位先生留下深刻的影响吗?不会。

成功人士和平庸之辈,是两种截然不同的人。只要仔细研究这两种人的行为,就可以找到积极主动的人都是不断做事的人,他们凡事现在就去做,直到成功为止。消极被动的人,都是懒惰散漫的人,他们会找借口偷懒,直到最后他证明这件事不应该做、没有能力去做,或已经来不及了,然后放弃。当你的生活每出现一次小小的改观时,给你带来的满足和喜悦,将会激发你取得更大成就的热情。

在众多的成功者中,有一个共同的特点,那就是他们总是以积极的心态,和对事情的热诚,去感动着身边的人。在人的一生中,积极地态度,是最有效的工具,你的热诚将会是你最好的名片。

爱上你的工作,走出职业倦怠期

当你最初开始一份工作时,你的新鲜感会让你觉得工作很有趣,做起来很有劲。时间一长,就不像你想的那样了,会烦躁,会没有耐心。我们把这个可以叫做疲劳期,他就像一个周期,周一来上班,你可能是很轻松的,因为刚刚过了一个休息日,一大堆的事情忙得你不可开交,到了周五快要放假了,你也会感到轻松,一周的任务就要完成了。而最难过的就是在周三,工作已有些疲劳,离休息日有还有两天。想一想如果我们每周都以这样的心态来上班那么我们的效率会高吗?我们必须调整好心态,做到每天上班都像周——样,精力充沛。

我们的心态就像是对天气一样，你心情好了即使是在下大雨，你也会觉得今天的天气真好，但是我们的心情不好，即使晴空万里，你也会感觉到很压抑。

小李是北方一所名牌大学的高材生，学的是计算机专业。毕业时，一家国内知名企业执意要聘请他，另外也有几家外资企业要接收他，但是在他心里，还是倾向于旱涝保收的机关单位。经过一番努力，小李终于在一家省直机关上班。在机关里，上司把他安排在大量数据的统计整理工作之中。这与他学的专业相距十万八千里。小李初进机关的新鲜感明显减少，变得心灰意冷起来。他工作不断出现失误，而且由于出差时私自旅游而耽误了工作，受到主管领导的严厉批评。几年过去了，小李原来的专业知识不但没有派上多大用场，反而慢慢忘得一干二净了，小李也有想过换个别的工作，但专业的知识现在又忘得差不多了。又过了几年，因为他的工作没有多大起色，机关裁员，小李自然而然地被列入了这一行列。这时他才深切体会到"一着不慎，满盘皆输"的道理。

成功者是会享受工作带来的乐趣而不是在乏味的工作中自暴自弃。

李红是刚走出校门的新人，经过朋友介绍来到一家酒店做前台，刚开始时对工作充满了热情，什么事都会抢着做，时间一长，她发现这个工作好像没什么升职的空间，久而久之，对工作产生了厌烦的感觉，工作的积极性也就没有了，做什么事情都很被动，甚至加班都会让她很不愉快。一次人事部的张经理找到李红，张经理就是李红的朋友，问到李红近来的状况，李红说很不好。工作辛苦，赚的钱又不多，升职空间也不大。张经理笑着对李红说，之前我刚来这里的时候也是做前台接待，你别看工作好像没那么重要，其实才不是呢，你们是酒店的形象，所有客人一进来最先就是和你们说话，如果你总是那么无精打采，不但会影响到你身边的人还会影响到酒店的形象。还有一个小秘密。你不要怕事情做得多，只要你做了总会有人看见的，谁说前台的升职空间小了？老板来了最先看到的也是你们，表现好一点，机会是留给有心人的。

张经理的几句话又激起了李红对工作的兴趣，李红回来后想了很久，之前事情做得比现在多，可是也没有觉得累，就是从自己开始厌烦工作后才开始觉得累。听了张经理的一番话，李红决定从新开始。换一种心态，让工作也变得开心起来。她又变回当初那个勤劳踏实的女孩子了。不久后，李红升了职。

一个人如果不喜欢他的工作，那他就不会对工作付出热情，只是为了赚钱而工作，和一边享受过程，一边赚钱感觉是不一样的。前者只会让你觉得乏味甚至会感到痛苦，可是后者就完全不一样了，你会感受到工作带给你的喜悦，你每完成一项工作后的喜悦。每一次领到薪水后觉得很值得。

生活中就不应该充满压抑，而工作占去了我们生活大半的时间，如果你这么长的一段时间都不会快乐，那么你的生活将会有多么的痛苦。假使你为环境所迫，不得不接受乏味的工作，你为何不试着从这份工作中找到些兴趣和快乐呢？

心态 **4** 远见

高瞻远瞩的眼光

拉罗什富科说过："丧失远见的人不是那些没有达到目标的人们，而往往是从目标旁溜过去的人们。"鼠目寸光的人，永远只能看到眼前，失败时，会一蹶不振，获得小的成功时，会沾沾自喜，居功自傲，一叶障目不见泰山。人生须未雨绸缪，在顺境中要为逆境做准备，保证自己的情绪永远不被别人主宰。如果没有深谋远虑，你将终身随波逐流。

盲目地努力，得不到理想的结果

当所有的心血与汗水付诸东流，于是我们抱怨上天不公，我们一直在努力，可为什么成功就不属于我们呢？因为我们只知道勤奋，却不知道选择适合自己的方向。

著名的哲学家安冬尼曾说过："首先到达终点的人往往不是跑得最快的人，而是那些集智慧和力量于一身的、会做出明智选择的人。"

错误的方向，比没有方向更可怕。坚持是一种良好的习惯，但是在有些事情上过度地坚持，会导致更大的失败。一个人想要前进，一定要找准一个正确的目标，在错误的道路上坚持下去，比不去努力还要可怕。浪费了你所有的精

力,结果还是一事无成。

有一则寓言。有两只蚂蚁想翻越前面的一堵墙,寻找墙那边的食物。墙长有20来米,高有近百米,其中一只蚂蚁来到墙前毫不犹豫地向上爬去,辛苦地努力着向上攀爬。可是每到它爬到大半时,就会由于劳累、疲倦等因素而跌落下来,可是它不气馁,它相信只要有付出就会有回报。它更相信只要坚持不懈,就会距离成功越来越近。一次跌下来,它迅速地调整一下自己又开始向上爬去。

而另一只蚂蚁观察了一下,决定绕过这段墙去。很快地,这只蚂蚁绕过墙来到食物面前,开始享用起来,而那只蚂蚁还在不停地跌落下去又开始。

也许现代人都信奉的是不屈不挠,勇往直前。可是,不是适合别人的就是适合你的,在你苦苦追求着你所谓的目标时,你可能会错过更多美丽的风景。现实生活中确实有一些人在做着无谓的斗争与努力,许多人在迷路以后就不知道回头,就像那只蚂蚁一样别人吃到了食物,他还在那里做无谓的挣扎。我们为什么不去做那只聪明的"蚂蚁"呢?

有许多人,就因为一生都走在最短的路上,可就是因为他走进了死胡同还不知道回头,把大好的青春年华都浪费掉了。放弃不是逃避,在适当的时候放弃,才是明智的选择。

有两个青年在报纸上发现了一则将清水变成汽油的广告,他们大喜过望,于是马上开始了夜以继日的研究。通过持续两个月的努力,他们一无所获,其中一个人通过这些天的学习发现,将水变成汽油是一件滑稽荒诞的事情,便毅然放弃了,转而去经商了。而另外一个人仍然认为,只要坚持就能成功,所以没有听从劝告,继续他的研究。

几年过去了,转行的青年已经成为了小有名气的企业家;而还在坚持研究的青年,早已经一贫如洗,神志也不清醒了。

世上有走不完的路,也有过不了的河,过不了河的时候你有没有想过,掉个头,看看河的上边有没有别的桥。我们应该学会变通,凡事都要讲究个度,过分的执著,只会让你头破血流尸骨无存。

如果你发现自己现在所从事的工作并不适合自己，那你就要赶紧调整前进的方向。要相信天生我材必有用，只有找准了地方，把自己放在合适的地方，那样才能体现出你真正的价值，不要担心来不及。当你发现走错路的时候，最好先停下来好好想一想，然后在找别的路，不要因为一条错误的路而耽误了你的一生。

如今皮尔·卡丹的名字在服装界可谓是无人不知，无人不晓，然而让人惊讶的是最初他是经营剧院行业的。在经营剧院的过程中，皮尔·卡丹发现自己根本没有能力将这个行业做好，于是他毫不犹豫地选择了退出。

在不断的摸索中，他发现自己对舞台服饰有独特的审美能力，于是就果断地转向了戏剧服饰设计，并获得了前所未有的成功。皮尔·卡丹服饰被世界无数人所认可，他本人也成为世界一流的服装设计大师。

盲目地坚持，只能使自己处于一种被动的状态，只有理智地放弃才会给自己带来意想不到的良机。有句话叫做"不懂得放弃愚昧的信念，上帝也救不了你"。生活中死守愚昧信念的人，并非是真正的智者。不切实际的执著，反而会葬送自己的人生，葬送自己的理想。最初的选择不一定就是对的，只要你及时回头，终有一天，你会迎来成功的曙光。

警惕打工心态，工作不仅仅是为了薪水

很多人做事往往以薪金所向，缺乏耐心，放了三两枪没有打到兔子，很容易产生换工作的想法。总是这山望着那山高。但是你有没有想过，你频繁换工作给公司，给自己带来的损失往往要超过你新拿到的薪水。你所应该有的价值也会发挥不出来。

小李是一所重点大学的毕业生，刚毕业时，因为眼高手低错过了好多不错的工作。后来，随便找了一家规模一般的服装公司混日子，负责公司的内部事

务。在经历了初涉社会的挫折后,小李的激情被磨灭的差不多了,她也开始混日子般的工作,在工作的2年时间内,表现的平平淡淡。公司老板也将小李当做一名安稳、能力平平的员工对待。

2009年2月,公司新招了一名女孩子。在经历了短短1个多月的磨合期后,小李发现新来的同事做事积极,能将事情处理得当;为人和善,和上司、周围同事的关系处理的井井有条。

小李的处境就发生了翻天覆地的变化。首先是来自老板的,以前老板总会将一些不会得罪人的工作交给自己处理,而现在老板将自己看成了隐形人;其次是来自自己的,自己也在新来的同事的工作高效率的压力下,感觉自己喘不过气来。发工资的时候,新同事的奖金也比自己高出几百块钱。

小李在思考了再三后,决定找老板谈谈,毕竟自己也是多年的老员工,没有功劳也有苦劳的。老板在听从了小李的埋怨后,老板只说了一句话,这句话惊醒了小李沉寂多年的心态--你不是给我打工,更多的是自己给自己打工。

80后的小薇刚走出大学校门,在一家公司做文员,小薇本就是一个心思细腻的女孩子,所以文员的工作如鱼得水,做得十分出色。同学小王,看到小薇,告诉她自己做的销售工作很赚钱,你比我厉害,我都赚到钱了,你还甘心就拿那一点死工资吗?小薇本就是没有主见的人,被小王这么一说。小薇有些动心了。回家后仔细想了想小王的话。决定放手拼一把,自己不比小王差,而且自己也有信心做好。

小薇辞去了原来公司的工作,张姐很可惜地对小薇说,领导看你做事细心正在讨论升你的职呢。小薇一听心里开始有些后悔。不过转念想想,有失必有得嘛,小薇这样安慰自己。在新的单位,并没有小王当初说的那样好,工资并不是很高,主要是拿提成,小薇是新人又没有什么经验,一开始基本任务都完不成,更别提什么提成了。工作时间很长,待遇也没有原来的好,小薇越想越是后悔,但是没有办法谁叫自己耳根子软呢,经不住金钱诱惑。小薇想,既来之则安之,都已经来了,那就好好干吧。时间由过去了三个月,小薇不得不辞去现在的工作,她意识到了,自己根本就不适合做销售。绕了这么一个大圈。到头来自己是得不偿失啊。

当我们被利益蒙蔽双眼时,你一定要保持清醒的头脑,仔细地思考你自己的真正得失。不要只看着眼前的利益,不要为了一棵小树而放弃了整片森林。权衡其中的利弊,有失必有得,有得也必有失,即使你幸运,你的高薪工作成功了,那你失去的呢? 会很少吗?

摆正自己的心态,不要为金钱利益所动摇,随时要保持乐观的心态,才能在你的工作岗位中做出一定的业绩,才能发挥出你真正的人生价值。我们活着不单单是为了金钱。我们谁都不想成为金钱的奴隶,我们要学会驾驭金钱,而不是让金钱来驾驭我们。

改变自己比改变工作容易

成功的人会自行创造各种有利于自己的环境,而不是把失败归咎于环境。既然我们对环境的影响力是极为有限的,那么唯一的出路就是改变自己,首先是适应环境,然后再考虑驾驭环境。

一个人要想成为成功的强者,就必须适应这个不断变化的大环境——社会。古语有云,适者生存。动物世界是弱肉强食,动物尚且如此,我们人也不例外。在科学技术飞速发展的今天,如果我们还是故步自封,止步不前,那么我们将会被这个大环境所抛弃。

我们生存的世界不是停滞不前的,所以我们每个人所面临的外部环境和客观条件也随时都在改变,它们不会以某个人的意志为转移。你不能因为自己喜欢登高就要求面前是一座山,也不能因为自己擅长游泳而希望面前是一条河,相反,在碰到山的时候你应该学习攀登,遇到河的时候应该学习游泳。

宝剑锋从磨砺出,梅花香自苦寒来,梅花之所以能够在寒冷的冬天傲立枝头,它不能改变所生活的环境,那么只有练就一身不怕寒冷的本事,才能在冬天百花都凋谢的时候,独领风骚。

环境常有不如意的时候,问题在于,我们自己怎么去面对困难和不顺。很多时候我们所面对的环境是我们自己所不能改变的。与其做无谓的挣扎,不如面对现实,随遇而安。与其怨天尤人,不如从我们自己的身上去找寻可以应对的方法。用我们的智慧和力量去努力的创造自己适应生存的环境。作为人,我们无法选择自己的出生和家庭背景,但是我们可以选择我们对生活的态度。生活的逻辑总是反复昭示我们:艰难和挫折是对命运和人生的最好锤炼——树因此而用,人因此而才!

1936 年,李嘉诚一家辗转来到香港。他的父亲李云认识到以前对李嘉诚的那套教育是完全不适应香港社会现实的,于是他不再按四书五经的理论要求儿子,他让李嘉诚"学做香港人",从而适应并融入香港社会。

要真正融入这片土地,就得先过语言关。如果语言关都过不了,在香港生存都是问题,更不用说什么做大事、立大业了。过香港的语言关就是要熟练地讲广州话和英语。

李嘉诚生长在潮州,只会说潮州话,潮州话属闽南方言。香港的大众语言是广州话,广州话属粤方言,与闽南方言彼此互不相通。可是在香港不会说广州话几乎寸步难行,所以是一定要学的。另外,英语是香港的官方语言,这是一种非常重要的沟通工具,也不容忽视。

功夫不负有心人,李嘉诚经过几年的苦心学习,终于熟练地掌握了广州话和英语这两门语言,这使得他在日后的商战风云中受益匪浅。

语言和经商绝对不是风马牛不相及的。请想一想,如果李嘉诚不懂广州话和英语,不要说难以在商场自由驰骋,就是生存质量也要大打折扣,赚钱又从何谈起呢?

对于当年的李嘉诚,要想在香港站住脚,一定要以一种全新的面目出现在这片土地上,语言的改变,带来的是生存方式和生活圈子的改变,这种改变使李嘉诚由香港的看客变成了主人。所以说"适应"其实就是一种迂回的发展,因为选取了最佳的着眼点和入手的角度,行动起来就有事半功倍的效果。

改变自己是适应社会的一种好方法。当生活的境遇不能改变时,我们要学习改变自己。当我们在为生活或境遇烦恼苦闷到了极点时,要学会敞开一扇心灵之窗,不能因为一时处于恶劣的环境中就自暴自弃,止步不前。要知道,环境不是为你我而造的,我们一定要学会适应它。成功是属于有准备的人,要想在这个社会生存下去,并取得成功,那就改变自己,让自己适应这个社会的发展。

成功的道路是曲折的,没有一个人能一生都处于适应自己的环境中,只有我们一点一点地去适应环境,去改变自己,才能在一次次成长中蜕变,破茧成蝶,才能在温暖的春天里翩翩起舞,书写自己一生的美丽。

正视缺憾,在劣势中寻找优势

俗话说得好,尺有所短,寸有所长。不要被你的缺憾压倒,当我们生活中有缺憾时,我们不应该自暴自弃,看不起自己,你要想想,自己都放弃自己,看不起自己,那其他人还能看得起自己吗? 我们在面对缺憾时,首先要学会面对,是自己的不足,学会顺其自然。适者生存,然后再找其他的优势再创佳绩。这不是一种明智的选择吗?

我们没有别人那么亮丽的外表、傲人的曲线,这是上天给我们的缺憾,这些是我们无法改变的可是我们可以去弥补,自信所以美丽,善良所以美丽。我不聪明但是我勤劳。只要我们通过自己不懈的努力。我们会得到比他们还要光明灿烂的未来。

要相信上帝为你关闭一扇门的同时,也会为你打开一扇窗。

当我们不再年轻,青春尽失的时候,这是一种无可奈何花落去的缺憾,我们有必要为它而感到苦恼吗? 不要羡慕那些年轻的生命,因为每个人都曾年轻过。人到中年就如一棵参天大树,你有必要在去为那些曾经还是小树的样子而郁郁寡欢吗?你有你的风采,也是无法比拟的。

曾长期担任菲律宾外长的罗慕洛身高只有 163 厘米, 他也像其他人一样,常常为自己个子低矮而自惭形秽。他甚至穿过高跟鞋,但这种方式只能令他心里不舒服。他感到那是在掩耳盗铃,于是便把高跟鞋彻底扔掉。后来,也正是身材矮小促使他走向了成功。因而他说:"我愿下辈子还做矮人。"

1935 年,罗慕洛应邀到圣母大学接受荣誉学位,并且发表演讲。同一天,高大的罗斯福也是演讲人之一。事后,罗斯福含笑对罗慕洛说:"你抢了美国总统的风头。"

1945 年,联合国创立会议在旧金山举行。罗慕洛以无足轻重的菲律宾代表团团长身份,应邀发表演说。讲台几乎和他同样高。等大家都安静下来,罗慕洛庄严地说:"我们就把这个会场当作最后的战场吧。"这时,全场陷入了静默,接着爆发出一阵热烈的掌声。最后,他以"维护尊严、言辞和思想比枪炮更有力量……唯一牢不可破的防线是互助互谅的防线"结束了这次演讲。全场掌声经久不息。

事后,他分析:"如果是高个子讲这些话,听众可能礼貌地鼓一下掌,但菲律宾那时离独立还有一年,自己又是矮子,由我来说,就会收到意想不到的效果。"

就从那时起, 小小的菲律宾就开始在联合国中被各国当作很有分量的国家了。也正是从那时起,罗慕洛认识到了矮个子比高个子更有着某方面的天赋。矮个子起初总被人轻视,但一旦爆发,就会一鸣惊人。

世界上的事情千变万化,常常不是我们能够左右的,奢求万事如意一帆风顺是不现实的,生活中总是会有这样那样的事情发生,总是有大大小小的问题缠着我们,期待有好的结果,就必须有一个好心情,对自己充满信心,一往无前地走下去。自然会有美丽的结果,何苦再为那一点点的缺憾抱憾终生呢?即使失之东隅,也会收之桑榆,这便是缺憾的意外收获,更是一种美丽。

自身的缺憾是难以改变的现实,任何企图掩盖或者逃避的做法都有可能带来更加消极的结果。缺憾是我们生命中的一部分,只有我们坦然地面对,并把它当作奋斗的动力,用积极的心态去面对,去挑战,才能获得你应有的收获。

梨花逊雪一分白,却赢在那一缕香。世界上没有十全十美的事物,每个人都是一样。过度在乎你的缺憾,就会把自己推向痛苦的深渊。坦然地接纳自己,认同自己的缺憾和不足,你将会拥有一份好心情。

日有东升西落,月有阴晴圆缺,就连星星也会陨落。所以说完美的东西是不存在的。也正是因为有了缺憾,我们才能看到人生的另一种风景。我们都知道柠檬又苦又酸,一点也不讨人喜欢,根本无法下咽。可是如果把它榨成汁,加上水,加上糖,倒进蜂蜜,却变成人人爱喝、生津止渴的柠檬汁。如果上天给了我们一个酸苦的柠檬,那我们就想办法把它榨成柠檬汁吧。

不怕投入太多,成功要讲先期储备

古人寒窗苦读十年,考取功名而非一朝一夕就可以完成的,一篇文章是一个个字积累的,一本书,又是一篇篇文章积累起来的,没有跳跃,也不能跳跃。作家完成一部作品,需要看大量的书,一个神探破案,他需要分析大量的案例,一个世界冠军,要想成功,他要花费的大量的时间练习。

台上一分钟,台下十年功,大家也许只看到他们的辉煌成就,又有多少人看得到他们身后的汗水泪水,甚至是血水。成功是给有准备的人的。没有付出何来的收获?行百里者半九十,我们为何不再多投入一点点?坚持一下,成功的曙光就会在你的眼前。

被称为"烧鹅仔"的林伟成,1982 年高中毕业后,拿着父母给的 300 元家底做本钱,在惠州市大角市场的一个破木棚里摆摊卖起了烧鹅。谁知忙活了一整天,9 只烧鹅只卖出半只,其余的第二天变了味,本钱一下子失去一大块。19 岁的林伟成初次经商,就遭遇挫折。

他很快从失败中找出了原因,就到广州拜师学艺,钻研烧鹅加工技术。

　　一年后，林伟咸回到了惠州，又干起了卖烧鹅的营生。他的烧鹅色香味俱全，深受人们的青睐，烧多少便能卖多少，每天他的摊位前都排起长长的队伍。摆了一年多的小摊，便有了 10 万多元的积蓄。这时，不安分的他想往大了干，于是办起了一家快餐店。一年后，林伟成又经营起粤海酒家，经过十余年的艰苦创业，林伟成已在惠州餐饮界崭露头角，"烧鹅仔"几乎家喻户晓，成了惠州大有名气的老板。

　　正当林伟成立志要创中国餐饮名牌、做中国麦当劳的时候，上天却与他开了一个莫大的玩笑。1993 年下半年，国家加强宏观调控，惠州绚丽的经济泡沫消退。原来天天食客盈门的生意每况愈下，亏损严重。为了挽回败局，林伟成投资 6000 万元开了一家大型商场和珠宝行，结果一败再败。他又开始涉足房地产，更是血本无归。仅仅一年的时间，林伟成十几年艰辛拼搏积累下来的资本亏空殆尽，且欠下 2000 万元的外债。

　　吃一堑，长一智。林伟成决定从头做起，当一名烧鹅仔。他首先到国家工商总局登记注册了自己的商标，然后自任主编，聘请有关专家编撰了长达 20 万字的《烧鹅仔集团酒店管理标准》作为集团规范化管理的依据和员工的教材。以此为基础，踏踏实实重新创业。

　　栽下梧桐树，自有凤凰来，"烧鹅仔"独特的经营管理模式重新带来一场餐饮业的革命，也给自己招来了众多的合作伙伴。从西安到北京、天津、兰州、乌鲁木齐、郑州等地，烧鹅仔的连锁店可以说是遍地开花，而且走向了韩国与日本，从而使烧鹅仔东山再起，走向成功。

　　不要被困难吓倒，如果林伟成没有这些积累，没有这些失败，那么他还会像今天一样成功吗？付出就会有回报，相反，你没有付出就一定不会有回报。成功不是偶然，成功留给有准备的人。

　　有些人心浮气躁，平时不努力，小事看不起，只想坐等机会的到来，从而一举成功。结果，这些人常常最终一事无成。要知道，不积跬步无以至千里，无论大成功还是小成绩，都需要努力才能实现，需要积累才能得到。无论是做企业还是做人，都不能急于求成，不要眼高手低，光想着做大事，而不屑于去做那些小努力、小成绩。唯有大处着眼，小处着手，不断地积累那一点一滴的成绩，才会突破现状，脱颖而出，达到新的境界，那将是更大的成功！

对个人而言，财富、知识、权力等是成功的象征和工具，它们都需要积累。财富需要积累，有的人有钱是几代人努力的结果，有的是长期创造积攒及投资理财的结果，一夜之间发财的暴发户是极少的。勤是摇钱树，俭是聚宝盆，既要积极努力地创造财富，又要善于使用和积攒财富，这样就能拥有财富。

心态 5　沉稳

淡定镇静的气质

水的性格是灵动,山的性情是沉稳。水的灵动给人以聪慧,山的沉稳给人以敦厚。灵动的海水却常年保持着一色的蔚蓝,沉稳的大山却在四季中变化出不同的色彩。俗语说,智者动,仁者寿。做人做事要稳重,有稳重的心态,才能担当得起大事。工作与生活中,随时保持淡定稳重的气质,你才不会在外界的纷扰中乱了方寸。

读懂自己,知道什么是适合自己的

读懂自己,就是要学会认识自己,客观地评价自己,认清楚自己的优势和劣势。知道什么才是适合自己的,什么才可以让自己发挥得更出色。

我们往往都能了解身边的人,却不能正确地认识自己,也正是我们往往不能承认自己的劣势,不承认自己哪一点不如别人,所以,我们总是不能很好地认识自己。

认识自己,不仅仅是要认识自身的优势,也要学会正视自己的缺点。

成功者常常能扬长避短,知道自己最适合什么,自己最擅长什么,找到自己发展的方向,选择一条适合自己的道路。发挥自己的长处。找到通向成功的捷径,有着事半功倍的效果。

相反,如果你在一个不擅长的方面辛苦地拼搏,你的成功几率可能会很渺茫。

人生的诀窍就是认识自己,知道什么才是适合自己的。经营好自己的长处,给你的人生增值。找到适合你的事情,找到最佳结合点,做出正确的选择,你将会离成功更近一步。

电视剧《奋斗》中的华子和向南。同时毕业后向南靠着父亲的关系进了外企,娶了漂亮的媳妇,享受着并满足着眼前的生活。而华子从倒二手车开始,开发廊开蛋糕店开饭馆,就没有停歇过,最终华子成功了,有车有房有事业,用他自己的话说,就是"哥们,现在也有钱了"。而向南那边呢? 开始是白领到结束时也没有成为金领,用他自己的话说,就是:"哥们前年挣得多,一月能挣一万,去年还剩八千,现在只有六千了! "

华子的成功告诉我们,要正确地认识自己,摆正自己的位置,他知道自己不是可以正正经经地做白领为别人打工赚钱的人,所以他一开始就没有做那些无所谓的事情,把自己放在正确的位置上,一点一点走向成功。向南一直沉醉在他自己的美梦中,在别人努力拼搏的时候自己还是碌碌无为。所以直到故事结束,他还是在羡慕着别人的生活。

每个人都有自己的长处和短处,正所谓,尺有所短,寸有所长。五根手指都会长短不一,各有分工,三百六十行,行行出状元,只要你找到适合你的事情,那么你就是一个成功的人。

德塞纳维尔是别人眼里一无是处的庸才,但他总觉自己有点与众不同的地方。有一天,他脑子里飘起一段曲调,他便将它大致哼出来,并用录音机录了下来,请人写成乐谱,名为《阿德丽娜叙事曲》。阿德丽娜正是他的大女儿。曲子谱好后,他就在罗曼维尔市找了一个游艺场的钢琴演奏员为之录音。这个演奏员毫无名气,穷酸得很。德塞纳维尔给他取了个艺名,叫理查德·克莱德曼……这一弹奏在音乐界引起了轰动,唱片在全世界一下子卖了 2600 万张,德塞纳维尔轻而易举地发了财。他说:"我不会玩任何乐器,也不识乐谱,更不懂和声。不过我喜欢瞎哼哼,哼出些简单的大众爱听的调儿。"德塞纳维尔只作曲,不写歌,他的曲子已有数百首,并且流行全球。20 年来,德塞纳维尔靠收取巨额版税,腰缠万贯。

可见,一个人做自己擅长做的事情,是获取成功的一件法宝,我们每个人在年轻的时候都会有自己的抱负和梦想,但是,不是每个人都会出人头地,都能实现梦想。培养一技之长,一步一步去积累资源,去寻找成功的基石,才是成功的必由之路。

成功的人都是这样,正确地认识自己,最终他们像雄鹰一样在属于他们的蓝天自由翱翔。每个人的才能、天赋、兴趣都是不一样的,如果你没有能了解到这一点,没有将你的长处运用起来,你在自己的岗位也会是碌碌无为,才能平庸,最终你将会被众人所埋没,所淘汰。

如果,你能够正确的认识自己知道什么适合自己,从事你擅长的工作,做你擅长的事情,你就会获得成功,找准你的位置,给你的人生找到定位点,在你所应该在的地方做出你该取得的成就。劣势可以变成优势,只要正确地认识自己,只要你努力拼搏,就会迎来胜利的曙光。

理性做事,情绪化是大忌

在我们的生活中常常会有事情困扰着我们,看不惯的事情,不想做的事情,这样的事情多了,就会在我们的心中系一个大疙瘩,久而久之,我们的不良情绪就会被引发出来。在职场中,最忌讳的就是把自己的情绪带到办公室,那样不仅影响你自己的工作,也会影响到其他人的工作。

在工作中我们都会遇到很多不顺心的事情,哪个同事不如自己,却在年底考核时升了职;单位分房子,哪个不如自己的同事分到了好位置,等等,你不要因为这些小事情影响到你的生活和工作。

卢波在一家公司做部门负责人,在公司他很受总裁的重视。但是不久,公司招了一个新的负责人,这个人的工作能力非常强,又特别会处理同事关系,很快得到了总裁的青睐,卢波的地位很快被他代替了。

他们明着是在进行各自的工作,但暗地里却是无时无刻不在进行着竞争:想让自己的部门走在前面,想让自己的方案得到总裁的肯定,等等。几个月下来,对方的业绩明显高出卢波很多,而他得到的重要工作也明显增加了。

总裁的轻视,自己手下员工的不满一下子给了卢波莫大的压力。面对竞争,卢波首先是找自身的不足,改变策略,调整好心态,努力完善自己。大家都工作时,他用十倍的认真去对待。大家下班时,他继续钻研业务,调研市场,寻找工作中需要完善的地方,充分掌握行业内的最新动态。

就这样,在他的努力下,几个月以后,他向总裁提出了一份完善的工作改进计划,总裁又一次肯定了他的重要性,不仅再次重用了他还将他的职位提升了一级。

做事要理性。在职场中最忌讳的就是情绪化,把你最积极的一面带到办公室里,把消极情绪化的东西删除。每当你遇到事情的时候,想发脾气或者情绪低落的时候,就多想想,让自己调整一下。高兴时,告诉自己别得意忘形;失意时,告诉自己别气馁,要努力。时刻提醒自己,慢慢就会好了。

你总是为这些小事抱怨,不好好工作,时间一长就会让领导认为你已经胜任不了这份工作。这样下去,受苦的永远是你自己。不光身心受伤,最终可能连你的饭碗都保不住。

作为员工不可以情绪化,作为老板就更不能情绪化,你的情绪化完全会影响到你的下属,乃至于你们整个企业公司的情绪。

小陈的老板是一个阴晴不定的人,员工见了老板都有些战战兢兢的感觉。

老板高兴时在休息的时候也会找同事们一起说说话,聊聊家常。但如果遇上他心情不好的时候,同事们都不敢出声,地上掉一根针都可以听见。

有一次小陈因为跟客户谈好今天汇款,就今天发货,小陈跟老板说了下,恰好碰到了老板心情不好的时候,老板就很生气地对小陈说你怎么可以自作

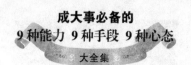

聪明呢,这件事怎么都不问我一下,有没有把我这个老板放在眼里啊,难道你不知道每次都是款到了之后隔天发货的吗?

小陈有些委屈,对老板说:"你以前说过的,如果客户料要得急,是可以款到了之后就马上发货的。"

老板的情绪化让小陈很头疼,去留都不是,要走的时候,想想老板其实对大家挺好的,可是留下来老板的脾气捉摸不定,自己是来工作的,不是来受气的。时间一长老板的情绪化,也就引起了员工的情绪化,不用说大家做事的激情就慢慢减少,从而也会导致公司的业绩明显降低。

老板就是一个团体的领头羊,大家都跟着你的步子前进,你的情绪化会影响到大家的心情,所以保持理性的态度,荣辱不惊,遇事沉着冷静,进办公室之前要整理好自己的心情,把一切的不高兴抛之脑后。不要由着自己的性子来,在外生存,可不是在家一样谁都会宠着你顺着你。

太过情绪化人人都会讨厌你,我们在慢慢地成长,更要学会控制好自己的情绪。该忍则忍,该让则让,不要让外界的事情扰乱了我们的心情。随时保持平和的心态,去面对眼前的生活。

用平和的心态看待世上的不公平

世界上的事情本来就没有公平可言,一个人可以选择他的生活,但是所有的人都不可以选择他的出生。有人一出生就面对着疾苦挨饿,有人一出生就含着金汤勺一生不会为吃饭花钱而发愁。一句玩笑的话,我做不了有钱人的后代,但是我可以做有钱人的祖先。我们听起来只是一句玩笑话,但是仔细想想,事实就是这样的,既然我们改变不了我们的出生,为什么还要抱住那些不公平而去抱怨,为什么不用平和的心态去面对现实的生活从而改变自己呢?

小林上高中的时候,班上从外地转来一个漂亮的女孩,她叫小敏。她的到来,打破了小林从来都是第一名的神话。

不久以后,小林发现,小敏不仅成绩好,人长得漂亮,性格也活泼,且弹得一手的好钢琴。学校里有什么演出,演讲之类的活动,小敏总是很积极地参加,表现得都很出色。而且小林从大家那里听到,小敏的父亲是市里新调来的高官,是个名副其实的公主。想到自己刚下岗的母亲,和当司机的父亲,小林心里很伤心,她知道,自己从家庭到自身的表现,都比小敏差一大截。于是小林加倍努力,把所有的时间都用在学习上,终于,功夫不负有心人,小林考进北方的一所名校。而小敏发挥失常,只考到一所普通的大学。直到此时。小林才松了一口气。

但是上帝却偏偏开了个玩笑。毕业之后,因为专业太冷,再加上小林的性格不太好,工作一直很不好找,最后勉强在一家小公司谋了份职业。所学的东西根本用不上。每天只是跑跑腿,打打杂。小敏仿佛是天生的幸运儿,他一毕业就凭一口流利的英语和出色的形象当上了电视台的主持人,成为众人眼中的新星。同学聚会时,她挽着英俊潇洒的丈夫一起出场,让众多同学羡慕不已。

小林从小就是一个心高气傲的女孩,在与小敏的对比中,他又一次深受打击,心情很失落。一个偶然的机会,他在电视台上听到一个心理访谈节目,忍不住拨通了电话,听到小林的倾诉,声音悦耳的主持人告诉她,你一直在追求一种虚幻的完美,越是难以达到,越是不懂得放弃。你为什么总是盯着身边最幸运的人比较呢?今天你已经大学毕业,有稳定的工作,有广阔的前途,年华正好,身体健康,你多年的努力,已经得到了回报啊!小林一时无语,突然意识到,自己一直太在意那些不公平,其实那些所谓的公平都是小林束缚自己的枷锁。自己单方面的对比,而对方一直只是当自己是一个普通的同学,想一想真的很没有必要。把注意力放在自己身上之后,小林发现,可以做的事情其实很多,幸福其实一直都在触手可及的地方。换一个心情,用平和的心态去看待这个世界,你就会发现这些不公平,实际才是你最大的动力。

一个单位分房子,两个资历差不多的同事都分到了八楼,因为没有电梯,孩子又小,生活多有不便,而有的比他们资历差的还分到了三、四层的好楼层。

其中一位同事身体本来很健康，但因为心里不平衡，不但拿老婆孩子出气，还经常到单位领导那里大吵大闹，搞得上下级关系很紧张，自己也气病了一场；另一位同事本来身体较弱，但心态较好，不但不抱怨，还把爬楼梯当成锻炼身体的好机会，不但自己爬，还带着刚会走路的孩子每天练习爬楼梯，结果坏事变好事，自己的身体好了，小孩的身体也健壮了。

自古以来没有谁一开始就是富有的，有多少人都是从贫穷的时候开始打拼进取，也许他过得比一般人还要差，但是他却以平和的心去看待这一切，去努力创造自己的财富。

既然我们没有站在终点，那为什么不积极一点，比他们更快地到达终点呢？有人会为这些不公平闷闷不乐，甚至影响着自己的一生。快乐也是一天，不快乐也是一天，那么我们为什么不放宽心，用美好的视角去看那些所谓的不公平？如果那样，你会发现原来世界如此美丽。

在一定条件下，得与失是可以互相转化的

我们是自己生命的主宰，完全可以掌控自己的思想，可以创造自己的人生。得与失就在我们的掌控之中。不要为了丢一个手机就难过很多天，你可以想想，丢了旧的才可以再买新的啊。就是因为失去，才能有新的机会出现在你面前。也不要因为中奖而高兴，可能麻烦事就在身后等着你。

从前，有位老汉住在与胡人相邻的边塞地区，来来往往的过客都尊称他为"塞翁"。塞翁生性达观，为人处世的方法与众不同。

有一天，塞翁家的马不知什么原因，在放牧时竟迷了路，回不来了。邻居们得知这一消息以后，纷纷表示惋惜。可是塞翁却不以为然，他反而释怀地劝慰大伙儿："丢了马，当然是件坏事，但谁知道它会不会带来好的结果呢？"

果然，没过几个月，那匹迷途的老马又从塞外跑了回来，并且还带回了一

匹胡人骑的骏马。于是,邻居们又一齐来向塞翁贺喜,并夸他在丢马时有远见。然而,这时的塞翁却忧心忡忡地说:"唉,谁知道这件事会不会给我带来灾祸呢?"

塞翁家平添了一匹胡人骑的骏马,使他的儿子喜不自禁,于是就天天骑马兜风,乐此不疲。终于有一天,儿子因得意而忘形,竟从飞驰的马背上掉了下来,摔伤了一条腿,造成了终生残疾。善良的邻居们闻讯后,赶紧前来慰问,而塞翁却还是那句老话:"谁知道它会不会带来好的结果呢?"

又过了一年,胡人大举入侵中原,边塞形势骤然吃紧,身强力壮的青年都被征去当了兵, 结果十有八九都在战场上送了命。而塞翁的儿子因为是个跛腿,免服兵役,所以他们父子得以避免了这场生离死别的灾难。这个故事在世代相传的过程中,渐渐地浓缩成了一句成语:"塞翁失马,焉知非福。"它说明人世间的好事与坏事都不是绝对的,在一定的条件下,坏事可以引出好的结果,好事也可能会引出坏的结果。

生活中的事情往往都是这样,得与失都不一定。要像塞翁一样以平和心态去看待这一切的得与失,要相信得与失在一定的条件下会相互转化的。

从前有一个国王非常喜欢打猎,而且他每次打猎都要带着他宠爱的宰相。

一次,国王和宰相又到森林里去打猎。他们发现前方有一只小花豹。于是国王拉开弓,瞄准花豹,将花豹射伤,小花豹倒在地上,国王很高兴,于是下马看看这只花豹,就在这时小花豹用尽全身的力气跳起来咬了国王,宰相立即发箭射死了花豹。但是国王发现他的脚趾被花豹咬掉了半截,虽然伤势不严重,但是打猎的兴致全没了。国王问宰相好不好,宰相却说好。

国王很生气,说我把你关进监狱好不好,宰相说好。于是国王把宰相关进了监狱。

有一天国王想打猎了,国王想带宰相一起去,可是又不想把他放出来。于是国王就一个人去打猎,宰相熟悉地形,总是能打到许多猎物,国王一个人什么都没有打到。天色晚了,国王准备回去,可是他发现自己迷路了,就在这时,国王不小心掉进了陷阱,原来这是山上食人族挖的陷阱,食人族发现了国王,很高兴,心想又有肉可以吃了,他们把国王捆起来,发现国王少了半截脚趾,在食人族里他们只吃完整的动物,可是国王不完整了,他们觉得不好,就把国王放了。国王回到宫殿看到宰相,就问,我把你关起来好不好?宰相说好。国王问为什么,宰相说,如果我在外面,我们一起掉进陷阱,被吃的就是我了。

好与不好其实只在一念之间,好与不好可以转换,那么我们何必要为那些不好劳心伤神呢?有得必有失,有失必有得。不管失败也好,挫折也好,我们面对它们时都要保持良好的心态,才能让不好的变成好的。

得与失都不要看得太重,想开一点,坏运气后面会接着好运气。失去是得到的开始,随时保持着一种平和的心态,才能走得更高,看得更远。

保持"平凡"的优点,浮躁是成功的大敌

每个人都有踏进社会的第一步,当这一步迈开的时候,你可能就想马上登上顶端,事实上你刚迈进你的社会道路,不可能一下子就能登上楼台的顶端,只有一点一点,静下心,慢慢地融入这个社会。在这个时期最怕的就是浮躁。

对初入职场的毕业生来说,大家多多少少都会有一些浮躁的心态,特别是在刚进单位的前半年,也是跳槽最快最频繁的时期。在这样的时间里看你是如何处理的,如果只是盲目地浮躁找不到方向和目标,那将对你的发展很不利。由于步入社会的时间还不长,对社会和职业的认识还不清楚,

我们只要稳定下心来,踏踏实实地干一段时间,当真正融入到企业里,你就会重新找到自己的定位,发现自己的价值。如果工作一段时间后,你发现这种工作的确不适合自己,那么你可以重新去选择,这样,你至少可以清楚地了解自己下一步到底应该找什么样的工作,让你的选择不再盲目,才会有一个更好的人生选择。

许多鸟听说凤凰会搭窝,都到他那儿去学本领。

凤凰说："学本领要有耐心；没有耐心，什么也学不成。"话刚开个头，猫头鹰想："凤凰只是长得漂亮，不见得有什么真本领。有什么好学的？"猫头鹰飞走了。

凤凰接着说："要搭窝，先要选好根基，比如大树干上的三个杈……"老鹰一听，想："啊！原来就是找个树杈，挺简单，我会了。"老鹰拍拍翅膀，也飞走了。

凤凰接下去说："把叼来的树枝，一层一层地垒起来……"刚说到这里，乌鸦想："原来就是垒树枝啊，我也学会了。"乌鸦得意地飞走了。

凤凰又往下说："这种窝不算好。要想住得安稳一些，应该把窝搭在房檐底下，不怕风，不怕雨……"麻雀听了，高兴地想："和我想的一个样！"麻雀转身飞走了。

只有小燕子还在那里认认真真地听。凤凰对小燕子说："搭这样的窝要不怕苦，不怕累。你要先叼泥，用唾沫把泥和匀了，再一层一层地垒起来，然后叼些毛和草铺在窝里。这样的窝住着才舒服呢。"小燕子听完，唱起动听的歌，向凤凰表示感谢。

许多鸟都向凤凰学过搭窝，可是有的仍旧不会搭，有的搭的窝很粗糙。只有小燕子搭的窝，不仅漂亮，而且又结实、又暖和。

如同故事里的鸟儿们一样，浮躁的人永远学不到最好的。静下心来，看看别人是怎么成功的，克服掉浮躁的心态，你才能学到最精华的东西。

人必须踏踏实实做事，老老实实做人，做事不稳重的人，难以成大事，也没有人敢把重要的事情交给你去做。要担当大事就不能操之过急，做事要谨慎，要时时留心。

她 1972 年毕业于北京外语学院，被分到英国大使馆做接线员。当时，做一个小小的接线员，是很多人觉得很没出息的工作，但她却把这个再平凡不过的工作做得不同凡响。她将使馆所有人的名字、电话、工作范围甚至连他们家属的名字都背得滚瓜烂熟。有些电话进来，有时不知道该找谁，她就会多问问，尽量帮人家准确地找到人。

慢慢地，使馆人员有事要外出，并不告诉他们的翻译，而是给她打电话，有很多公事、私事也委托她通知。一时间,她成为全面负责的留言点、大秘书,成了使馆的"全权代办"。没多久,她就因工作出色而破格调出给美国某大报记者处做翻译。在那里,她同样干得非常出色,不久,她就被破例调到美国驻华联络处,因成绩突出,获外交部嘉奖。再后来,她被提拔为北京外交学院副院长。

她就是任小萍。

她的稳重成就了她的事业,一步一步地走向成功。把每件事都当成一项事业去经营,脚踏实地开创自己的成功基础。

我们想要担当重任,就必须耐着性子,把自己身上的浮躁之气全部剔除,只有你一天一天变得稳重成熟,你才能挑起更重的担子。成功者之所以会成功,是因为他们总是保持着淡定沉稳的态度来面对眼前的事物。成功属于每一个人,只要我们能克服了浮躁这个大敌。成功就在前方,你还在等什么呢?

心态6　担当

不怕事的勇气

　　谁都不希望遇到不顺,遭受打击,也不愿意身处困境,但是这些问题却又常常缠着我们,我们想要逃避,可是却逃避不了。在这个时候我们要相信,没有过不了的河,没有迈不过的坎,问题的关键是在于我们有没有勇气和信心去解决这些困难,敢于担当,勇于任事,越是逃避,你所面临的问题也会越多。你是命运的奴隶,还是它的主人,全在于你的心态如何。

勇于承认错误,不为自己的失误找借口

　　人非生而知之,错误人人都会犯,犯了错误并不可怕,关键看我们是否善于从中汲取宝贵的经验和教训。你再想想看,从那次经历中所得到的教训,是不是远远大于其他许多事呢? 对于所有过去的错误,你可以耿耿于怀,也可以从那些错误中找到宝贵的经验。重要的是你如何看待发生在你身上的事,而不是到底发生了什么事。有什么"命运"是你不能改变的? 有什么遭遇是不能避免的? 你是命运的奴隶,还是它的主人呢?

　　事实上,一个人能承认自己的错误,他也需要很大的勇气。可敬的是他的这种勇于承担的心。能从错误中找到成功的经验,改正了,不去再犯同样的错误。

有一天,一位绅士来到街角的一家裁缝店,需要将一件衬衫改一下袖子的长短。这是件很容易的事情,于是师傅就交待一个已经学了一年的小伙子,让他为这位绅士服务。小伙子热情地招待着绅士,并认真地按照绅士的要求改着衬衫。可是一不小心,小伙子拿着剪刀的手划了一下,将衬衫上划了一个洞。他很紧张,生怕绅士会教训他。绅士正悠闲自得地看着窗外的风景,听见小伙子喊出的话才注意到衬衫被划破了。师傅赶紧过来道歉,并责骂着小伙子。绅士可惜地摇了一摇头,说:"唉呀,我很喜欢这件衬衫的质地,所以才想到要改一下继续穿的,这下子不行了。算了,一个小学徒,不要为难他了,这件衬衫我也不要了,还是让老师傅亲自动手,再给我做一件吧。"师傅让小伙子赶紧谢谢先生,小伙子很惭愧也很尴尬,他深为自己的失手而愧疚,于是他忐忑地对绅士说:"先生,我对自己的失误给您导致的损失深表歉意。不知您能不能再给我一次机会?我新近刚刚开始学习绣工,也许我可以想想办法挽救一下这件衬衫,请您给我一点时间好吗?"绅士很好奇这个小伙子的真诚与主动,反正一件破衬衫而已,就让他做试验吧,于是答应过两天来取新衬衫的时候,看看小伙子到底能做什么。

两天过去了,绅士再来到裁缝店,看见小伙子拿着一件完好的衬衫展现在他面前,袖子上绣着精美的刀剑图案,简直完好如新,而且还由刺绣带来了不一样的风格,绅士很赞赏小伙子的手艺,赏了他一笔钱,并对老师傅说:"这个小伙子很有胆量,也很有骨气,以后就让他专门给我裁衣服吧。"

知错能改,善莫大焉。往往你的勇气会成就你的事业。青年人最容易陷入的观念误区就是只承认成功经验而否定失败经验,事实上失败经验也是能力,不能否定这些经验的价值。

美国当代名师莎伦·德雷珀说:"犯错误是最好的学习方式",人生难免会碰钉子,碰一回钉子,长一回见识。做的事越多,碰的钉子也就越多。不要怕犯错就不去做事,逃避做事。没有错误,哪里来的成长?

有一位高级职场经理人这样阐释成功哲学:谁能允许犯错,谁就能获取更多;没有勇气犯错,就不会有创造性。尝试和错误是进步的前提条件。

成长的道路是艰难的,是一个不断尝试,历经磨练,最终变得精明的过程。只有经历了失败痛苦的洗礼,才能体会到成功的快乐。成长的蜕变本就是要经历无数次的失败才能让你坚强让你成功。只有在错误中吸取经验教训,你才能获得成功。

泰戈尔说:"当你把所有的错误关在门外,真理也就被拒绝了。"没有错误,也就不会有伟大的成功;没有改错,也不会有伟大的成功。写错了字,有橡皮擦、涂改液,这些都是我们生活中常犯的错误,而橡皮擦、涂改液不正是帮助我们改正这些错误的吗?

我们的一生就是活在犯错和改错上,犯错误不可怕,可怕的是知错不改。有错误勇于承认,年轻允许失败,年轻还有未来,只要能从失败中吸取教训,你的前途还是会一片光明。

总是选择逃避,困难会更多

生活就是面对无数的问题,问题总是一个挨着一个,一个套着一个,总是这个问题还没有解决,下一个问题又出现了,所以我们遇见问题时不要逃避,你要是逃避了,那你的问题叠在一起,就像滚雪球一样,开始只是一个小的雪球,从山顶上滚下来最后变成一个巨大的雪球,具有杀伤力。问题要及时解决,你才不会觉得生活累。我们还要学会愚公移山的精神,无论在眼前多大的困难,只要你敢于面对勇于挑战,总有一天你的困难会被解决。

逃避会让你一无所有。越是逃避就越是容易被困难所愚弄。

作为一个曾经的失败者,史玉柱认为:"一个人倒下去之后,这个人的价值应该是增加的,因为教训能够使一个人成熟,成功能够使一个人头脑发昏,失败能使一个人更有价值。"

从一无所有到亿万富翁，他是一个著名的成功者；从亿万富翁到一无所有，他是一个著名的失败者；再从一无所有到亿万富翁，他是一个著名的东山再起者。他创造了一个中国乃至全球经济史上绝无仅有的传奇故事。

第一次，他上演了一个成功的版本，第二次，他演绎了一个失败的案例；这一次，他从哪里跌倒就从哪里爬起，并完成了对企业家精神的定义。执著，诚信，勇于承担责任。

当巨人大厦倒塌，讨债人蜂拥而至之时，史玉柱郑重承诺："欠老百姓的钱一定要还。"也正是出于这种"还债"的动力，史玉柱终于东山再起，且赚钱后的第一件事情就是还债。

其实，早在 1992 年，就有知名媒体搞了个民意测验，问人们最崇拜的两个人是谁。答案一出天下惊——一个是比尔·盖茨，另一个就是史玉柱。在 1997 年巨人集团崩塌之后，有位浙江大学学生致信史玉柱，"你要不站起来，你就伤害了我们这代人的感情。"

可以说，任何人都无法躲避失败。成功之人的成功之处，很大部分就在于如何对待失败。史玉柱曾这样说："当巨人一步步成长壮大的时候，我最喜欢看的是有关成功者的书；在巨人跌倒之后，我看的全是有关失败者的书，希望能从中寻找到爬起来的力量。"面对失败，史玉柱不断总结，不断完善，不断进步，在迷茫的时候总是虚心向别人求教。

曾有企业家这样说，"如果是现在把我归零，我仍然可以再来一次。"然而，史玉柱则是在资产为负数，甚至负得还很多的时候站了起来。应该说，他是中国迄今为止唯一经历了"大起——大落——又大起"这样一个完整过程的著名企业家，他创造了一个中国乃至全球经济史上绝无仅有的传奇故事。

在困难面前不低头，在挫折面前不低头，正是因为这样，史玉柱，把这个失败的重担扛了起来，困难算什么？只要面对了，把它解决了就好。不要因为一次困难一次失败就把你给击垮了。从本质上来讲，面对困难时不要回避，要想方设法去了解源头，对症下药，彻底根治，而不是敷衍了事。然而我们在工作中往往会有一个通病,不愿向困难挑战,总想把容易的事情做完,把困难放到最后,一拖再拖,殆误时机,久而久之不断积压,导致生产运行迟滞,甚至瘫痪,损失惨重,并威胁着企业生存。

很多问题是我们不得不去面对的。既然没有退路,那就挺起你的胸膛,解决这些困难。无论我们身处何种困境,都不能消极地逃避。问题越积累越多,我们为什么要被这些困难压倒? 真正的救世主不是别人,正是我们自己。勇敢的面对挡在你面前的困难,凭自己的良好心态去解决这些困难,成为成功的强者。生命是自己的,生活掌握在自己的手中,想要活得有意义,就要勇敢地肩负起生命中的重大责任,向高度发出挑战,这是对自己的提升,也是让自己人生的升华。

危急时不可仰仗他人

生活中,困难总是接踵而至,在此时我们要依靠的不是别人而正是我们自己。当我们遇到危机时,我们首先考虑去求别人,可是,我们忽略了自己,往往最终能解救我们的只有我们自己。很多时候别人帮不了我们。跌倒了,站起来,靠的还是我们。危急的时候要依靠的,还是我们自己。

村庄附近,有一个巨大的干草堆,里面住着乌龟、眼镜蛇、黄鼠狼、小野猪,还有一些其他的小动物。

一天,大伙吃完午餐后,正在闲聊。这时小动物们慌慌张张往外逃,并尖叫道:"不得了啦! 我们的干草堆着火了!"

"着大火了,是真的吗?"乌龟不紧不慢地说,"请大家保持镇定,关于灭火,我知道的方法有 10 万种之多!"

"我知道的方法有 1000 种。"眼镜蛇谦虚地说。

"我知道的只有 100 种,"黄鼠狼自信地说,"但它们都是经过验证,切实可

行的！"

"你呢，小野猪？"它们问小野猪，"你知道的有多少种？"

"只有一种！"小野猪说着，大力吸了一口气，"那就是'逃'！"说完小野猪纵身一跃，跳出了干草堆，逃之夭夭。

"蠢猪！"乌龟嘲笑道，"它慌张地逃，是因为它对具体的灭火方法不了解，可我们了解，如第一种可以从火海逃生的办法……"乌龟话没说完，一条巨大的火舌就蹿了进来，瞬间将乌龟、眼镜蛇和黄鼠狼卷进了火海。

早早逃出干草堆的小动物们望着大火连连叹息。小野猪暗暗庆幸道：好险啊，幸好我知道的灭火方法不多，不然今天就成了红烧"烤乳猪"了。

正如故事里面所说的，要让别人说出逃生的办法，不如自己想办法，保住性命的小猪最终依靠了自己，如果他相信其他动物们的方法，那么他就真的要变成一只"烤乳猪"。生活中的我们也是一样，可能我们知道的并不比别人多，可是只要我们能知道一点就已经足够，那就是依靠自己。不要怕别人骂自己愚蠢，关键的时候还得靠自己。

2003年4月26日，美国登山爱好者拉斯顿到离犹他州东南150英里处的蓝约翰峡谷登山探险。在攀过一道3英尺长的狭缝时，一块巨石挡住了去路。他试图将其推开，不料它摇晃了一下，突然下滑，把他的右臂夹在石壁中。尽管拉斯顿想方设法用左手去推巨石，却始终无法抽出右臂。那天，他的探险设备、干粮水壶和急救包等一应俱全，唯独没带手机。于是，他只好原地躺着，保存体力，等待别人来救援。干粮吃完了，拉斯顿便靠饮水度日。到了第四天，水壶中一点水也没有了。

第五天早晨，当浑身无力的拉斯顿从断断续续的睡眠中醒来时，他终于明白：蓝约翰峡谷过于偏僻，人迹罕至，只有靠自己救自己了。他最后下定决心，用随身带的8厘米长的袖珍小折刀给自己的右手臂实施截肢。钻心彻骨的剧痛和大量失血使拉斯顿差点昏厥，但他仍然坚持从急救包中取出杀菌膏和绷带，给切断的右臂做了紧急止血处理。

拉斯顿跌跌撞撞上路了，走出7英里后被两名登山者发现。不久，一架救援直升机飞来了，拉斯顿终于获救，他的壮举使他成为美国人心目中的英雄。

拉斯顿靠自己坚忍不拔的毅力解救了自己。同时又一次证明了那一句话，危急时不可仰仗他人。等待着别人的救援，那你只有死路一条。

要依靠别人来走完自己的人生，也不要指望生气能够改变不公的现状，既然不甘心久居人下，就要靠自己的努力来完成自己的梦想。不要依靠别人，再结实的大树也有倒掉的一天，那么树倒了，你去依靠谁呢？这时候你再想靠自己已经太晚了，自己能做的事情就自己做，不能做的事情，也不要轻易地去求别人。

在危机面前不要手忙脚乱，更不要坐以待毙，应该保持冷静，正确地思考。当我们处于危机当中，多数情况下都看起来无能为力，其实这只是我们在逃避，还在等待着依靠别人来带我们脱离危险，无论我们处在多么危机的时刻都不应该放弃"自救"。只要你有信心，那一切的问题都会迎刃而解。

勇于任事，越是拖延事态越不容易控制

但凡有大成就的人，都有一个共同的特点，那就是强烈的责任感，勇于任事的态度。正是因为这样，他们的能力才能不断地提高，舞台也不断地扩大。具备担当意识和责任感的人，当然会在工作中获得更多的机会。

韩国现代企业集团的总经理郑周永，是世界闻名的大财阀。然而，朝鲜战争期间，正当他很快在南韩的建设行业中崭露头角，事业有了起色之时，意外的打击无情地降临到他头上。

1953年，郑周永的现代土建社承包了一座大桥的修建工程。由于战时物价上涨，开工不到两年，工程费总额竟比承包时高出了七倍。

在这严峻的时刻，有人好心地劝阻郑周永，赶紧停止施工，以免遭受进一

步的损失。但郑周永另有一番想法:"金钱损失事小,维护信誉事大。"

于是郑周永鼓足勇气,毅然决定:为了保住现代土建社的信誉,宁可赔本甚至破产也要按时把工程拿下来。结果,现代土建社付出了巨大的代价,终于按时完工,保质保量地按时交付使用。

郑周永虽然吃了这回大亏,以致濒临破产,但以此树起了恪守信用的形象,赢得了人们的信任,生意一个接一个地找上门来。

不久,郑周永投标承包了当时南韩的四大建设项目:朝兴土建、大业、兴和工作所和中央产业,承建了汉江大桥的第一期工程。接着,又继续承包了汉江大桥的第二期、第三期工程。

光是汉江大桥这三项重大工程就前后整整承建十年的时间,它不仅使郑周永的"现代建筑"赚得了丰厚的利润,而且压倒了同行对手,一跃成为韩国建筑行业的霸主。

在危机之中,是以退避保存实力,还是以惨重的代价树立形象,每个人都有选择的机会。

逃避是一种态度,一种消极的态度,很多人在遇到事情的时候会选择逃避,以为逃避就可以把事情解决掉,可是这些事情都不是逃避所能解决的,逃避只能让事情更加复杂,情况更加恶劣。越是想着逃避,你的能力越会慢慢地下降。勇于承担,你的能力也会在这些困难中更加出色。

张远是一个企业销售公司的经理,公司的产品在与他负责的区域接壤的地方发生了一起严重的质量事故。按规定,这种情况不应该由他处理,但是因为负责那家分公司的经理陪同老总出国考察去了。由于对出事的地区的风土人情的了解和对事故处理的经验,张远知道他面临的是一个很严峻的工作,解决不好的话,会导致很严重的后果。

在总公司下达指示让他接手之前,他完全可以不予理会。但张远更清楚,如果任由事态发展下去,最后受损失的将是整个企业,而不是某个员工、某位经理。于是,张远并没有置之不理,而是立即让助理向总公司说明情况,打出申请报告,自己抢在第一时间赶到了事故现场,指挥工作人员解决问题。由于张远及时采取了补救措施,让总公司避免了一场大损失,也挽回了声誉。他这种主动担责的做法也给同事和总公司留下了良好的印象,在后来的测评中得到了不低的评价。半年后,张远因勇于担责、业绩突出,当上了总公司的销售经理。

在危急的时候,勇敢地承担起责任,及时解决问题,才是最关键的事情,最正确的选择。不要怕做事,不要怕任事。你的责任心常常是在这样的时候表现出来,工作最需要的就是有责任心的人,责任感最能激发人的潜能,克服困难创造自我价值。

在危急时刻勇敢地站出来,既是责任心的体现,也是自我挑战的体现。能力永远需要责任来承载,我们要在承担责任和困难的不断锤炼中成长,使我们自身的能力不断提高。要相信,勇于任事,你将会得到意想不到的收获。

巨大的成就,常常会从巨大的考验开始

不经一番寒彻骨,哪来梅花扑鼻香?所有的成功,都是伴着无数次的失败和挑战来的。考验往往是我们通向成功之路的加油站,考验越是大,成功时的优越感也就越强。唯有你经历了考验,经得住考验,不会被这些压垮,那么你从中历练出来,将会完成破茧成蝶的美丽。想要获得精彩,就要经得起考验。

要想攀登上一座高峰,不经过一番生死的考验,如何能在你登上山顶的那一刻绽放出美丽的笑容呢?要知道,磨练也是一笔财富。不经受巨大的困难,就不会有伟大的事业。

再怎么成功的人,也会有不顺心的时候,也会有徒劳无功的时候,也会常常接受磨难的侵扰。但这些人不会太在意磨难的侵扰,坦然地面对,会把这些磨难看作是帮自己提升的工具。积累这些经验,等到最后的成功。

南方的某个地方有一条大河,河旁有一个湖,湖里有很多鱼,湖水很清澈,

湖边经常聚集着一些年轻人来钓鱼。可是最近他发现有一个奇怪的渔夫,他在湖边不远处的一个地方打鱼,那里的水流速度很快,雪白的浪花不停地翻滚着,这是鱼不可能稳游的地方,怎么会有鱼呢?那些年轻人备感疑惑。觉得这个渔夫是不是有些不正常呢?

终于,有一天,有年轻人忍不住了,他放下了手中的鱼竿,来到这个渔夫的面前,好奇地问道:"鱼能在这种湍急的地方留住吗?"渔夫回答说:"当然不能。"年轻人又问道:"那你能捕到鱼吗?"渔夫没有说话,走到鱼篓前,提着鱼篓往岸边一倒,瞬间一片白花花的鱼从鱼篓里面涌出来。那些鱼又肥又大,一条条在地上活蹦乱跳。年轻人一看就傻眼了,像这样又肥又大的鱼在湖里从来没有钓上来过。而渔夫在这水流湍急的地方竟然能够捕到这样大的鱼。年轻人便向渔夫找答案。渔夫笑着说:"你看看湖里风平浪静的,那些经不起大风大浪的小鱼自然喜欢这里了,湖里微薄的氧气就够它们生存了,那些大鱼就不行了,它们需要水里更多的氧气,水流湍急的地方,浪花大的地方氧气才充足,所以水流急的地方大鱼才会多。可是人们的意识总是会觉得平静的湖里大鱼才会多。他们想错了,一条没风浪的河水里是不会有大鱼的,大风大浪看似是鱼的苦难,可这一点却是让它们长得肥大的重要条件。

我们就像这些鱼一样,不经历大风大浪,总是生活在平静的生活里,安于现状,怎么会有大的作为呢?唯有在社会的激流中努力拼搏才能有机会成就大事业。安逸舒适的环境最能消磨人的意志,最后导致人一无所成,接受命运的挑战,最能够磨练我们,施展我们的一腔热情,让我们实现梦想。

李嘉诚的亚洲首富不是他坐着想想就能实现的,比尔·盖茨卓越的成就不是大风吹来的,他们都是经历过巨大考验,才能取得如今的成就,他们都经过了生活的历练,经历过严峻的考验,在漫长的学习和考验中一鸣惊人。成功不会让人唾手可得,而是在于我们怎样去面对我们的生活。面对考验,我们要时时刻刻摆正我们的心态,就是再大的困难,我们也要学会笑着面对。

屡战屡败,屡败屡战,这样的考验,必须要拥有百折不挠的决心,努力地站

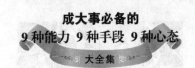
起来后，迈着坚强的步子走过去才能迎接成功。考验就像一个铸剑的大火炉，唯有经历过这火的锤炼，越是红的炉火，越是旺的炉火越能铸就一把绝世好剑。

雄鹰唯有折断翅膀才能够飞向高空。年轻人一定要经得起这样的炉火的考验才行，要经得起历练，经得起淘洗，不要被困难吓倒，不要被困难压垮，勇敢地承担，微笑地面对眼前的一切。不要抱怨，眼前的困境不是你的绊脚石，而是通往成功道路上的基石。不利的环境恰恰造就出能承担得起磨难的雄才。不要被这些束缚住你的手脚，挣脱绳索，去拼搏，去创造。

心态 7　诚信

价值万金的口碑

说到做到，一诺千金是中华民族的传统美德，自古以来，我们就把信用这个词摆在人格的最前端，没有信用的人，只会让大家退避三舍。信用是一个人最好的名片，一个讲信用的人不怕没有人愿意和你交往。信用也是对自己良心的考验，有良心的人，不会没有信用。信用建立在责任的基础上，一个负责任的人不会没有信用，信用也会为你的成功保驾护航。

重视成功就要重视诚实和信誉

我们每个人都想取得成功，能保证我们成功并且能很好地保持成功的秘诀就是诚信，狼来了的故事相信我们都听过，谎言和欺骗将会害得你失去你应该得到的。相反，诚实和信誉将是你最好的维护品。

诚信是你的存款，信用是你的抵押，名誉是你的账号，承诺是你的支票，假如失去了诚信，你将是一无所有。你如果想一直做商人，那么你必须树立自己的信誉。虽然你可以不在乎外界对你的争议，甚至你也可以制造争议，但你不能失去信誉，否则你就不是一个商人，而是一个骗子。

在北方的某个小镇上有这样的一个澡堂，提起这个澡堂，大家无一不竖起拇指称赞的。这是镇上开的第一家澡堂。地方并不大,可却是唯一的一家,开业起,澡堂的生意就特别地红火。只是从开业的那一天,澡堂的老板就做了一个特别的规定:镇上所有 65 岁以上的老人可以免费洗澡。

小镇并不大,可是 65 岁以上的老人却不少,这样一来。澡堂每天都会有几位老人来洗澡。多一些时会有十几位,甚至更多,这样澡堂的收入每天都会少几十块钱。

有一天,澡堂老板的一位住在城里的朋友回到镇上,看到他的澡堂,朋友建议他把澡堂中间的池子拆掉腾出一些地方来,再换一下设施,提一下价钱。澡堂老板却说池子不能拆,年纪大的人,都喜欢泡大池呢,舒服。

老板的朋友说,这么多年了,你为镇上做的贡献也够多了,现在做生意也挺不容易的,你改改,那些老人会理解你的。

澡堂老板仍然坚持着自己的意见,对朋友说,现在的生意是不好做,你看看镇上的那些什么洗浴中心洗浴城的,今天开了明天关,有哪一家能坚持这么多年?可是我的澡堂却坚持下来了,就是因为谁家都会有老人,年年都有过 65 岁的老人。人家的家人就是冲着这点来的,别看我的价钱不高,可是我的人却不少呢。有的钱,是用良心赚的。

三年后,澡堂老板的儿子投资在城里也开了一家澡堂,名字叫做"良心澡堂",澡堂的设施先进,装修很不错,规模也很大,儿子沿袭了父亲多年以来的做法,所有 65 岁以上的老人可以免费洗澡,65 岁以上的老人还有特殊的优惠。

又过了两年,"良心澡堂"在城里已经开了三家分店,他也不知道自己赚了多少钱。而"用良心赚钱"不仅成为老板和老板儿子的座右铭,同时更成为了"良心澡堂"老板和澡堂每一位员工的必修课。

相信重视成功的每一个人,都不会为自己画上不诚实的标志。诚信不论是在事业中,或者是我们的日常生活中都是很重要的。它体现了一个人的本性,一个不诚实的人,没有人愿意和他交往,一个企业,没有了信誉,它即将面临的就是倒闭。要想事业长长久久,就一定不要抛弃信誉。

美国华尔街金融巨头摩根的祖父,最初经营很多行业。后来,老摩根投资参加了一家叫"伊特那火灾"的小型保险公司。

最初的时候,保险行业刚刚起步,不需要投一分钱,只在股东名册上签名就可以了,投资者在期票上署名后。就能收到投保者交的手续费。可是在续约后不久,发生了一场特大的火灾。投资者们看到这种情况纷纷表示要放弃他们的股份。老摩根却没有这么做。他认为信用是应该放在第一位的。于是派人处理了赔偿事务,从这件事中摩根取得了很多投保者的信任,还带回来的大笔现款。信用其实就是赚钱的最好工具。也是衡量一个人最好的名片。"伊特那火灾"保险公司在纽约名声大振,新的投保金额提高了一倍以上。老摩根从这次火灾中净赚了15万美元。这一次的信用给老摩根带来了更大的财富。

诚信是道路,随着开拓者的脚步延伸;诚信是智慧,随着博学者的求索积累;诚信是成功,随着奋进者的拼搏临近;诚信是财富的种子,只要你诚心种下,就能找到打开金库的钥匙。诚信犹如一颗青涩的果子,你咬一口,虽然很苦,却回味无穷,倘若你将它丢弃,便会终身遗憾!

便宜大都是有后患的

人都有贪念,也很难拒绝利益,不要想着去占一点小便宜,天下没有白吃的午餐,不要只看到眼前的利益,面对这些诱惑的时候要权衡利弊,再三地考虑抵制眼前的这些诱惑。金钱与权力的诱惑,是人们都无法抵挡的,在这些诱惑面前,很多人都会失去原有的理智,一切向钱看。也要相信一句俗话,贪小便宜,吃大亏。

说道跳槽,我们已经觉得习以为常了,他们认为跳槽是一个向上攀登的途径,并且跳槽往往带有利益的色彩。

欧先生在一家著名的外企工作,虽然职位不高,但是,是一个技术工程师,收入也是相当的丰厚,本来日子过得安安稳稳,有一天一个神秘的电话打到他这里,问他愿不愿意去另一个公司,并且开出了比他当时收入还高出两倍的薪水,在欧先生所在的公司是绝对不会出这个价钱的,于是他心动了。一个星期后,欧先生向公司的人事部递上了辞呈,附上了不菲的违约金,那些钱在欧先生看来,不过就是跳槽后一个月的工资,他毫不在乎。

去了新公司,他才发现,这家公司在国内只有一个办事处。所谓的员工是以租借的形式给其他大公司办事,而公司的收入来源就是靠他们这些人来赚的,不过他看在钱的份上,他也没有放在心上。开始的几个月,公司很爽快地发了工资,欧先生暗暗地为自己的明智之举感到满意。可是慢慢地欧先生就发现公司的工资发得越来越晚。这时候他又接到了一个外地的项目,查询不方便,等到他回到上海发现公司欠他三个月的工资时,才意识到事情的严重性。他打电话回公司问情况,可是电话一直没有人接听。对他来说这三个月的工资不是一笔小数目,更是咽不下这口气。于是欧先生就亲自去了一趟公司,才发现公司早已经人去楼空了。他找到北京的总公司没有想到结果还是一样,于是欧先生只好灰溜溜地回了上海,这次跳槽,对于欧先生来说,可谓是赔了夫人又折兵。不仅拖欠的工资要不回来,就是要投诉,也是投诉无门。

原先的好工作也丢掉了,想想这惨重的代价,只有因为一个字:贪。先是以高薪的待遇来诱惑大家上钩,掩饰了一切对于跳槽的不利,当你被利欲熏心的时候往往会忽视事情的真假程度。为了高薪跳槽,实在是一个很冒险的行为。以高薪至上,才会使欧先生跳入陷阱,所以我们在工作的时候一定要小心,不要单单为了高薪而放弃了自己原有的机会。要时刻牢记便宜往往是有大患的。

不给这些投机的人留机会,关键是在我们,要抵制这些便宜带给我们的诱惑,只要我们提高警惕,保持原有的理性,不要被这些小恩小惠、天降横财的事情给愚弄了。不去占便宜,就是给我们上了最好的"保险"。

在职场中,我们就像是遨游在水底觅食的鱼,不能避免我们不受鱼钩上鱼饵的诱惑,美食固然吸引人,但是你要考虑清楚,这美食是不是可以吃。职场中生活中很多时候各式各样的饵诱惑着我们,会不会上当,就要看我们是不是真的能抵制住这些饵的诱惑。人的贪欲是与生俱来的,面对金钱,利益、地位、美色,一些显性的或者隐性的诱惑。很多时候我们并不是因为粗心大意而忽略了背后的"钩"而是心怀着太多的欲望和侥幸心理,来看待这些鱼饵,可是我们却忽略了鱼饵背后的"钩"。不要怀着只是吃鱼饵会小心不被钩到,这样的侥幸心理,才是我们上当受骗的罪魁祸首,这样的话,危险就只距我们一步之遥了。

在生活中利诱的事情屡见不鲜,被利诱的人也不在少数,可是大家都是事后才会后悔,而不会在事前多做防备,让这些手,没有机会够到我们。便宜不是好占的,这样的便宜我们最好不要,当我们看到这些利益的时候,不要只是被这些蒙蔽了双眼,而是更应该擦亮我们的眼睛看清楚这利益背后到底有没有鬼。

给任何投机取巧的心理画个"×"号

被誉为"中国式管理之父"的曾仕强说过:"一个人动机不纯,完全为己,就是投机取巧。"不论在生活中还是在工作中,这样的心理都要不得。任何损人利己的事情都不可以做,任何有害于他人的事情都不可以做,违背良心到头来还会害人害己。这样的投机取巧,我们一定要对它说"不"。

2003 年,"非典"疫情在北京蔓延期间,同仁堂的药材公司承担了"非典"用药任务。在防"非典"八味方推出后。北京开始出现了抢购风潮,药品供不应求。价格每天在涨,药品的质量却参差不齐,滥竽充数的现象时有发生。张汉朝负责药品的检验工作,有一天,张汉朝的一位大学同学找到他,说要请他一起聚聚,张汉朝去参加了聚会。大家回顾了大学时光后,张汉朝发现这次聚会的目的并没有想象的那样简单。原来这位同学是帮别人来说情的,在半个月前,同仁堂准备从一家公司买入药材,在验货时,张汉朝发现这批货有严重的质量问题,以次充好。那家公司想趁着"非典"的时机浑水摸鱼。而张汉朝将这批药材挡在了门外，而那家公司的老本就是这同学的亲戚。面对着老同学的苦苦相求，和大学四年的同窗之情，还有对方答应的高额回扣，张汉朝毅然拒绝了同学的请求。

张汉朝说："今天这顿饭我请你，算我给你赔罪——你说的那件事，我不能办。我知道你这个说客夹在中间也不好做，但是，你要想想啊，那是什么？是药啊，关系到人的性命，你知道吗？我每一次检验药材，就像在检验我自己的良心，我不能对不起我的良心，我也不能让假药、劣药从我手中溜走。希望你能理解我！"就这样，有一批劣质药材被挡在门外。后来在领导的推荐下，张汉朝晋升为高级工。

就像张汉朝说的那样，"每检测一次药材，就像在检测我的良心一样，我不能对不起我的良心。"面对种种诱惑，张汉朝"挺"住了，他拒绝了这种违背良心的事情。投机取巧的事情时有发生，假药、劣质产品等等不都是大家投机取巧的结果吗？害人害己，这样的事情多做无益。又有多少人面对诱惑的时候把良心放在那里呢？

段丞和张新同时被一家汽车销售店聘为销售员。同为新人，两人的表现却大不相同：段丞每天都跟在销售前辈身后，留心记下别人的销售技巧，学习怎样才能销售出更多的汽车，积极向顾客介绍各种车型，没有顾客的时候就坐在一边默记、研究不同车款的配置；而张新则把心思放在了如何讨好领导上，掐算好时间，每当领导进门时，他都会装模作样地拿起刷子为车做清洁。他的交际很不错，很快就和部门领导处得跟哥儿们似的。

一年过去了，段丞潜心业务和不断学习终于得到了回报。不仅在新人中销售业绩遥遥领先，业绩在整个公司也名列前茅，得到了老板的关注，并在年底被提升为销售顾问。张新却因为没有把交际能力用在工作上，出不了业绩，甚至好几个月业绩都达不了标。部门领导也因此冷淡了他，再无铁哥们儿的亲热，不久便被迫离开了。对工作负责就是对自己负责，你"敷衍"工作，工作也会"敷衍"你。

在工作中投机取巧，以为打通领导关系就一切好办了，其实不然，在这种事情上投机取巧不但没有学到经验，还会让人反感，偷鸡不成蚀把米。最终的结果只是害了自己。

做人就应该脚踏实地，踏踏实实地做人，本本分分地做人，这样的人，大家才愿意和你做朋友，才愿意和你长久地交往下去。

在市场经济中，企业靠的是个人的才能，而不是做一些表面的工作，不做实事就可以生存下去的。效益是第一，那些投机取巧的事情，万万是做不得的。假装认真，假装负责，这样的态度去面对工作，是做不长久的。与其花那么多的时间去做那些无意义的事情，倒不如多花些时间在积累经验，好好工作上。学习真本事，把那些虚假的东西彻彻底底地消灭掉。

不轻易承诺，说了就把它当成必须要做到的事

孔子在《论语》中说："人而无信，不知其可也。"意思是说，如果一个人不讲信用，说话不算数，这个人就不可能做成什么事情，更不可能在社会上立身处事。

在大人的世界里，对小孩子的承诺常常不作数，什么考试考得好给你买什么东西，结果孩子考得好了，家长食言，孩子又得不到这个东西。作为家长，最不应该给孩子这些承诺，一旦承诺了就要言出必行，家长要做好孩子的表率，要想你的孩子今后成为一个说到做到的人，你就该兑现你的承诺。孩子总是以父母为榜样，你怎样做，孩子就有可能学着这样做。所以在孩子面前，你首先要说到做到。

生活中，有些人喜欢承诺别人做什么事情，但是兑现的却又很少。所以在

你做不到的情况下,就不要轻易地去承诺别人做什么事情。

一天深夜,一位绅士在回家的路上被一个衣衫褴褛的小男孩儿很礼貌地拦住了。"先生,请您买一包火柴吧,我今天一包火柴也没卖出去,一整天都没吃东西了。"看着小男孩儿可怜的样子,绅士只好推脱道:"可我没有零钱呀!""先生,您先拿上火柴,我去给您换零钱"说完小男孩儿接过绅士的一镑钱跑远了。绅士等啊等,等了好久也不见小男孩儿回来,绅士无奈地回家了。

第二天,绅士的仆人带到绅士面前一个小男孩儿。"先生,对不起,我是替我哥哥来还您钱的。""你哥哥呢?""我哥哥昨晚在去换零钱的路上被马车撞成了重伤,在家躺着呢。"绅士颇为感动,说:"走,去看看你哥哥!"

绅士的到来让躺在床上的小男孩儿百感交集,"对不起,先生,我没能按时把零钱换给您,我失信了!"绅士被小男孩儿的诚信深深地打动了。于是,这两个父母双亡的苦孩子的命运也从此发生了翻天覆地的变化。

这则故事无疑为我们如何做好人生的这道选择题提供了极具价值的参考。卖火柴的小男孩儿给了我们最准确的答案——诚信。小男孩守住的不仅仅是那些钱,他守住的是他做人最基本的品德,也是最基本的良心。说道就要做到,他只是个小孩子,可是又有多少成年人会感到自愧不如呢?

诚信是我们每一个人的安身立命之本。它既是社会对人的必然要求,更是一个人获得社会认可的前提条件。我们难道还有谁不愿意被社会认可吗?"人若无信,不知其可也。"为人以诚,待人以信,这不仅是中华民族的传统美德,也是我们做人的基本准则和起码的道德修养。说道就应该做到,这是无可厚非的事实。

自古以来,这样的例子很多很多。清朝时,苏州吴县有个叫蔡璘的商人,以重承诺,讲信义著称。曾有友人在他家寄存了千两黄金,没有立下字据。不久,友人去世了,蔡璘把朋友的儿子叫到家中,归还朋友生前存放的千两黄金。友人的儿子非常惊讶而不肯接受,说:"嘻! 没有这个事,哪有寄放了金子而没有立字据的呢? 况且我父亲从来没有跟我说过这件事。"蔡璘笑着说:"字据存放在心中，而不在纸上。你父亲了解我，所以从未向你讲。"说完推车将金子送还了朋友的儿子。

蔡璘完全可以私吞了朋友的金子，因为没有字据。可是，他的良心却会一辈子不安，千金难买的是诚信。答应的事情就一定要完成。

一言既出驷马难追，说到了就应该做到。这是中华民族的传统美德，也是我们做人的基本信条。一个人连最起码的诚信都没有的话，又会有谁愿意和他交往呢？做人就应该说到做到，要么就不要轻易地对别人承诺，要不然就兑现你的诺言。

说到做到，这是做人最起码的常识，一个人是如此，一个企业也是如此，你的企业就像你的人，你的人没有诚信了，怎么可能你的企业还会有诚信。所以诚信这个东西是对于每个人都很重要的。对于企业更是关乎于其生死存亡的命脉。

珍惜自己的"钻石级"形象

许多老字号讲的就是诚信，珍惜自己的形象远比那些钱来得更加实在。树立良好的形象，也是你成功的保护伞。树立良好的形象本来就不是一件容易的事情，要树立高美誉度，高知名度就更是不容易了，树立形象不容易，毁掉形象一件小事就可以了，所以大家一定要珍惜钻石级的形象，一旦形象没有了，要重新树立就更难了。要观大局，不要破坏自己的形象。

生存靠的就是这样的责任心，好的企业，就是从由一个好的形象开始的，不能开始的形象好，后来知名度高了可是美誉度却低了，这是万万要不得的。当一个人站得很高被所有目光注视的时候，你更应该注意你的形象，站得高，摔下来会更疼。

现代管理学大师彼得·德鲁克认为，企业存在于社会的目的是为客户提供

产品和服务,而不是利润的最大化。企业的第一任务是承担社会责任,其次才是利。谁违反了这个原则,谁就可能被市场淘汰。

现代社会中这样的事情其实很多,为了信誉问题,失掉机会,走向灭亡。对产品不负责,对信誉不负责,就是对社会不负责,对企业不负责,对自己不负责。最终会因为这样的事情抱憾终生。守住信誉,就是给自己铺更宽更广的路,珍惜好形象,就是为自己,为社会创造更大的财富。

信誉的建立很不容易,可是要想毁掉信誉却很容易,可能你是几年的信誉都会因为一件小的事情而被毁掉,就像是对待一个人的真诚,是绝对不能掺假的。

有一对夫妻,下岗以后开了一家小酒馆,自己烧酒自己卖,也算给自己找个生计。丈夫是个老实人,对待人很真诚,很热情,烧酒的手艺更是不在话下,喝的人很多,大家送他一个美名"小茅台"。常言道,酒香不怕巷子深,于是,这一传十,十传百,美名远扬,酒店的生意兴隆,常常是供不应求。

看到生意如此好,夫妻俩决定把这些钱投进去,再买一台烧酒的设备,来扩大生产规模,增加酒的产量。这样既可以满足客人的需求量,又可以增加他们自己的收入,是一个两全其美的办法。可以让他们早日致富。

这一天,丈夫到外地去购买设备,临行前,把酒店的事情都交给了妻子,丈夫再三的叮嘱,让妻子一定善待每一位顾客。诚实经验,千万不要和顾客发生争吵。

半个月后,丈夫买了设备回来,妻子一看见丈夫回来了,就按捺不住自己激动的心情,对丈夫神秘地说:"这些天,我可找到了做生意的秘诀,像你那样,我们永远发不了财。丈夫听了感觉到疑惑,不解地说:"我们做生意是讲究的信誉,我们家的烧酒好喝,卖的量又足,价钱便宜,所以大家才喜欢买我们的酒喝,除了这个,你还有什么秘诀?"妻子用手指着丈夫的头:"你还真是笨啊,现在谁还像你这样做生意,你知道吗,你不在的这几天,我赚的比之前一个月都多,赚钱的秘诀就是我往酒里兑了水。"

　　丈夫一听立刻火冒三丈，重重地给了妻子一个耳光。他万万没有想到妻子所说的赚钱的秘诀就是往酒里兑水，他知道妻子这样不诚信的行为，他们苦心经营的酒馆，牌子是彻底地砸了，他也知道这意味着什么。

　　从那以后，丈夫竭尽全力想办法挽回妻子给酒店造成声誉的损害，可是，往酒里兑水的事情还是被顾客发现了，酒馆的生意日渐冷淡，无论他们的烧酒做得多好，喝的人越来越少，最后他们不得不关门大吉了。

　　立业本来就是一件困难的事情，我们做人最重要的就是讲究信誉，尤其是公众人物，你的一言一行都备受瞩目，在你有一定声望的时候，就一定要注意自己的声誉，自己的言行，更重要的就是自己的信誉。一个人没有了信誉，那么他的事业，他的前程就将会是零，更甚者，可能连原点都回不去了。

　　好事不出门，坏事传千里，要知道在别人的心里树立起一个钻石级的形象是多么的不容易，所以我们更应该去珍惜这美好的形象。要做到，高知名度，高美誉度。不要因为一些小的利益，而让我们苦心经营的成果功亏一篑。

心态 8　大度

海纳百川的胸襟

面对生活,我们要保持一种平和的心态,怀着一颗宽容的心,来包容你身边的人和事。不管发生什么事情都要从容面对,坦然处之。其实很多事并没有你想象得那么糟糕,只是在于你看待它的心态。幸福的秘诀其实很简单,少一点抱怨,多一点宽容。

容纳异己,前面的道路更宽阔

一场美妙的音乐,是由不同的乐器组成的,只有一种乐器就营造不出来众多乐器在一起时的那种震撼的效果。就如同我们常说的那句话一样,没有完美的个人,但有完美的团队。学会用一颗宽广的心去包容别人,即使是你不喜欢的人。

海纳百川,有容乃大。人一旦被仇怨所包围,你将会失去原有的理智,既伤人又误己。我们在与人相处的时候,要做到宽容平和,要用宽容的心去包容每一个人。

李兴和赵成是一对好朋友,他们大学时就是睡在上下铺的兄弟,难得的是毕业后又在同一家公司上班。两个人都是单身,于是就在公司附近合租了一个

两居室住,既省钱,又可以有个照应。

刚开始时,两个人过得很快乐,感觉比大学的宿舍自由多了,可是时间一久,一些小问题就出来了。李兴是个很细心的人,平日里过得非常节俭,每日的花销他都记在一个小本子上。赵成却是一个马虎的人,日用品用完了,就拿起李兴的用,过后也没有补上一份。有一次赵成急需用钱,就问李兴借了300元钱,到了发薪水的时候,赵成就像没事人一样,李兴又不好意思,也没有提起,但是心里很不舒服。

这些小细节也就罢了,赵成总是说出一些很没有礼貌的话,总是像领导一样批评李兴做得不到位。李兴终于受不了了,可是赵成却不以为然,他认为两个人关系好,没有那么多顾忌,有事情直接说就好,不用拐弯抹角。可是在李兴的心里却认为这是对他的不尊重。

一年之后,李兴在别处找了房子,在单位也尽量和赵成合作,见了面也只是简单地打个招呼。

之前两个人合作的时候,常常受到领导的赞扬,赵成在生活上不拘小节,可是在工作中表现却很出色。李兴常常后悔自己的一时冲动,要是自己能退一步,那么面对着他的将会是一片海阔天空。

金无足赤,人无完人,我们要包容这些小问题,你可以提出来,叫他改正。大家还是好兄弟,好朋友。没有必要为了一点小事就耽误了自己。

大家都知道,乾隆皇帝身边有一个大贪官和珅,乾隆皇帝把这样的人放在身边,不是没有道理的,一个皇帝,要治国,必定会需要各类的人才,试想和珅如果不是有惊世之才乾隆皇帝能把他一直留在身边吗?水至清则无鱼,人至察则无徒。我们要包容各式各样的人,发现他身上的可用之处。

领导者要善于听取不同的意见,不要总认为自己是对的,不要因为别人的一个不同的意见而否决了别人,在工作中我们更要学会容纳异己。前辈要善待后辈,领导要听取不同的意见,要创造出更好的业绩,我们必须这样。

一个单位,一个集体,就要有不同的人才,如果大家都一样,那么这个集体

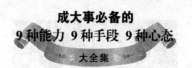
的效益可能会大打折扣,正是因为这些人,才能使集体的根基更加牢固。

相信很多人在生活中都会遇到令自己伤心痛苦愤怒的事情,这些伤害来自于家人、朋友,或者是同事,许多人经历这些事情时都会感到委屈和不甘心。甚至会陷入怨恨中不可自拔。

在为人处世中,度量的大小直接影响到人与人之间的关系是否能够顺利进展。智者也会犯错。不要因为别人的一次过失就给他贴上坏人的标签。

对手是我们前进的动力,是我们前进的推动力。武侠小说中经常会写到,绝世高手必定会有一个厉害的对手,他们都为彼此活着,为了比对手强不停地努力着。现实生活中也是一样,你要找到一个如此强的对手,你也会变得很强。他能激发我们最大的潜能,是我们最大的动力。拥有一个强劲的对手,最好的办法不是去打败对手而是友好地和他相处,和他成为最好的朋友。

对手是一面镜子,能够照出我们的缺点和不足。我们在工作学习中需要动力,正是因为有这些人的存在,我们的思想才能进步,才能激发我们无限的斗志。使我们成功。所以我们更要以一颗宽容的心去包容这一切,朋友,或者是对手。

纠缠于无关紧要的是非没有意义

每个人的一生都会有许多的苦恼,可是很多时候这些苦恼都是我们自己添加给自己的,也可以说这些苦恼都是多余的。其实,我们只要敞开心扉,把这些压在我们心上的包袱丢掉,轻松地生活。

生活中常常会听见一句话,不要拿别人的错误来惩罚自己。想想这是句很实在的话,一个人总是为了这些无关紧要的事情生气,那你的生活岂不是过得很阴暗?对生活斤斤计较,为了谁多倒了一次垃圾,谁多吃了我的东西而生气苦恼,那就太没有必要了。生活中的琐事每天都会发生,很多事情没有必要去

花时间计较。

有一个老人，非常喜欢留大胡子，花白的胡子足有一尺长。有一天，老人在门口溜达，邻居家的小孩儿问他："老爷爷，你这么长的胡子，晚上睡觉的时候，是把它放在被子里面呢还是放在被子外面的？"老人竟一时答不上来。晚上睡觉的时候，老人突然想起小孩子问他的话，他先把胡子放在被子外面，感觉很不舒服；又把胡子拿到被子里面，仍然觉得很难受。就这样，老人一会儿把胡子拿出来，一会儿又把胡子放进去，整整一个晚上，他始终记不起来过去睡觉的时候，胡子是怎么放的。第二天天刚亮，老人去敲邻居家的门。正好是小孩子来开门，老人生气地说："都怪你这小孩，让我一晚上没睡成觉！"

胡子怎么放和睡觉没有关系，睡不着是因为想得太多，把简单的问题复杂化，庸人自扰。世间的任何事情都有一个限度，超过了这个限度，好多事情都可能是极其荒谬的。很自然的事情，就让它自然好了，你一旦注意起来它，反倒会扰乱你的生活。

所以，我们要学会善待自己，不要跟自己过不去，保持一种平和的心态，用简单的眼光去看待你周边的生活。我们之所以会苦恼，往往都是我们把简单的问题给复杂化了，给自己平添苦恼，不必要的麻烦就让它过去好了。

有一对双胞胎兄弟，他们亲密无间地共同经营着一家商店。有一天，哥哥将1美元放进收银机后，与顾客外出办事。当他回到店里时，他发现收银机里的美元不见了。他问弟弟："你有没有看见收银机里的钱？"弟弟回答："没有。"哥哥说："钱不会自己跑掉，你一定看见了。"语气中带着强烈的质疑意味。手足之情开始出现了严重的隔阂。

开始双方不愿意说话，后来决定不在一起生活，在商店中砌起了一堵墙，从此分居而立。

20年后的一天，有位穿着体面的绅士走进店问哥哥："你在这家店工作多久了？"哥哥回答说他一辈子都在这家店服务。

这位客人说：我必须告诉你一件事情，20年前，我还是一个不务正业的流

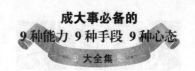

浪汉,一天流浪到你的店里,肚子已经好几天没有进食了,我偷偷从你家店的后门溜进来,并且将收银机里面的1美元取走了。虽然时过境迁,但对于这件事,我一直不能忘怀。1美元虽然是个小数目,但我必须回到这里来请求你的原谅。"

当说完事情原委后,这位客人惊奇地发现店主已经热泪盈眶,他用语带哽咽的语调请求他:"能不能到隔壁商店将故事再说一遍。"当这位客人到隔壁说完故事以后,他惊愕地看到两位面貌相像的中年男子,在商店门口痛哭失声、相拥而泣。

为了1美元,兄弟的感情就破裂了。其实他们大可不必这样,两个人都放宽了心,不去计较那一点点小事,两个人的感情还是会像当初一样好。纠缠这些是是非非没有太大的意义,反而会改变你原有的生活。为自己找麻烦又是何苦呢? 一个店铺中竖起了一堵墙,那也是兄弟二人的心墙,如果不是流浪汉解释了那件事情,恐怕兄弟俩到死还没有化解其中的误会吧。

退一步海阔天空,为人要宽仁一些,用一颗广博的心去接受别人,你的生活,大家的生活都会过得很快乐。

卸下你的包袱,简单做事,简单做人,不要纠缠于那些无关紧要的事情。给自己的生活找到一丝清静。

给别人反省错误的时间

大度能容,宽厚为本。智者总是能宽容别人所犯下的错误,留三分余地给别人,就是留三分余地给自己。给别人留点退路,自己将得到一片蓝天。遇到事情多为别人想想,得到的结果往往是双赢。人非圣贤,孰能无过? 不要抓住别人的小辫子不放,包容别人的错误,只要能及时改正就是最好的。

官渡之战刚刚打完,曹军正在清点战果的时候,找到袁绍仓皇逃走时扔下的一批书信,是京城许都和曹营中的一些人,暗地里写给袁绍的。曹操接过信,翻了一下,发现这些信大都是吹捧袁绍的,有的干脆表示要离开曹营,投奔袁绍而去。

曹操的亲信听了这些信件的内容,都很生气,有的说:"吃里扒外,这还了得! 应该把他们抓起来。"

曹操微微一笑,开口说:"把这些信统统烧了。"

这个命令,使在场人都愣了。

这件事传出去,那些暗通袁绍的人才把心里一块大石头放下,旁的人也觉得曹操度量大,体恤部下,能够容人,愿意在他的麾下效力。曹军的军心更振奋了。

像曹操这样作为一个领导,要想凝聚自己的实力,对待一些事情就应该睁一只眼闭一只眼,要是在这样的时候铁面无私,那必会造成军心动荡,其后果将不堪设想。对下属的包容,将会得到最好的凝聚力。不仅仅是这样,有时候包容别人还能捡回一条性命。

汉景帝时袁盎有个侍从私通他的侍女,袁盎知道这件事却没有泄露出去。他的侍从听说袁盎知道了这件事,觉得性命不保,便赶忙逃走了。有人报告了袁盎,袁盎却亲自把他追了回来,还让侍女和他成了婚。

后来袁盎担任太常出使吴国。吴王当时正图谋造反,见袁盎来了怕阴谋败露,就派了500个士兵包围袁盎的住处,准备天亮时动手杀死他。袁盎并没有发觉,此时这位侍从正好被吴王濞分派担任保卫袁盎的校尉司马。他得悉这一情况,连夜买来200担美酒送给这500个士兵,使他们个个喝得烂醉如泥。到了半夜,他叫起袁盎,说:"你赶快逃走吧,天一亮吴王就要杀你了。

袁盎半信半疑,问:"你是什么人? 为什么救我?"这位校尉司马说:"我就是以前私通您府上侍女的侍从啊。"

袁盎这才相信了他的话,有惊无险地逃脱了。

在生活中很多事情都不好说,也许你身边一个不起眼的人最后却成了决定你命运的人,袁盎的宽容不仅帮助了别人,还帮助了自己,想想如果当初袁盎没有原谅那个侍从,而将侍从从重发落,那侍从下一次见到袁盎不说是相助了,恐怕还会找机会落井下石,那袁盎岂不是一点逃脱的机会都没有了? 所以说,宽仁,包容,是帮助别人,也是帮助自己。

有一位局长,局长自然有自己的专车。有一天局长办公室大门洞开,人却不在。他的副手进了局长办公室,见局长不在,他的车钥匙放在办公桌上。副手刚好有事要外出,因为和一把手关系不错,出去时间又不长,就拿了局长的车钥匙驾车出去了。谁知局长回来发现车不见了,马上追问谁动了我的奶酪。有人告诉他是副手驾出去了,他当时就说:"这小子越发有能耐了!"

这话传到副手耳朵里,副手也十分不悦,说:"我用用你的车怎么了? 局里也没有规定那是你的专车!"

就为这么一点小事,局里一、二把手有了芥蒂,经常闹得水火不容。局里好多工作因为一、二把手"认识"不一致无法进行,想想他们还不如古人呢! 一点点小事就闹得不可开交,作为领导的他们让下属又怎么看呢? 总是揪住别人的错误,你又有什么好处可以得到呢?

冤冤相报何时了,想想在我们的生活中同样有这样的事情发生,朋友因为一个错误而反目成仇, 恋人因为不能包容最后成为陌路人。睁一只眼闭一只眼,能原谅的错误就不要再去计较,给别人留一条后路,也给自己添一份宽容。少一点自己的私欲,多包容别人一点,别人也会很好地对待你。

消除你身上的傲慢与偏见

俗话说得好,"满招损,谦受益。"谦虚是一种以退为进的处世之态,谦虚不仅是一种做人的美德,也是做事业做学问必须遵守的原则。一些自恃地位高,身份尊贵,知识广博,阅历丰富的人目空一切,看不起人,久而久之,这些人就会被排斥，被打压。生存原本就应该持着谦虚谨慎的态度。骄傲自大只会把自己从大家的生活圈孤立出去。

从古到今，因为傲慢吃亏的人不计其数，大诗人李白也曾吃过傲慢的亏。

有一次，唐玄宗叫乐工写了首曲子，还没有填词，就找人去请李白。太监找了很久后最终在大街上找到了喝醉酒的李白。太监们把喝醉酒的李白抬到宫里。玄宗因为爱才，也不责怪他，只叫他马上把词写出来。李白席地坐了下来，发现脚上还穿着靴子，很不舒服。他看见身边有个年老的宦官，就伸了腿，朝着那宦官说：请帮我把靴子脱下来！

那个老宦官原来是玄宗宠信的宦官高力士。他平时仗着皇帝的宠爱在官员面前作威作福，现在一个小小的翰林官居然命令他脱靴，简直气昏了。但是唐玄宗在旁边等着李白写词，如果得罪了李白，让玄宗扫了兴，也担当不起。他忍住气跪着给李白脱了靴子。

李白脱了靴子，看也不看高力士，拿起笔写了起来。没过多久，就写好了三首词，交给玄宗。玄宗吟了几遍，觉得文词秀丽，节奏铿锵，确是好诗，马上叫乐工唱起来。

玄宗赞赏李白，可是高力士却把李白的傲慢记在心里。有一次，高力士陪伴杨贵妃在御花园里赏玩景色。杨贵妃很高兴地唱起李白的诗来。高力士装作惊讶地说：呀，李白在这些诗里侮辱了贵妃。杨贵妃问怎么回事。高力士就编了一些谣言，说李白写的诗里有一句话，把贵妃比作汉朝行为放荡的皇后赵飞燕，是有心讽刺她。

杨贵妃听信了高力士的话，真的生了气，后来在玄宗面前一再讲李白的不好，玄宗渐渐开始不满李白，就贬了他的官。

要有所成就，就应该谦虚谨慎，不能骄傲自满，不能鄙视他人。总是喜欢表现自己的人最终会没有人在欣赏你的表演。不要让你的骄傲害了你自己，放下你的"架子"，才能让你生活得更充实。

看过《三国演义》的人都知道许攸傲慢无礼丢掉性命的故事。

许攸自幼与曹操十分要好,官渡之战中,许攸背叛袁绍投奔曹操后,建议曹操偷袭乌巢,使曹操大获全胜。后曹操夺取冀州,亦有许攸之功。许攸因此居功自傲,乃至得意忘形,对曹操经常口出戏言,甚至称呼曹操小名,在正式场合亦不知收敛。在一次聚会上,许攸对曹操说:"阿瞒,你没有我,不会得到冀州。"曹操一听哈哈大笑道:"你说的一点不错。"嘴上虽这么说,心里却非常不高兴,以为许攸无礼太甚。后来,许攸率随从出邺城东门,又得意地对左右从人说:"他们曹家没有我,不可能出入此门。"此话传到曹操耳中,终于忍无可忍,下令杀死许攸。许攸的傲慢最终害死了自己,这是谁也不能怪罪的。而曹操身边的另一个人和许攸完全相反。

荀彧是曹操身边著名的谋士,他在位二十余年。能够从容自如地处理政治漩涡中上下左右的复杂关系,在极其残酷的人事倾轧中,始终地位稳定,立于不败之地。荀彧是如何安身的呢?曹操说他"外愚内智,外怯内勇,外弱内强,不伐善,无施劳,智可及,愚不可及,虽颜子、宁武不能过也"。什么意思呢?就是说他谋略智慧过人,作战奋勇当先,做事不屈不挠。但他对曹操、对同僚,却不露锋芒、不争高下,把自己表现得总是很谦卑、文弱、愚钝。因为他知道伴君如伴虎,处处收敛自己。结果在二十多年中深受曹操宠信。

无疑,荀彧是一个聪明人,要想长久地被重用就应该保持着谦虚的态度。很多人在交际时如鱼得水,正是以为他们知道"收敛"收起自己身上的傲气。与人交往时保持着谦虚,才可以让众人所接纳,让大家喜欢。

交人可交之处,不要求全责备

我们总有需要人去帮忙的事情,每个人都有自己的一技之长,我们在困难时恰恰可以利用别人的一技之长来帮助自己完成自己所不能完成的事情。

战国时期有四君子,分别是齐国的孟尝君、楚国的春申君、魏国的信陵君、赵国的平原君。四君子中以孟尝君名气最大,门下养有食客三千人。秦昭王为了成就霸业,就请孟尝君来做相国。秦国的大臣因怕孟尝君的到来影响了自己的地位,就千方百计在秦王面前说孟尝君的坏话,本想重用孟尝君的秦王,一时拿不定主意,只好将孟尝君暂时软禁起来。

秦王的弟弟径阳君,在齐国作人质时和孟尝君成了好朋友,他看到孟尝君有难,便出面去求秦王的宠妃燕姬。燕姬对孟尝君献上的玉璧不屑一顾,只想要白狐裘。可是白狐裘只有一件,孟尝君入关时已经将它献给了秦王。孟尝君左右为难,不知如何是好。这时一位门客自告奋勇,学狗叫瞒过看库人,从狗洞进入王宫库房,盗出白狐裘,献给了燕姬。得到白狐裘后的燕姬,趁着夜宴的机会,劝说秦王放了孟尝君。秦王经不起燕姬的软磨硬缠,便下令放了孟尝君。

得到过关文书的孟尝君,害怕秦王反悔,率领一帮人急奔函谷关。赶到函谷关正是半夜,按当时的法规,"鸡鸣开关,日落闭关",孟尝君一时没了主意,急得如热锅上的蚂蚁。突然传来一阵响亮的鸡鸣,引得关内外的鸡全都叫了起来。原来是孟尝君门下的一名食客,跑到高处学鸡叫,守关人员不辨真伪,听到鸡鸣迷迷糊糊开了关门,放孟尝君一行出了关。秦王果然反悔,派兵来追,但是为时已晚,孟尝君一行泛起的灰尘,已经落下许久了。

孟尝君的食客形形色色,三教九流的都有,孟尝君正是利用好了他们的长处,才足以保全自己得以脱身。子曰,三人行必有我师焉。每个人身上都有优点。我们要看到他的优点长处,不要只看到别人的短处,不要从门缝里看人。要善于发现别人的长处,要学会识人看人。知道你所交之人的长处。每个人都有自己的短处,我们也不要过分要求别人。金无足赤,人无完人,我们自己也会有别人需要帮助的时候。

《红楼梦》里,贾芸是玉堂金马的贾家旁枝的人物。幼年丧父,唯有的一点家产又被舅舅卜世仁哄了去,只与寡母相依过活。长大后出落得身材颀长斯文清秀,若有银子栽培着,也是翩翩浊世佳公子。如今无祖上的荫蔽,少不得要自己挽起衣袖来讨生活。

此时荣国府里是凤姐管,贾芸就想求她弄件事情管管,也算给自己找个营生。贾芸的主意倒是不差的,可惜手中没钱给凤姐儿送礼,还是办不了事。到开香料铺子的舅舅家赊贷不着。心中无限烦恼。

正低头走着,不料一头碰到一个醉汉身上,被他拉住骂道:"你瞎了眼,碰起我来了。"贾芸一着正是邻居倪二,他本是个泼皮。专放高利贷,在赌博场中帮闲,又爱喝酒打架。于是忙道:"老二住手,是我冲撞了你。"倪二见是熟人便罢了,两人相谈几句。贾芸便把到舅舅卜世仁家借贷不着的事告诉了倪二。倪二听了大怒,定要把包里的银子借给贾芸。贾芸心下思量:"倪二素日虽然泼皮,却因人而施,颇有义侠之名。若今日不领他的情,怕他恼怒,反而不美,不如用他的,改日加倍还他也倒罢了。"因而笑道:"老二,你果然是个好汉,既蒙高义,怎敢不领,回家就照例写了文约送过来。"谁知倪二竟连文约都不要就走了。就是这十几两银子,帮了贾芸的大忙。

在我们的生活中,我们的身边也会有形形色色的人,你不应该只交你喜欢的人做朋友,医生、警察、IT 行业的、银行职员、销售员、保险员。一个人成功的人脉,应该是各个层次的,各个行业,各种性格的交叉,是与我们生活息息相关的各界人士,随时能在我们需要的时候帮助我们。为了达到这种境地,我们交朋友时就不要心存偏见,要用欣赏的眼光去看待这些人。

心态9　感恩

投桃报李的情谊

我们能够来到这个世界上,是父母的赐予;我们成为有用之才,离不开师长的悉心栽培;我们在社会中生活成长,总是离不开朋友的帮助和照顾,经历挫折和困难,总会有人在你的身边扶你一把帮你一下。让我们拥有一颗感恩的心,感谢所有在你身边帮助过你的人。说一句谢谢,可以拉近人与人的距离,懂得感恩,能让生活变得温暖。

停止一切无谓的抱怨,以感恩之心生活

我们的一生可能会遇到许多的挫折和不开心,生活有灰暗的一面,也有阳光的一面,无论何时,要保留心中的那一缕阳光。不要总是让抱怨占据着我们的内心,换一个角度,用感恩的心去看待我们的生活。

有一家纺织厂,经济效效益不好,工厂决定让一批工人下岗。在这批下岗的工人里有两位女工,她们都是四十岁左右,一位是大学毕业生,工厂的工程师,另一位是一个普通女工。

女工程师下岗后,她的心里总觉得不平衡,认为下岗是一件丢人的事,自己是一个很失败的人。她由最初的愤怒转化成抱怨,最后变得自卑。她整天在

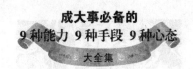

家里闷闷不乐,不愿意出门见人,更没有想过要重新开始自己的人生。孤独而忧郁的心态摧毁了她的一切,她的身体开始出现问题,她的精神也开始恍惚。她抑郁成疾,总是把自己的注意力放在下岗这件事上。一直无法解脱,最终她就带着忧郁的心态和不低的智商孤独地离开了人世。

普通女工的心态却大不一样,她想别人既然没有工作能生活下去,自己也肯定能生活下去。她没有抱怨和焦虑,她平心静气地接受了现实。因为自己平日里比较喜欢看书,想开一家小型的读书室,于是筹借资金,读书室便开了起来,由于普通女工经营了卖书、阅读、租借的全部业务,使得她的生意很红火,她不仅挣到了比以前上班还要多的钱,而且,她还觉得自己过得很快乐。

其实下岗并不是什么大不了的事,只要你看开了,那只是一个阶段的结束,如果工程师能够看得开一些,没有总是抱怨,总是消极,重新开始,那她的结局将会比普通女工更好。可是她的消极心态,最后让她抑郁而终。普通女工,只是把下岗当作一个结束,有结束就会有开始,新的开始,会比过去更加美好。

说到这里,又让我想起了一位可爱的"哭婆婆",无论晴天雨天,她总是哭个不停。

原来,老婆婆是为了两个女儿。大女儿是卖雨伞的,小女儿是卖布鞋的。晴天时担心大女儿的雨伞卖不出去。下雨天,老婆婆想起小女儿,一定没有客人光顾,于是一年四季,晴天雨天,老婆婆都是泪眼汪汪,好不凄凉。

有人对她说:"你应该晴天想起小女儿,雨天想到大女儿,这样就会觉得两个女儿都很好呀。"

有人对她说:"您应该往好的方面想啊,下雨天的时候就想想大女儿,大女儿的雨伞可以卖得好了。天晴的时候小女儿的布鞋就好卖了,这样不论是晴天还是雨天你的女儿都有得赚,不是吗?"

哭婆婆想想确实是这样,于是不再哭了,无论是什么天气总有女儿的生意是好做的,于是她开始笑口常开。

任何事情都有两面,抱着积极的心态去看,就会开心,抱着消极的心态去看,就会觉得悲伤。当下的感受,由心出发,心中装有阳光,一切都差不到哪里去。

用感恩的眼睛看世界,世界就是美好的,如果今天早上你起床时身体健康,没有疾病,那么你比其他几亿人更幸运,他们甚至看不到下周的太阳了。如果你从未尝试过战争的危险,牢狱的孤独,酷刑的折磨和饥饿的滋味,那么你的处境比其他5亿人更好。如果你能随便进出教堂或寺庙,而没有任何被威吓、暴行和杀害的危险,那么你比其他30亿人更有运气。如果你的冰箱里有食物,身上有衣服可穿,有房可住及有床可睡,那么你比世上75%的人更富有。如果你在银行里有存款,钱包里有零钱,那么你属于世上8%最幸运之人。

如此,我们还有什么好抱怨的呢,我们会羡慕那些富人的生活,可是你有没有想过,你平凡地生活会更幸福? 有一个幸福的家庭,有体贴的丈夫温柔的妻子,可爱的孩子,吃得饱,穿得暖,生活得简单、平淡,又何尝不是一种幸福呢? 保持好心情,笑口常开,那么幸福将会常伴你的左右。

敞开心扉,愿意接纳别人的好意

生活中我们都有遇到困难的时候,也有需要人帮助的时候,不要总是拒绝别人的好意,在适当的时候也要学着接受别人的好意。不要总觉得自己高高在上,总有一天你也会有需要别人帮助的时候。做人就应该互相帮助,正是因为这样我们的生活才会处处畅通,人间温情才会处处有。

接受别人的帮助并不是一件丢脸的事情,很多时候,一些事情是我们自己所不能完成的,有一句话说,天使只有一只翅膀唯有相互帮助才能一起飞翔。更何况我们不是天使,我们只是一个普通人,我们需要别人的帮助。学会接受别人对我们的好意。

一个乞丐来到吴亮家门口,向吴亮母亲乞讨。这个乞丐很可怜,他的整条右手臂断掉了,空空的衣袖晃荡着,让人看了很难受。吴亮以为母亲一定会慷慨施舍的,可是母亲却指着门前一堆砖对乞丐说:"你帮我把这堆砖搬到屋后去吧。"

乞丐生气地说:"我只有一只手,你还忍心叫我搬砖。不愿给就不给,何必刁难我?"

母亲不生气,俯身搬起砖来。她故意只用一只手搬,搬了一趟才说:"你看,一只手也能干活。我能干,你为什么不能干呢?"

乞丐怔住了,他用异样的目光看着母亲,尖突的喉结像一枚橄榄上下滑动两下,终于俯下身子,用他唯一的一只手搬起砖来,一次只能搬两块。他整整搬了两个小时,才把砖搬完,累得气喘如牛,脸上有很多灰尘,几绺乱发被汗水濡湿了,斜贴额头上。

母亲递给乞丐一条雪白的毛巾。乞丐接过去,很仔细地把脸面和脖子擦一遍,白毛巾变成了黑毛巾。

母亲又递给乞丐 20 元钱。乞丐接过钱,很感激地说:"谢谢你。"

母亲说:"你不用谢我,这是你自己凭力气挣的工钱。"

乞丐说:"我不会忘记你的。"对母亲深深地鞠一躬,就上路了。

过了很多天,又有一个乞丐来到吴亮家门前,向母亲乞讨,母亲让乞丐把屋后的砖搬到屋前,照样给他 20 元钱。

吴亮不解地问母亲:"上次你叫乞丐把砖从屋前搬到屋后,这次你又叫乞丐把砖从屋后搬到屋前。你到底想把砖放在屋后,还是放在屋前?"

母亲说:"这堆砖放在屋前和放在屋后都一样。"

吴亮说:"那就不要搬了。"

母亲摸摸吴亮的头说:"对乞丐来说,搬砖和不搬砖可就大不相同了。"

此后还来过乞丐,吴亮家那堆砖就被屋前屋后地搬来搬去。

几年后,有个很体面的人来到吴亮家。他西装革履,气度不凡,跟电视上那

些老板一模一样。美中不足的是,这个老板只有一只左手,右边是一条空空的衣袖,一荡一荡的。

老板用一只独手握住母亲的手,俯下身说:"如果没有您,我现在还是个乞丐;因为当年您教我搬砖,今天我才能成为一个公司的老板。"

母亲说:"这是你自己干出来的。"

独臂老板要把母亲连同我们一家人迁到城里去住,做城市人,过好日子。

母亲说:"我们不能接受你的照顾。"

"为什么?"

"因为我们一家人个个都有两只手。"

老板坚持说:"我已经替你们买好房子了。"

母亲笑笑说:"那你就把房子送给连一只手都没有的人吧。"

不要以为别人看不起你,要自己看得起自己,别人的帮助,也是一种善意的鼓励,没有母亲的帮助,没有乞丐的接纳好意的心,就如故事中说的一样,乞丐最终还是乞丐。接纳了别人的好意,可能会让你的人生发生巨大的改变。不是,你不行,只是有人帮助你会更快的达到你的目标。

失意的时候有人安慰,会给你在一旁打气,不要想着别人只是在看你的笑话,对想要帮助你的人置之不理,这样不仅帮不了你自己反而会伤害了别人,让别人觉得多此一举,下一次你真的需要别人帮助的时候,却没有人愿意帮助你。所以,敞开你的心扉,随时接受别人的好意,抱着一颗感恩的心微笑地面对生活中的每一天。

受人恩惠,不能佯装糊涂

感恩是积极向上的思考和谦卑的态度,它是自发性的行为。当一个人懂得感恩时,便会将感恩化做一种充满爱意的行动,实践于生活中。一颗感恩的心,就是一个和平的种子,因为感恩不是简单的报恩,它是一种责任、自立、自尊和追求一种阳光人生的精神境界!感恩是一种处世哲学,感恩是一种生活智慧,感恩更是学会做人,成就阳光人生的支点。

生活的每一天,我都充满着感恩情怀,学会感恩,我的一颗心永远被温暖笼罩,被甜美滋润,我的生活中没有冰雪,没有冲突,没有愤怒,没有战争,没有咒骂。虽然人们常说,感谢不必常挂在嘴上,但对于受助者来说,必须学会感恩。

一天,一个乞讨的小男孩来到一户人家,开门的是一位年轻美丽的女孩,当他看到这位年轻漂亮的女孩时,却有点不知所措了。他没有向她要饭,只向她要一口水喝。女孩看到他很饥饿的样子,十分同情他,就送他一大杯牛奶喝。男孩慢慢地喝完牛奶,问道:"我应该付多少钱?"女孩回答"一分钱也不用付。妈妈教导我们,施恩莫望报"。男孩说:"那么,就请接受我真诚的感谢",说完,男孩离开了这户人家。此刻,他感到自己浑身充满了力量,感觉所有人都在对他点头微笑,一股男子汉的豪气顿时迸发出来。

数年之后,那位年轻美丽的女孩得了一种十分罕见的重病,当地的医生对此束手无策,她被转到大城市医治,由专家会诊治疗。如今,那个小男孩已是一位大名鼎鼎的医生了,他参与了这次医治,当他来到病房,一眼就认出在床上躺着的病人就是曾经帮助过他的恩人。他回到办公室,暗暗下了决心:"我一定要竭尽所能治好恩人的病。"从那天起。他就特别关照这个病人,经过艰辛努力,手术终于成功了,手术花去巨额的医疗费,他毅然在高额的医药费通知单

上面签上字。

当医药费通知单送到这位特殊病人的手中时,她看到医药费通知单旁边写着一行小字:"医药费是一杯牛奶。"

感恩,是人生的最大智慧;感恩,是人性的一大美德。常怀感恩之心,我们便能够无时无刻地感受到家庭的幸福和生活的快乐。在感恩的世界里,我们还会时时提醒自己:滴水之恩,当涌泉相报!

感恩是爱和善的基础,我们虽然不可能变成完人,但常怀着感恩的情怀,至少可以让自己活得更加美丽,更加充实。而感恩是需要学习,需要培育的。所以培育感恩情结,并非是一朝一夕的事,如果人人都有一颗感恩的心,那天天都是感恩节,这世界就会变得更加美丽。

学会感恩,就是学会了长存感激之情,永存爱心。爱的力量是非凡的,它会把一个人塑造得更为完美。外国有一个感恩节,可咱们中国却没有,那倒无妨,咱们何不把每一天都当作感恩节来过呢?

人生道路,曲折坎坷,不知有多少艰难险阻,甚至遭遇挫折和失败。在危困时刻,有人向你伸出温暖的双手,解除生活的困顿;有人为你指点迷津,让你明确前进的方向;甚至有人用肩膀、身躯把你擎起来,让你攀上人生的高峰……你最终战胜了苦难,扬帆远航,驶向光明幸福的彼岸。那么,你能不心存感激吗?你能不思回报吗?感恩的关键在于回报意识。回报,就是对哺育、培养、教导、指引、帮助、支持乃至救护自己的人心存感激,并通过自己十倍、百倍的付出,用实际行动予以报答。

"感恩"是一种生活态度,是一种品德,是一片肺腑之言。如果人与人之间缺乏感恩之心,必然会导致人际关系的冷淡,所以,每个人都应该学会"感恩"。"感恩"是一个人与生俱来的本性,是一个人不可磨灭的良知,也是现代社会成功人士健康性格的表现,一个连感恩都不知晓的人必定是拥有一颗冷酷绝情的心。在人生的道路上,随时都会产生令人动容的感恩之事。

真诚地表达你的感激之情

有些爱是无私的,有些爱是平凡的,有些爱是默默无闻的,有些爱是细小得叫人不易察觉的。这便是父母给予我们的爱,看似很平常,可是那却是最伟大的爱。人生在世,我们要感激的人有很多,而我们最应该感谢的就是生我们养我们的父母。感激不是说说就算了,感激也不是要你的财物,感激是发自内心的,哪怕是一句真心感谢的话。世界上唯一不求回报的就是父母的关爱。他们可以为我们付出所有,我们更应该心存感激之情,好好地报答父母的养育之恩。

那天下午,公共课老教授给我们讲了一个故事:有个国王有 3 个儿子,他很疼爱他们,但不知该传位给谁。最后他让 3 个儿子回答如何表达对父亲的爱。大儿子说:"我要把父王的功德制成帽子,让全国的百姓天天戴在头上歌颂你。"二儿子说:"我要把父亲的功德制成鞋子,让普天之下的百姓离不开你,让他们明白,是你在支撑着他们。"三儿子说:"我只想把你当作普通的父亲永远放在心里,我要用自己的努力回报你的爱。"最后国王把王位传给了三儿子。

教授讲完后问道:"记得父母亲生日的同学请举手。"举手者寥寥无几。

"寒假里给父母亲洗过脚的同学请举手。"这是他放寒假前布置的一道作业,没有做到的同学将被扣德育分。

几十双手齐刷刷地举了起来,只有坐在最后一排的一位同学没有举手。

"你是不是把我的话当作耳旁风了?"教授有点恼怒。

"我很想给父母亲洗一次脚,可是……"

"可是什么,你不要给自己找借口!"教授严厉地说。

"我的父母亲在一次车祸中失去了双脚,我只能给他们洗头……"

空气在那一刻凝固了。

"记住,在真爱面前任何谎言都不会持久。爱的位置不在头上不在脚下,只在心中,在我们时刻关爱他人的细小行动中。"教授的眼里有了泪。

对于父母亲的爱我们无以回报,他们的爱是伟大的是无私的,我们唯有懂得感激,抱着一颗感恩的心去面对生活。不论我们生活得怎样,父母总是会把最好的给我们,他们总会在我们面前表现的一副无所谓的样子,他们的苦永远不想让我们知道,他们给我们的太多,而我们所能回报的却太少,长大以后给他们买最好的东西,过最好的生活,不要把这些当作是对他们的回报,他们想要的不过是我们能在工作后抽空回家看看,能在离家后多打接电话,他们对我们要求的太少,这些要求对我们来说又是那么的不起眼,那么的平常。

一个犯人同母亲之间的故事。探监的日子,一位来自贫困山区的老母亲,经过乘坐驴车、汽车和火车的辗转,探望服刑的儿子。在探监人五光十色的物品中,老母亲给儿子掏出用白布包着的葵花子。葵花子已经炒熟,老母亲全嗑好了。没有皮,白花花的像密密麻麻的雀舌头。

服刑的儿子接过这堆葵花子肉,手开始抖。母亲亦无言语,撩起衣襟拭眼。她千里迢迢探望儿子,卖掉了鸡蛋和小猪崽,还要节省许多开支才凑足路费。来前,在白天的劳碌后,晚上在煤油灯下嗑瓜子。嗑好的瓜子仁放在一起,看它们像小山一点点增多,没有一粒舍得自己吃。十多斤瓜子嗑亮了许多夜晚。

服刑的儿子垂着头。作为身强力壮的小伙子,正是奉养母亲的时候,他却不能。在所有探监人当中,他母亲衣着是最褴褛的。母亲一口一口嗑的瓜子,包含千言万语。儿子"扑通"给母亲跪下,他忏悔了。

母亲要得不多,她只希望我们能好好做人,有一天出人头地,过幸福的生活,她远远地看着我们幸福就觉得满足。我们犯错的时候父母也会忏悔,忏悔我们的错误是因为他们没有教导好,在责罚我们的时候,打在儿身,痛在娘心。不要去怪父母对我们的责罚,他们给予我们的永远是最多的,不求回

报。有时间多给父母打个电话，在假期里抽时间看看父母，他们为了我们辛苦了一辈子，不为什么，只要我们能怀着一颗感激的心，对他们说一句，谢谢你们。

投桃报李，与人形成良性互动

古人常说："礼尚往来，往而不来非礼也，来而不往亦非礼也。"在人与人交往中礼尚往来是不可缺少的。虽然人们总是觉得这样的关系难免落入俗套，可是这却是生活中不可避免的。人与人之间的交往最少不得的就是这些看似很小却又最能拉近人和人的关系的东西。这些东西往往不能小窥。利益驱动的力量无法忽略。在我们的生活中，你可以不求回报，但是你不可能不付出，要保持稳定的人际关系，要长时间的保持这样的关系，你就得学会投桃报李。

人们的相处就是建立在互惠互利的基础上的。除了你的父母亲人，对于其他的人你不给予付出的话，那么你就不要妄想可以得到回报。我们生活的社会就是这样，像我们的眼睛看到的一样，你从别人那里得到恩惠，反过来自己也应该给予别人报答。古人如此，现代社会也是如此。

助人乃快乐之本，不论是生活还是工作，对别人好，才能换来别人对你的善待，你尊重了别人，别人才会尊重你。所以，爱人就是爱己，助人就是助己。一个人只有大方而热情地帮助和关怀他人，他人才会给你以帮助。所以你要想得到别人的帮助，你自己首先必须帮助别人。

有一个人在离开人世的时候，请求上帝允许他提前参观一下天堂和地狱，以便做出比较，从而能聪明地选择他的归宿。他首先来到魔鬼掌管的地狱。乍一看，令他十分吃惊，简直不敢相信自己的眼睛。因为地狱并非他想象中的那么可怕，他看到的是，所有的人都坐在酒桌旁，桌上摆满了各色美味佳肴，包

括肉类、水果、蔬菜。

然而，当他走近仔细观察那些人时，竟然发现没有一张笑脸，也没有伴随盛宴的音乐或狂欢的迹象。坐在桌子旁边的人看起来都闷闷不乐，无精打采，而且瘦得皮包骨了。原来在每人的左臂都捆着一把叉，右臂捆着一把刀，刀叉都有四尺长的把手，不能用它们来吃食物，所以即使每一样食物都有，并且就在他们手边，结果还是吃不到，一直在挨饿。

然后，他又去了天堂，没想到景象其实跟地狱完全一样——同样的食物、刀、叉和那些四尺长的把手。然而，天堂里的居民却都在唱歌，欢笑，个个像天使般地满面春风，神采飞扬。这位参观者不知道为什么这样。他奇怪为什么情况相同，结果却如此不同呢？地狱里的人都在挨饿而且可怜兮兮，可天堂的人却酒足饭饱而且很快乐。带着一脸疑惑，他走近观察，最后终于找到答案了。原来，地狱里的每个人都是试图喂自己，可是一刀一叉，以及四尺长的把手是根本不可能把食物送到自己嘴里的。而天堂的每一个人却都在喂对面的人，同时也津津有味地吃着对面的人喂来的食物。因为他们彼此互相帮忙，结果也帮助了自己。

天堂之所以美丽是因为大家形成良好的互动，互助互帮，而地狱的可怕就是大家都自私的生活着，没有付出，所以不会得到回报。

在人际交往中，我们一定要主动，被动只会害了我们失去了更多的机会。姜太公曾经对周文王说："天下不是一个人的天下，而是天下人的天下。同享天下利益的人得天下，私夺天下利益的失天下。"又说："与人同病相救，同情相成，同恶相助，同好相趋。所以没有用兵而能取胜，没有冲锋而能进攻，没有战壕而能防守；不想获得民心的人，却能获得民心。不想取得利益的人，却能得到利益。"

想要在困难的时候得到别人的帮助，那你就要在别人困难的时候先帮助别人。你帮我，我帮你，互相帮助，人与人的来往，环环相扣，帮助别人其实就是帮助自己。这就是所谓助人助己的道理。主动的帮助他人，伸出援助之手，是会

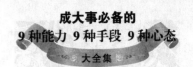

交际者常用的一种姿态。俗话讲,患难见真情,当你伸出援助之手的时候,尤其是对方急需要一只手的时候,就更能让人感受到交往的力量。你向别人伸出一只手,别人也会向你伸出一只手。